Alibaba Group 阿里巴巴集团 | 技术丛书

# 深度学习
# 图像搜索与识别

潘攀 著

電子工業出版社
Publishing House of Electronics Industry
北京•BEIJING

## 内 容 简 介

图像搜索和识别是计算机视觉领域一个非常重要且基础的题目。本书对构成图像搜索和识别系统的各个算法基础模块一一做了介绍，并在最后一章以拍立淘为例说明了各个模块是怎样一起工作的。

针对每个算法模块，本书不仅深入浅出地解释了算法的工作原理，还对算法背后的演进机理和不同方法的特点进行了说明，在第 2 至第 8 章最后均提供了经典算法的 PyTorch 代码和相关参考资料。

本书既适合图像搜索和识别领域的初学者，也适合在某个单一任务方面有经验但是想扩充知识面的读者。



**图书在版编目（CIP）数据**

深度学习图像搜索与识别 / 潘攀著. —北京：电子工业出版社，2021.4

ISBN 978-7-121-40749-9

Ⅰ. ①深… Ⅱ. ①潘… Ⅲ. ①图像识别 Ⅳ.①TP391.41

中国版本图书馆 CIP 数据核字(2021)第 042268 号

责任编辑：刘　皎

印　　刷：涿州市般润文化传播有限公司

装　　订：涿州市般润文化传播有限公司

出版发行：电子工业出版社

北京市海淀区万寿路 173 信箱　　邮编 100036

开　　本：720×1000　1/16　印张：14.25　字数：280 千字

版　　次：2021 年 4 月第 1 版

印　　次：2021 年 12 月第 2 次印刷

定　　价：109.00 元

凡所购买电子工业出版社图书有缺损问题，请向购买书店调换。若书店售缺，请与本社发行部联系，联系及邮购电话：（010）88254888，88258888。

质量投诉请发邮件至 zlts@phei.com.cn，盗版侵权举报请发邮件至 dbqq@phei.com.cn。

本书咨询联系方式：010-51260888-819，faq@phei.com.cn。

# 好评袭来

最近几年，深度学习方法在计算机视觉领域大放异彩。从 2012 年 AlexNet 提出，到 2014 年 GoogLeNet 首次打破人类在 ImageNet 上的正确率，以卷积神经网络为基础的深度学习算法在计算机视觉的各个子领域都实现了远远超过传统算法的效果。同时，“AI Engineering”变成了这些算法落地和体现业务价值当中的重要一环，无论是 AI 创业公司还是传统企业，都关注如何通过大量开源软件和算法迅速实现业务价值。

即使对于专业的工程师而言，详细了解近年 CV 领域的每一个细节都是一个巨大的挑战。本书将近年来的算法进展和核心场景用体系化、代码化的方式做了一一呈现，让大家能够按图索骥，迅速理清计算机视觉领域的技术脉络，学以致用。

贾扬清

阿里巴巴集团副总裁、高级研究员

图像搜索识别系统开发需要解决哪些问题？深度学习在图像识别领域的前沿技术是什么？数十亿级图像搜索是如何实现的？阿里巴巴拍立淘是如何构建的？这本书给出了答案，是相关领域从业人员不可多得的参考书。

王井东

微软亚洲研究院首席研究员

“拍立淘，用镜头淘世界。”拍一张服装照片，上淘宝用拍立淘功能搜相似款，然后轻松获得优选的心仪服装。我相信很多女生用过拍立淘。拍立淘的负责人、来自达摩院的阿里巴巴集团资深算法专家潘攀（启磐）博士，在本书中与您分享拍立淘这一黑科技背后的图像搜索与识别方法，揭秘精准推荐和高品质搜索背后的技术奥秘。在我看来，由落地产品的一线技术大拿来写这类书，是再合适不过的，因为书中蕴含的是作者对技术和应用场景的深刻理解。读完本书，你能领悟深度学习、机器视觉和“以图搜图”的魅力，强大而有趣。

金小刚

浙江大学二级教授，“十三五”国家重点研发计划首席科学家

深度学习是近几年发展起来的机器学习方法，它的出现使人工智能技术取得了突破性的进展，大幅度提升了许多智能信息处理应用领域的性能。与学术研究关注单一技术不同，深度学习技术在工业界的落地涉及一整套“工程体系”的建立。作者潘攀于 2014 年在阿里巴巴研制并成功上线了基于深度学习的大规模图像检索技术平台，也就是为人熟知的拍立淘。他从阿里巴巴广阔的商业和数据生态发展中打造基于深度学习的计算机视觉技术的研发演进路线值得每一位研究人员思考。

本书系统地阐述了基于深度学习的计算机视觉技术在工业界的发展历程，相信读者在仔细阅读后一定会有所收获。

胡卫明

中国科学院自动化研究所研究员，国家杰出青年基金获得者，
国家万人计划科技创新领军人才入选者

近年来，高性能并行算力的发展、海量数据的获取和深度学习技术的突破，给人工智能技术走向应用带来了前所未有的机遇。如何体系化地解决实际问题、满足用户真正的需求，实现从算法、工程到产品的有效落地，仍然是当今人工智能创业人员面临的一个重要挑战。拍立淘作为阿里巴巴集团一项成功落地的人工智能产品，其算法实现和系统设计对业界具有良好的借鉴意义。

在本书中，潘攀博士详实介绍了从算法模块到产品的有机整合应用，相信会对人工智能从业人员有所帮助。

黄凯奇

中国科学院自动化研究所研究员，智能系统与工程研究中心主任

潘攀博士是阿里巴巴集团资深算法专家、拍立淘等图像搜索和识别产品的算法和项目负责人，有丰富的研究经验，是计算机视觉技术落地方面的资深专家。

本书以深度学习为主线，涵盖了图像搜索和识别涉及的各种基础技术及实践经验，同时提供了相应的代码；最后一章概要介绍了拍立淘的系统框架，以此说明书中各模块如何互相配合、协调工作。本书特别适合对计算机视觉技术、深度学习技术的应用感兴趣的初学者和相关从业人员。

吴建鑫

南京大学教授

本书针对基于深度神经网络的图像理解研究进行了归纳整理，并且提供了较为详细的代码实现，适合希望了解计算机视觉研究的读者。

俞扬

南京大学教授

# 推荐序 1

自 20 世纪 90 年代末以来，图像搜索，即基于图像内容的图像检索，在计算机视觉领域吸引了广泛的关注，研究人员展开了大量的研究。图像搜索的研究工作中一个核心问题就是如何有效地表征图像的视觉内容，使得在给定检索图像的情况下，具有相似物体或视觉表现的图像在表征空间的距离较近，反之，视觉内容不相似的图像则距离较远。

在深度学习技术被广泛应用之前，业界尝试了很多基于传统视觉技术的方法。传统的方法一般依赖人工设计的视觉特征，但此种特征通常无法有效地表征自然界中多样的视觉内容，导致在图像搜索时通常效果不佳。与此不同的是，深度学习，准确而言是深度特征学习，能自动从数据中挖掘并学习到图像的紧致视觉表征，这种表征可以同时描述图像的低层结构和高层语义信息，从而能更加有效地处理多样的视觉内容。

在几十年的艰难求索之后，深度学习的成功应用终于给图像搜索领域带来了新的生机。如今，图像搜索已经渗透到人们的日常生活中。比如阿里巴巴的拍立淘产品，能够让用户通过对商品拍照就轻松地找到相同或者相似的商品，这极大地方便了人们的日常购物。

虽然深度学习是图像搜索在多种场景的实际应用中取得较好效果的关键技术，但是要搭建一个成功有效的图像搜索系统还需要很多方法和技巧，这正是本书所要阐述的。本书详细介绍了图像处理和计算机视觉的核心算法模块，如目标检测、图像分类和图像分割等。图像搜索系统在实际场景中能稳定可靠地运行，离不开本书列出的每一个技术模块。本书也包含了一些深度学习的基础学习材料，尤其是卷积神经网络在大规模图像搜索和识别中的应用。

虽然市面上有很多关于深度学习的资料，但无论是入门介绍还是深入讲解的，大部分很少谈及大规模图像搜索和识别的重要技巧。和很多的研究论文不一样，本书深入阐述了大规模图像搜索工程系统的核心模块——向量检索。如果没有一个稳定的、大规模的向量检索系统，大规模的图像搜索就很难在实际中应用。因为一个用户查询可能会花费几分钟甚至几小时的时间，这通常取决于查询库的大小。在本书的最后，作者以阿里巴巴图像搜索和识别系统拍立淘为应用示例，介绍了这些算法在实际产品中是如何实现、配合和部署的。

作者不仅在书中介绍了大规模图像搜索和识别的相关基础技术知识，作为拍立淘的创始人和负责人，他还分享了成功构建图像搜索和识别系统的经验，这就是本书独一无二的地方。

金榕<br>阿里巴巴集团副总裁，达摩院副院长

# 推荐序 2

基于图像内容的搜索，也就是 Content Based Image Retrieval（CBIR）是一个有着悠久研究历史，需要跨越图像理解、机器学习和搜索引擎等技术的交叉研究方向。

首先很高兴看到这本围绕最新深度学习技术的图像搜索应用实践之作问世。经过 6 年之久的持续打磨，阿里巴巴的视觉算法团队在超大规模图像搜索方向取得了引人注目的成绩。

回顾阿里巴巴以图搜图技术的演进过程，在超大规模分类（Extreme Classification）、领域自适应的表征学习、端侧高效的检测和分割、高维向量空间索引，以及多模态表征融合等一系列课题上都取得了实质性的突破，并在实际的业务系统中发挥了重要作用。整本书围绕图像搜索技术，从底层的视觉感知、向量表征到高维向量空间索引都进行了体系性的介绍，相信本书无论对于初学图像搜索的学生，还是对于希望在图像搜索领域深耕的研发人员都将大有裨益，也期待更多优秀的成果应运而生。

本书基本按照构建一个图像搜索系统所必备的技术能力逐一展开系统性的介绍，详尽地介绍近年来具有代表性的工作并给出清晰的指引，其中涉及的核心模块有：

第一，原始图像集合的结构化理解，从单标签/多标签分类，到针对图像细粒度分类模型的建立，兼顾图像全局信息和局部细节的表征模型构建，书中对近年来具有代表性的工作做了详细的介绍。

第二，针对查询图与数据库图的有效距离度量的表征学习，系统性地介绍了基于分类识别和度量学习的特征学习方法，基本涵盖了目前业界有代表性的工作。

第三，高维向量空间索引是图像搜索引擎所必备的核心模块，本书围绕近邻和近似近邻方法，对近几年具有代表性的工作做了细致的阐述，并且给出了不同索引方法在系统建设层面的优缺点，供研发人员参考。

第四，构建一个高价值图像搜索系统所要解决的一个问题是，如何能够从图中捕捉和匹配用户兴趣点，这背后需要进一步深化对图像内容细节的理解。毋庸置疑，图像检测和分割技术是不可或缺的能力，是促进图像搜索系统实现交互智能的关键组成部分。本书系统介绍了近年来检测和分割技术方向的最新进展。

第五，在图文理解章节，介绍了多模态领域中图像搜索系统的一些学术和工业界有代表性的工作，起到抛砖引玉的作用。在视频为主流消费内容的时代，多模态领域的研究是一个重要的方向。有理由相信，未来会有大量工作围绕如何突破多模态融合、多模态映射、多模态对齐、多模态表征以及多模态学习这五个关键课题展开。

图像/视频搜索虽然是一个有很长研究历史的技术方向，但仍然有很多值得我们思考和挑战的问题，比如如何构建任意物体的实例搜索能力，如何解决搜索结果的可解释性（Scene Graph Understanding），如何解决多模态交互、多模态匹配和多模态排序，如何在系统层面解决索引表征模型的低成本构建和更新，这些都有待同人持续地研究并在实际应用领域开花结果。

徐盈辉

阿里巴巴集团研究员，达摩院机器智能技术视觉技术负责人

# 序

近些年，随着深度学习技术的发展，以及 GPU 和云计算等运算力的增强，计算机视觉技术逐渐进入实用阶段。无论是在电商、安防、娱乐，还是在医疗、自动驾驶等领域，计算机视觉技术都扮演着重要的角色。计算机视觉技术是一个很广的题目，涵盖图像搜索和识别、视频理解、三维视觉等领域。图像搜索和识别是计算机视觉里一个非常重要且基础的题目。在深度学习的推动下，图像搜索和识别的精度和效率都有了极大提升，使其不仅在学术圈非常火热，在工业界也引人注目。

在阿里巴巴广阔的商业和数据生态的发展中，图像搜索和识别的技术研发与商业化落地一直密不可分。比如拍立淘利用图像搜索和识别技术，帮助淘宝、天猫、AliExpress、Lazada 等电商 App 的用户在移动端通过拍照就能找到相同或相似的商品，从而方便购物；比如在线下新零售领域，阿里巴巴研发了人的追踪和空间定位、货架商品 SKU 识别等技术，以推动商场、超市、酒店的人—货—场数字化，并在此基础上做进一步的商业分析。在安防领域，阿里巴巴研发了人和车辆的搜索和识别等技术，帮助识别城市交通事故、判断人流轨迹以及汇总交通数据样本等。

2014 年初我加入阿里巴巴。两个月之后，阿里巴巴图像搜索和识别产品拍立淘启动，我非常有幸成为算法和项目负责人，见证了拍立淘从诞生到发展的过程。从拍立淘 2014 年首次上线开始，我们不断打磨产品/工程/算法，以给用户提供更精准和更高品质的搜索结果，至今，它已经成为每天的独立访客数超过两千万的应用。对于拍立淘，我们从第一天就使用深度学习技术来进行算法研发和系统设计。这些年，随着拍立淘业务的发展，自己和团队也在基于深度学习的图像搜索和识别领域不断学习、积累和创新。

相比 2014 年初，现在学习技术的条件好了很多。arxiv.org 和各个学术会议上层出不穷的论文、深度学习的多种开源框架，以及开源社区上的各种代码，都极大地降低了技术学习和研发的成本。但也因为现在是一个知识大爆炸的时代，初学者会感觉无从下手。仅 CVPR2019 就收录了 1294 篇论文，如果每天看 3 篇，全部看完也需要大概一年多的时间。丰富的信息在提供便利的同时，给信息的筛选和迅速掌握带来了一些困难。

当电子工业出版社的刘皎编辑联系我写一本图像搜索和识别的书时，“回归基础”四个字首先浮现在我的脑海。本书对构成图像搜索和识别系统的各个算法基础模块做了介绍，并在最后一章以拍立淘为例说明了各个模块是怎样一起工作的。对于每个算法模块，本书不仅深入浅出地解释算法的工作原理，还对算法背后的演进机理和不同方法的特点进行了说明，在第 2 至第 8 章最后均提供了经典算法的 PyTorch 代码和相关参考资料。因此，本书既适合图像搜索和识别领域的初学者，也适合在某个单一任务方面有经验但是想扩充知识面的读者。

本书的写作过程耗时一年，在这期间拍立淘的技术和业务都取得了不错的增长。感谢公司对我写书的支持，感谢拍立淘算法团队在技术讨论中不断帮助我提升技术水平。感谢谢晨伟、赵黎明、赵康、张严浩、张迎亚、王彬、郑赟在本书写作和修改过程中的帮助。感谢我的父母、爱人和女儿一直以来的支持。

当下的计算机视觉技术无疑是 AI 浪潮中火热的题目，广受关注。视觉技术的渗透，既可能改造传统商业、带来新的商业机会，也可能创造全新的商业需求和市场。好的视觉技术不仅需要有好的方法指引，还需要在实际场景中形成数据闭环，并不断打磨。未来的计算机视觉技术一定是理论探索和数据实践的共同推进。希望本书能抛砖引玉，给学术界和工业界提供一些输入，从而共同推进计算机视觉技术的发展。学海无涯，个人的知识有限，书中如有疏漏，还请各位读者见谅和指正。

潘攀（启磐）

阿里巴巴集团资深算法专家

2020 年 6 月于北京

# 目 录

# 1 概述

## 1.1 图像搜索与识别概述

进入 21 世纪以来，伴随着互联网的高速发展，通过图像和视频来进行需求表达越来越成为大家的习惯。人类获取信息的主要渠道就是视觉，人的大脑皮层有 70%左右的神经元都用于处理视觉信息。每天，人们都会通过不同渠道在互联网上看到大量的图片、视频数据。比如，分享日常生活图片、视频到朋友圈和微博，在各种视频 App 分享自己的短视频和 Vlog，观看影视综艺资源，在直播平台购物等。于是，互联网上的图像和视频（图像的集合）数据以指数级的速度爆炸式增长。有研究表明，短视频逐渐发展成为“最强时间杀手”，5.08 亿短视频独立用户数占国内网民总数的 46%，平均每 2 个互联网用户就有 1 个使用短视频日均时长超 60 分钟。更丰富的图像和视频等视觉信息成为日益增长的流量入口。用户对图像表达的需求和渴望激发和促进了图像搜索与识别算法的发展。

互联网的本质在于连接。图像搜索与识别算法使得图像视频内容得以结构化和数字化，这样才可以在各种检索和分析引擎中被最大限度地挖掘和利用。比如手机淘宝，针对文字搜索不能很好找到同款商品的痛点，阿里巴巴研发出了移动端的以图搜图的应用拍立淘，用户通过拍摄照片，就能迅速找到淘宝的同款及相似商品。

图像搜索和识别是计算机视觉领域一个基础且重要的课题。计算机视觉（Computer Vision）是一门研究如何使机器“看”的科学，相关理论和技术试图创建能够从图像或者多维数据中获取“信息和知识”的人工智能系统。本书聚焦于图像搜索和识别技术，下面首先给出图像搜索和识别的具体定义。

### 1. 图像搜索

这里指基于图像内容的搜索，即以图搜图。具体为先建立待查询图像的索引，当用户发送查询图像时，返回与之视觉相同或相似的图像。图 1.1 展示了图像搜索的技术流程，分成两个部分，离线和在线处理流程。离线处理可以理解为为图像建库（删库）的过程，通过目标检测提取感兴趣的图像，然后对其进行特征提取，再为图像特征构建大规模索引，并放入图像搜索引擎等待查询。在线处理是处理用户查询的过程，当给定查询图像时，首先预测类目并提取图像目标区域的特征，然后基于相似性度量在索引引擎中搜索，最后返回搜索结果。

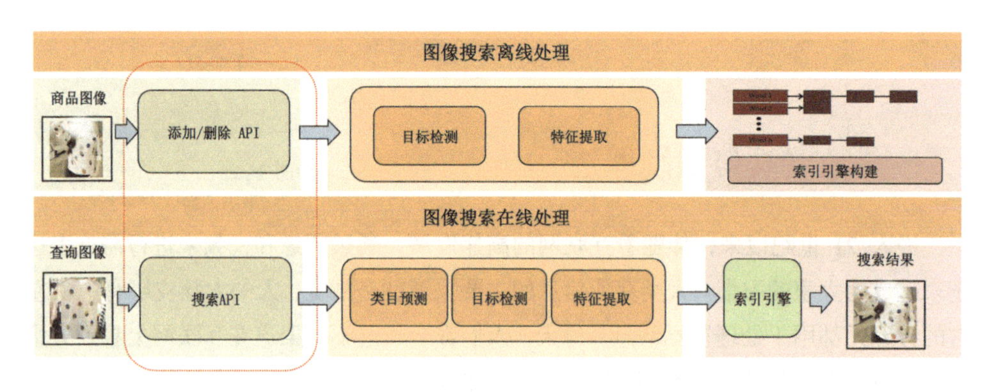


图 1.1 图像搜索的技术流程

### 2. 图像识别

图像识别可以理解为对一张输入图像直接进行判别，看它是哪一类图像。图像识别有两种方法（如图 1.2 所示），常见的是基于模型的方法，比如通过训练一个深度神经网络分类器，对图 1.2 左边的可乐图片进行识别，结果是可口可乐瓶装 300 毫升。另一种方法是基于搜索的方法，将训练数据维护为一个检索库，针对待判定的图像，首先查询检索库里最相似的图像，然后通过 KNN 进行投票，确定查询图像所属的类别。

可以将基于模型和搜索的方法联合起来，以进一步提升精度。由此可以看到，图像搜索和识别是相互作用和相互促进的。

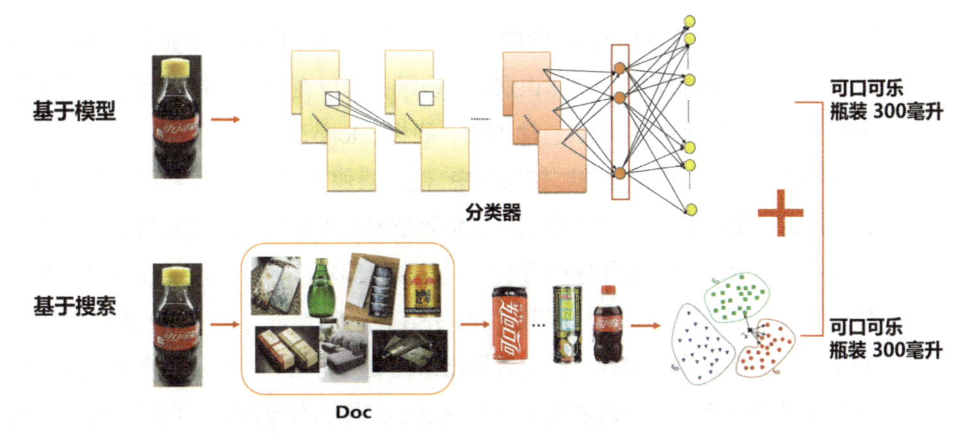


图 1.2 图像识别的技术流程

## 1.2 图像搜索与识别技术的发展和应用

近些年，图像搜索与识别技术在学术界变得越来越重要。2019 年，计算机视觉领域内最负盛名的 CVPR 学术会议共有 9227 人注册参会，突破了历届纪录；论文提交与接收数量也突破纪录，接收率约为 25%，吸引了大量学术界、产业界的研究员、开发者以及非技术人员。值得一提的是，经典论文奖颁发给了 2009 年发表在 CVPR 大会的论文 *ImageNet: A Large-Scale Hierarchical Image Database*。如今，ImageNet 是每位人工智能从业者都耳熟能详的名词。在这个数据集诞生后，ImageNet 挑战赛拉开序幕，并成为计算机视觉识别领域的标杆，促进该领域取得了巨大突破。此外，ImageNet 还促进了深度学习的大发展。著名的卷积神经网络 AlexNet 在 2012 年夺得了 ImageNet LSVRC 冠军，其准确率远超第二名的传统视觉方法，引起了巨大轰动。之后，沉寂许久的神经网络重焕生机，取得了长足进步，开启了一个崭新的时代。

作为计算机视觉领域的一个重要课题，伴随深度学习的发展，GPU 提供的算力支持，加上云计算提供的大数据处理支撑，图像搜索和识别技术越来越被认可并获得广泛的应用。总的来说，有下面几种常见应用。

- 电商图片搜索：即拍照购物，在街上看到喜欢的商品，随手拍摄，即可查到网上商城的同款商品。只需通过手机拍摄相应物品的照片就可进行购物搜索，使得网络购物变得更加直观、便捷。同时可以及时利用商品图片在线上进行比价和购买。比如国外的 Amazon、Google Lens，国内的阿里巴巴的拍立淘、百度识图等都在 App 里面集成了拍照搜商品功能。

- 图像识别（实体或者标签）：图像标签利用深度学习技术、海量训练数据，可以对图像进行智能分类、物体识别等。该服务可以在云端支持数万个乃至上亿个标签，涵盖各种日常场景、动植物、酒标、logo、美食等类别。
- 线下智能分析：在新零售的监控场景中，使用摄像头等传感器，利用人脸识别、行人跟踪、姿态估计、物体检测与识别等技术，可以实现人的身份识别、店铺内人的追踪和定位、动作序列分析、人货绑定等功能。从而推动线下门店如商场、超市、酒店等的人、货、场数字化，并在此基础上进行进一步的商业分析。
- 安全审核：在互联网时代，视觉数据比以往更有价值，当然也蕴含着风险。社会化媒体的兴起，使得越来越多的人热衷于拍摄和分享图片，我们通过先进的图像识别技术，可检测出图像、视频中的违规信息，从而大大节省人力成本。
- 知识图谱构建：知识图谱以结构化的形式描述客观世界中的概念、实体及它们之间的关系。不同于文本数据和行为数据的搜索，图像检索和识别技术可以帮助建立实体之间视觉上的关系，作为文本和行为的有效补充。

图像搜索和识别技术在其他层面的应用也非常广泛，如视觉生成，通过人脸识别、动作检测和行为生成有趣丰富的娱乐推送，与用户进行良性互动，满足个性化需求。伴随着 5G 和互联网应用的进一步普及，会有更多的图像搜索和识别技术在工业界大放异彩。

## 1.3 深度学习与图像搜索和识别

接下来我们引出本书的主要内容——深度学习。

什么是深度学习呢？深度学习的概念源于人工神经网络的研究，指多层的人工神经网络和训练它的方法。包含多个隐含层的多层感知器就是一种深度学习结构，它通过组合低层特征形成更加抽象的高层表示类别或特征。其中，一层神经网络会将一组数字矩阵作为输入，通过非线性激活方法获取激活值，再产生另一组数字矩阵作为输出。这就像生物神经大脑的工作机理，多层组织链接在一起，形成神经网络进行精准复杂的处理，模仿人脑的机制来解释数据。

相比具有多层的人工神经网络，浅层机器学习模型在 20 世纪 90 年代被相继提出，如支持向量机（Support Vector Machines，SVM）、Boosting、逻辑回归（Logistic Regression，LR）等。这些模型的结构可以认为带有一层隐含层节点（如 SVM、Boosting）

或没有隐含层节点（如LR），所以被称为浅层学习模型。其局限性在于，对复杂函数的表示能力有限，无法充分利用海量样本和计算资源，提升泛化能力。

深度学习可通过学习一种深层非线性网络结构，实现复杂函数逼近及输入数据的层次化表示，具有强大的从海量样本集中学习数据集本质特征的能力。深度学习的实质，是通过构建具有较多隐含层的机器学习模型和输入海量的训练数据，来学习更有用的特征，从而提升分类或预测的准确性。区别于传统的浅层学习，深度学习的不同在于：1）强调了模型结构的深度，包含更多层的隐含层节点；2）明确特征变换的重要性，利用大数据通过逐层变换来学习特征，将样本变换到一个新特征空间来分类或预测，更能够刻画数据的丰富内在信息。在2013年之后，深度学习算法相对于传统的机器学习算法（SVM、LR）其效果有了大幅度提升，并在工业界得到广泛应用。现如今，深度学习算法在计算机视觉、NLP、语音等众多领域已成为效果最好的机器学习算法。

本书我们主要介绍深度学习在图像上的特殊应用形式，即卷积神经网络（CNN）。卷积神经网络通过进行局部连接和权值共享的卷积操作极大地降低了模型复杂度，使得神经网络可以突破参数和层数过多的限制应用到直接以图像为输入的任务中。卷积神经网络是一种有监督的深度神经网络算法，随着深度学习技术的发展，其可以逐步应用到检测、识别、分割等各种图像理解应用中，通过数据驱动、端到端的设计和简洁优雅的实现处理各种各样图像搜索和识别的问题。由于CNN高效稳定的表现，它已成为工业界和学术界重金投入研发的方向。

我们回顾图像搜索和识别的发展历程，从过去30年时间跨度上来看，可以分为三大阶段，如图1.3所示。第一阶段，在20世纪90年代初，大部分图像搜索和识别问题的处理都采用全局底层特征（Global Feature），比如颜色直方图、纹理分布等，在ImageNet上Top-5精度为30%左右，而图像搜索规模也在万级别。第二阶段，于2000年开始，基于局部特征编码的中层特征（Local Feature），比如SIFT开始流行、特征的描述性提升，在ImageNet上的Top-5精度提升到70%以上，当时图像搜索的规模可达百万量级。其中最大的局限为，这类特征是事先人工设计好的特征。如果图像中的细节或语义信息无法被这类手工特征准确捕捉，基于这些特征的方法就难以取得较好的效果。第三阶段，在2012年之后，全面采用端到端的深度特征，这时的特征不再由人工设计实现，完全由机器从数据中学习出特征。深度特征在ImageNet上Top-5精度有了巨大的提升，达到90%以上，图像搜索规模可达数十亿量级，从此图像搜索和识别进入了完全可以实用和商用的阶段。

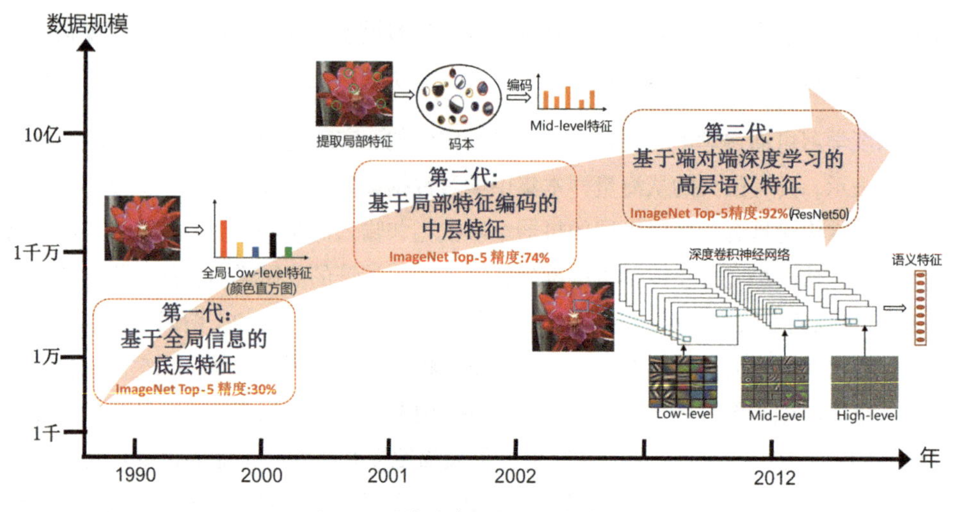


图 1.3　图像搜索和识别的发展历程

## 1.4　本书结构

本书围绕图像搜索和识别的深度学习算法，特别是卷积神经网络的算法技术来展开。基于图 1.1 和图 1.2 的介绍，我们发现基于深度学习的图像搜索和识别技术是由众多模块级算法组成的。本书首先介绍单独的算法模块，在最后一章以阿里巴巴的图像搜索系统拍立淘为例来说明各个模块是怎么一起工作的。

第 2 章介绍 CNN 的基本操作和常见 CNN 模型结构。

第 3 章介绍常用的分类算法，通过了解单标签、细粒度和多标签分类算法的关键技术，可以对图像分类有更深刻的理解。

第 4 章介绍检测算法，相较于分类，目标检测不仅要回答图片中有什么物体的问题，同时需要给出每个物体在图像里出现的位置信息，本章主要介绍第一阶段和第二阶段检测算法是如何设计和实现的。

第 5 章介绍分割算法，通过对语义分割（Semantic Segmentation）和实例分割（Instance Segmentation）主流方向的介绍，让大家对“像素级别”和“目标级别”的分割有更好的理解。

第 6 章介绍特征训练，特征是图像搜索表征的关键，本章会介绍如何通过 CNN 学习出强大的特征表示。

第 7 章介绍向量检索技术，本章会介绍如何在这些海量的多媒体向量中，通过 ANN 算法进行高效的向量检索，完成图像搜索任务。

第 8 章介绍图文理解技术，本章会在图像基础上，介绍如何充分使用图像和文本完成多模态学习（Multimodal Learning）任务，如何利用不同模态数据的互补信息提升机器学习的表现力。

第 9 章以阿里巴巴图像搜索系统拍立淘为应用示例来解释这些算法模块是怎么在图像搜索和识别系统中运行的。

图像搜索和识别技术是计算机视觉领域基础且重要的技术，而且该领域仍在飞速发展。希望读者能通过本书对基础知识的介绍和梳理，迅速掌握相关领域的认知机理，从而促进进一步的学习和实践。学海无涯，书中难免存在疏漏，请大家谅解。

# 2 深度卷积神经网络

## 2.1 概述

在图像搜索和识别的深度学习算法中，深度卷积神经网络是其核心的组成部分。通过将图像数据进行抽象和特征表达，卷积神经网络可以作为基础模型，结合不同的场景应用于检测、识别和分割等多种视觉任务中。

### 2.1.1 深度学习背景

随着互联网的飞速发展，我们来到了一个数据爆炸的时代。在网络传输带宽升级换代的同时，以图像、视频为主要载体的应用也逐步流行，直播、视频节目、短视频、视频播客 vlog、视频通话等应用越来越多。每天人们都会通过不同渠道上传大量的图片、视频等多媒体数据到互联网上，然而这些数据大部分只是简单存储的数据，没有经过有效的信息处理和分析。近年来对图像和视频等视觉信息进行处理和理解的研究和产业应用非常热门并且取得了很多重要的成果，如搜索引擎的以图搜图、电商 App 上的拍照搜商品、视频内容理解和图片视频的智能编辑等。这很大程度上都得益于深度学习在计算机视觉领域的应用和发展，使得处理和理解图像和视频等视觉信息更加智能和有效。

有效地处理和理解视觉信息的关键在于如何将非结构化的图像和视频数据进行

结构化的特征表达。该领域的研究主要分为两大阶段：传统手工设计阶段和深度学习阶段。在传统手工设计阶段，人们分别提出基于人工规则的图像特征表达，如颜色直方图、轮廓和纹理特征、形状描述子等。在深度学习阶段，通过优化方法从数据中自动学习特征表达。

在深度学习阶段，端到端地学习图像的特征表达是更加有效和流行的方法。通常的做法是利用大量的数据训练一个多层的神经网络模型来提取图像数据中的高阶语义信息。多层的神经网络模型是一种层次化的模型，每一层的输出都可以看作是对原始输入数据的抽象，即叠加多层之后对原始像素级别的图像数据进行逐层的抽象，直至抽象到最终语义层面的特征表达。在不同的计算机视觉任务中，深度神经网络模型都会根据各个任务，学习到最适合该任务的特征表达。尤其是近几年，深度神经网络模型在计算机视觉的各个任务中都取得了突破性的进展，大幅度超越传统方法的性能。

### 2.1.2 深度卷积神经网络

如第 1 章所言，深度卷积神经网络（CNN）是深度学习在计算机视觉领域最为广泛的一种应用。深度神经网络模型大幅度超越传统方法具有代表性的事件是 ImageNet 图像分类识别竞赛 ILSVRC[1]。ILSVRC 2012 年图像分类识别竞赛的冠军方法 AlexNet[2]（见图 2.1）使用一个深度卷积神经网络将 1200 000 张图像目标分类到 1000 类中，并且取得了比使用 SIFT[3]等特征的传统方法高出很多的识别准确率。在此后的 ILSVRC 竞赛中，深度卷积神经网络方法一直占据图像目标分类的主导地位。图 2.2 展示了 ImageNet 数据集部分图像样例，在这种难度的任务中，深度卷积神经网络模型的准确率已经超过人类水平。

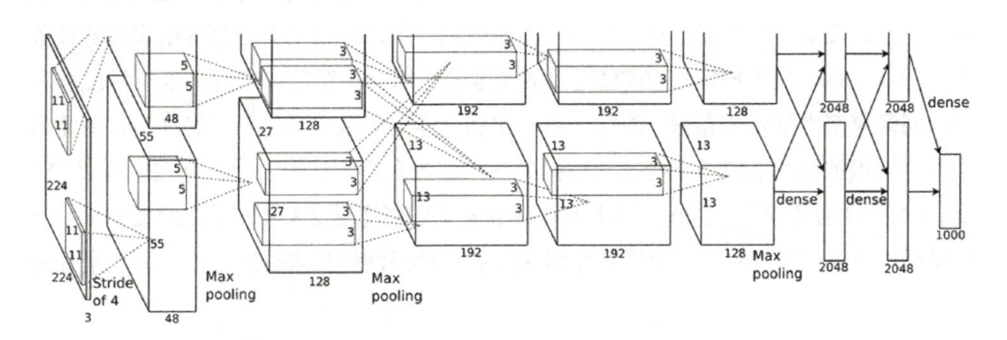


图 2.1　经典深度卷积神经网络 AlexNet 的结构示意图，图片摘自参考资料[2]

图 2.2　ImageNet 数据集样例图像，图片摘自参考资料[1]

深度卷积神经网络是一种特殊的神经网络，其通常由两部分构成：一是由不同类型的层连接组成的多层结构，如卷积层、池化层、非线性激活层、全连接层等；二是由不同任务所使用的损失函数层，它们通过反向传播算法等方法优化深度网络模型。深度卷积神经网络受生物学启发，模拟大脑中的视觉神经元，使用不同的隐含层来进行简单或复杂的单元计算。如图 2.3 所示，图像被输入网络模型中，经过若干层卷积和池化等运算提取出特征表达，最后使用全连接层对目标进行分类，得到分类的标签。

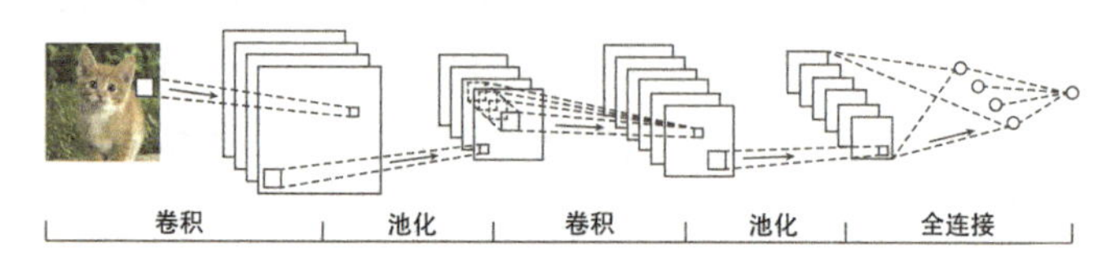


图 2.3　深度卷积神经网络的组成部分以及基本操作示意图，图片摘自参考资料[3]

在计算机视觉领域，深度神经网络已经在大部分的课题当中有了广泛的应用并取得了广泛的成功。在目标检测与跟踪、图像识别、图像检索语义分割等很多视觉任务中，CNN 提取的特征往往能够起到非常关键的作用。本章后续将逐一剖析深度卷积神经网络模型中重要的卷积、池化、归一化和全连接等基本操作，同时针对目前流行的深度卷积神经网络模型结构及常用损失函数进行介绍。其中，CNN 基础操作见 2.2 节，CNN 网络结构见 2.3 节，常用损失函数的简要概述见 2.4 节，详细的损失函数介绍见后续章节。第 3~9 章将会详细介绍深度卷积神经网络在多种图像搜索和识别任务上的应用。

## 2.2 CNN 基础操作

### 2.2.1 卷积操作

卷积操作在深度卷积神经网络中的卷积层中负责提取图像特征，是最重要的操作之一。

在卷积层操作的输出特征图 $\boldsymbol{Y}$ 中的每一个神经单元都有一个对应的感受野区域，该区域对应上一层特征图 $\boldsymbol{I}$ 的一部分相邻神经单元，这些感受野区域内的神经单元 $\boldsymbol{I}$ 经过卷积核 $\boldsymbol{K}$ 的加权求和之后，得到输出特征图 $\boldsymbol{Y}$ 对应神经单元的响应值。一般该响应值会经过非线性函数 $f$ 后得到最终的激活值。

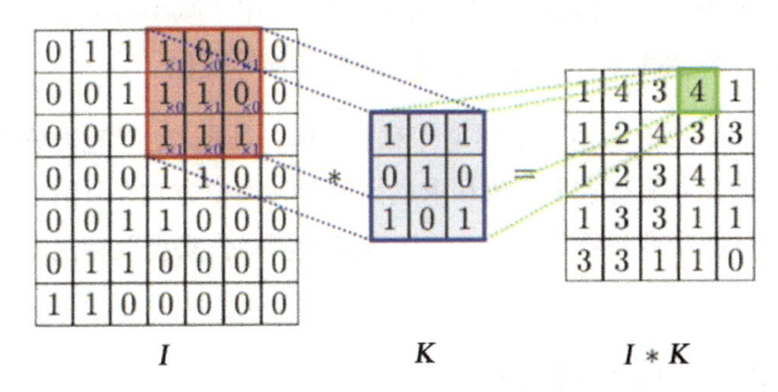


图 2.4　深度卷积神经网络的卷积操作示意图，图片摘自参考资料[4]

该过程也就是卷积操作的基本过程，可以用下式表达：

$$\boldsymbol{Y}_{\mathrm{j}} = f(\boldsymbol{K}_j * \boldsymbol{I})$$

其中，* 为卷积操作，$\boldsymbol{Y}_j$ 与 $\boldsymbol{K}_j$ 分别对应第 $j$ 个特征图和其对应的第 $j$ 个卷积核。

在神经网络的卷积层中，上述卷积操作的卷积核 $\boldsymbol{K}$ 以大小为 $k\times k$ 的滑动窗作用在输入 $\boldsymbol{I}$ 上，从左上角出发以固定的步长（stride）依次向右滑动。抵达输入 $\boldsymbol{I}$ 的最右端后向下移动步长数量的格数，再次从左向右滑动。每滑动一次执行一次卷积操作，直至滑动到输入 $\boldsymbol{I}$ 的最右下方。一般默认 stride=1。

图 2.4 中的卷积核大小为 3×3，滑动窗口步长为 1，从左至右总计可以滑动 5 次，从上至下也是滑动 5 次，因此输出 $\boldsymbol{Y}$ 大小为 5×5。

这里使用近年来较为流行的深度学习框架 PyTorch[5]代码演示卷积层的用法，在 PyTorch 里面卷积层定义为 nn.Conv2d：

```
1. import torch
2. I = torch.randn(1, 1, 7, 7)
3. conv_layer = torch.nn.Conv2d(in_channels=1,
                                out_channels=1,
                                kernel_size=3,
                                stride=1)
4.Y = conv_layer(I)   # 输出 Y 的大小为 5x5
```

上述代码块展示了给定输入 ***I***，指定 3×3 卷积核的卷积操作层，输出卷积操作后的 ***Y***。

### 2.2.2 池化操作

池化操作位于深度卷积神经网络中的池化层，其用于减小特征图的分辨率并且实现空间平移不变性，能够应对输入图像的形变和平移等变化。

池化操作（如图 2.5 所示）依然是针对上一层特征图 ***X*** 对应的感受野区域内的神经单元进行操作，一般有求平均值和求最大值两种操作方式。目前一般使用求平均操作来从最终特征图中获得特征向量，使用求最大值操作来提取特征图响应最大的区域。

求最大值操作可以用下式表达：

$$Y_{kij} = \max_{(p,q)\in R_{ij}} X_{kpq}$$

其中，$Y_{kij}$的下标 $kij$ 代表第 $k$ 个特征图在位置 $(i, j)$ 处的神经元；$R_{ij}$ 代表 $(i, j)$ 神经元对应的感受野区域，也就是 $(i, j)$ 位置的邻近位置。把上述操作中的求最大值操作 max 替换为求平均值操作 avg，即可得到平均池化操作。

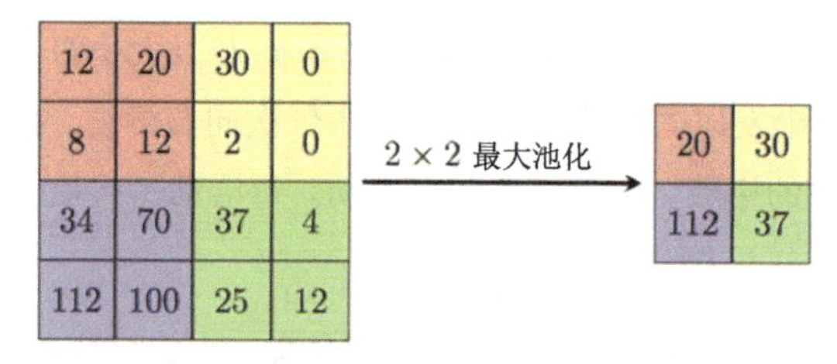


图 2.5　深度卷积神经网络的池化操作示意图，图片摘自参考资料[4]

下述代码展示了在 PyTorch 中如何定义与使用池化层：

```
1.    import torch
2.    X = torch.randn(1, 1, 4, 4)
```

```
3.    pool_layer = torch.nn.MaxPool2d(kernel_size=2)
4.    Y = pool_layer(X)
```

上述代码采用的是最大池化层 MaxPool2d，如果使用平均池化层则可以将其替换为 AvgPool2d。

### 2.2.3 全连接层

通常卷积层和池化层在网络前部，用于提取图像特征表达。全连接层在这些层之后，用于对特征进行更高层的分类或推理。通常将全连接层接上 Softmax 等损失函数来完成目标分类识别任务。

全连接层实质上执行的是向量内积操作，因此也可以叫作内积层，或者线性层。图 2.6 展示了输入使用 3 层全连接层然后得到输出的示意图。

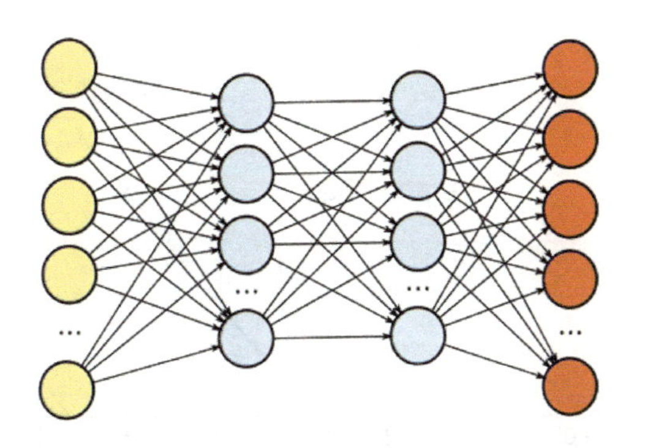

图 2.6　深度卷积神经网络的全连接层示意图

全连接层的向量内积操作可以用下式表达：

$$\boldsymbol{Y}=\boldsymbol{W}^{\mathrm{T}}\boldsymbol{X}+\boldsymbol{b}$$

其中，$\boldsymbol{W}$ 是全连接层的可学习参数，$\boldsymbol{b}$ 是偏差。对输入 $\boldsymbol{X}$ 进行线性变换得到输出 $\boldsymbol{Y}$。

下述代码展示了在 PyTorch 中如何定义与使用全连接层：

```
1.    import torch
2.    X = torch.randn(1, 5)
3.    linear_layer = torch.nn.Linear(in_features=5, out_features=2, bias=True)
4.    Y = linear_layer(X)
```

该全连接层将五维的向量 $\boldsymbol{X}$ 线性转换为二维向量 $\boldsymbol{Y}$。

### 2.2.4 激活层

在卷积神经网络中，卷积操作和全连接层的操作都是线性变换，多层级联之后等价于一次线性变换，判别能力十分有限。因此需要在每一层之后加入非线性变换的激活层，这样就可以实现深度模型中层次化逐级抽象特征的能力。

在生物学中，神经网络通常有激活的特点，众多的神经单元在完成某种感知任务时只有少部分神经单元是处于激活状态的，绝大部分神经单元处于非活跃状态。受这种生物活动的启发，人们就将最常用的线性整流函数 ReLU（Rectified Linear Unit）激活层[7]设计为抑制输出为负数的神经单元，将其激活值设为 0，数学上表达为：

$$\mathrm{ReLU}(x) = \max(x, 0)$$

该函数的图像如图 2.7 所示。

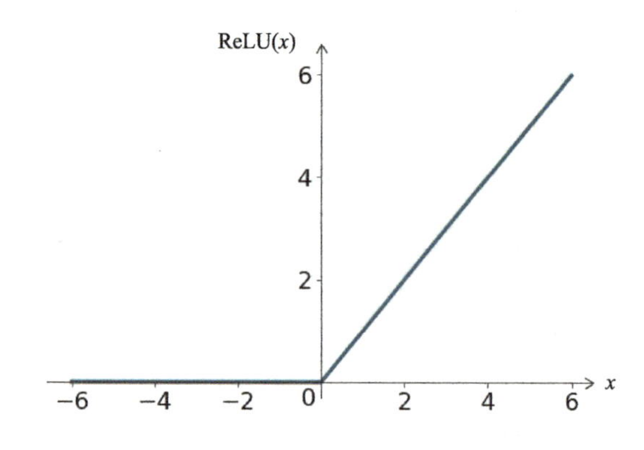


图 2.7　激活层的 ReLU 操作示意图

下述代码展示了在 PyTorch 中如何定义与使用激活层：

```
1.  import torch
2.  X = torch.randn(1, 1, 5, 5)
3.  relu_layer = torch.nn.ReLU()
4.  Y = relu_layer(X)
```

### 2.2.5 批归一化层

批归一化层（Batch Normalization）[26]是谷歌的研究员提出来的，其用来让深度卷积神经网络中每层卷积的输入分布尽量保持一致，这样可以让卷积层在训练时更加稳定，收敛更容易。

批归一化层采用最简单、直接的思路，将输入 $x$ 的分布归一化，使其均值为 0，方差为 1。因此在计算出原始输入 $x$ 的均值 $m$ 和方差$v^2$之后，可以进行如下的归一化操作：

$$x' = \frac{x-m}{\sqrt{v^2+\epsilon}}$$

其中，$\epsilon$为极小的正数，用来避免分母等于 0 的情况。批归一化层操作示意图如图 2.8 所示。

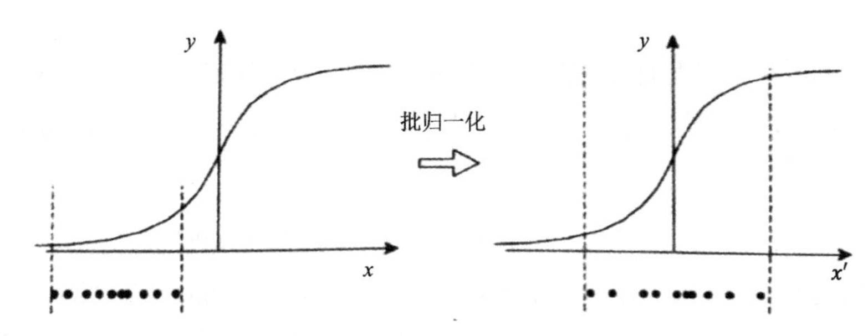


图 2.8　批归一化层操作将输入分布进行归一化[26]

之所以称为批归一化层是因为原始输入$x$的均值$m$和方差$v^2$是基于一个批量内的输入数据统计得到的：

$$m = \frac{1}{B}\sum_{i}^{B} x_i \qquad v^2 = \frac{1}{B}\sum_{i}^{B}(x_i-m)^2$$

其中，$B$ 是批量内的样本数目。

需要注意的是，在测试阶段一般输入图像只有一个，此时不能计算批量内的均值和方差，所以批归一化层在训练过程中会记录整个训练集平均的均值和方差，在测试时统一使用训练阶段记录的均值和方差进行计算。

批归一化层一般简称 BN 层,在卷积神经网络中一般接在卷积层和全连接层后面，使得每层的输出和下一层的输入数据分布尽量稳定。通常卷积层后面会跟随非线性激活层（ReLU），BN 的位置在卷积层和激活层之间。提出 BN 算法的作者认为卷积层的输出分布大部分是对称且稠密的，对这种分布进行批归一化操作容易得到稳定的归一化数据分布，而激活层的输出分布一般变化剧烈，不容易归一化到稳定的分布。因此在卷积神经网络中批归一化层与卷积层和激活层常见的结合方式为 CONV-BN-ReLU。

### 2.2.6 小结

本节介绍了深度卷积神经网络的基本组成部分，包括卷积、池化、全连接、激活、批归一化等操作，每个基础操作都可以被看作深度卷积神经网络结构中的一层，多个基础操作层级联在一起就组成了深度卷积神经网络模型。下面介绍 CNN 模型的结构，同时介绍几个在学术界具有代表性的网络模型结构。

## 2.3 常见的 CNN 模型结构

CNN 源自受生物启发的人工智能技术，从 1989 年至今涌现出了多个不同的 CNN 模型。它们除了都有卷积、池化、全连接等基础操作，还有一个重要的变化体现在网络模型结构上。

卷积神经网络模型在 20 世纪 80 年代就已经被应用到计算机视觉任务上[6]。1998 年 LeCun 构建了一个 5 层的卷积神经网络模型用于识别文档中的字符，当时的网络结构称为 LeNet[7,8]，其能够从图像原始的像素开始以层次化的形式抽取特征。研究者在 LeNet-5 这个经典的卷积神经网络模型结构的基础上进行了很多的改进，包括改变每一层的参数配置与层数等，但这都是单一路径的逐层叠加方式的改进，如下面我们将要介绍的 AlexNet[2]、ZFNet[9]和 VGGNet[10]等，该类网络模型结构我们称为“单分支网络结构”。

除了改变网络模型层数和每层的参数，GoogLeNet（Inception V1）[11]还探索了在同一层引入并行的多个分支结构，每个分支结构采用不同配置的基础操作，如采用不同卷积核大小的卷积操作、池化操作等。随着层数的加深，训练优化卷积神经网络的难度越来越大，后来出现的 Highway[12]和 ResNet[13,14]网络结构直接将每一层的其中一个分支设为 Identity（恒等映射）操作，即最简单的直接复制输入到输出的操作，另外一个分支进行常规的卷积和激活等操作。由于 ResNet 在 ImageNet 竞赛及在其他视觉任务如目标检测、分割等上面的优异表现，引来大量研究者跟进。基于 ResNet 的改进网络结构不断涌现，如 WideResNet[15]、FractalNet[16]、ResNext[17]、DenseNet[18]及 Inception V4[19]等。该类网络结构每层至少采用两个分支，为了区别于单分支网络结构，我们称其为“多分支网络结构”。

### 2.3.1 网络结构超参数

前面我们讲到了深度卷积神经网络模型中卷积、池化和全连接等基础操作，而在完整的深度神经网络结构中不仅需要指定每一层的操作类型，还要指定基础操作的超参数，包括卷积层的特征通道数目、卷积核大小、卷积窗口步长，池化层窗口大小和操作类型，全连接层的特征通道数目等。

这一节介绍一个简单的卷积神经网络，我们来看看网络结构包含哪些超参数。图 2.9 所示是一个仅有一层卷积层和激活层、一层池化层和一层全连接层的神经网络模型示意图。

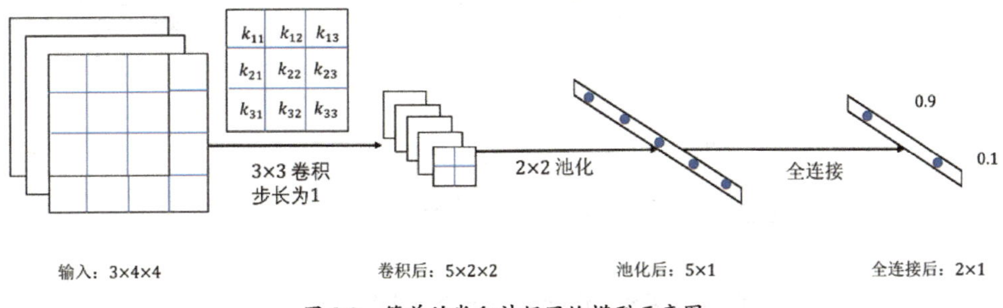


图 2.9 简单的卷积神经网络模型示意图

在该卷积神经网络中，输入是 4 像素×4 像素的 RGB 图像，因为它是 RGB 三个通道的图像，所以在卷积神经网络中代表的就是 3×4×4 大小的张量。下面我们介绍每一层操作的设计和流程。

（1）第一个操作是卷积层的操作。在卷积神经网络中定义了一层输出通道数为 5、卷积核大小为 3×3、步长为 1 的卷积操作。根据输入通道数 3 和这些预定义的超参数，推算该卷积层会包含（输出通道数×输入通道数）个 3×3 的卷积核，也就是说卷积核参数是(5×3)×(3×3)张量。经过该层卷积操作后，会生成通道数目为 5、大小为 2×2 的特征图。在该卷积操作中，输入为 3 个通道，则需要输出 5 个通道的特征图，其中输出的 5 个通道相互之间是独立的，参与计算的卷积核参数共有 5 组，记作 $[\boldsymbol{w}_1, \boldsymbol{w}_2, \boldsymbol{w}_3, \boldsymbol{w}_4, \boldsymbol{w}_5]$。

首先我们考虑其中一组卷积核参数$\boldsymbol{w}_i$如何针对 3 个通道的输入生成某一个 $i$ 通道的特征图，再讨论如何生成定义中的 5 个通道的特征图。如图 2.10 所示，因为输入是 3 个通道，输出是 1 个通道，所以卷积层中有 3 组 3×3 的卷积核参数$\boldsymbol{w}_i = [\boldsymbol{w}_{i,1}, \boldsymbol{w}_{i,2}, \boldsymbol{w}_{i,3}]$参与计算。因为定义的卷积操作滑动步长为 1，所以 4 像素×4 像素的输入使用 3×3 的卷积核在左右和上下方向分别滑动一步就完成了操作，因此输出特征图大小为 2×2。

由于输入是 3 个通道，因此会分别使用 3 个 3×3 的卷积核进行滑动窗卷积操作，得到 3 个 2×2 的临时输出，最终将 3 个临时输出加和后得到第一个通道的 2×2 特征图。

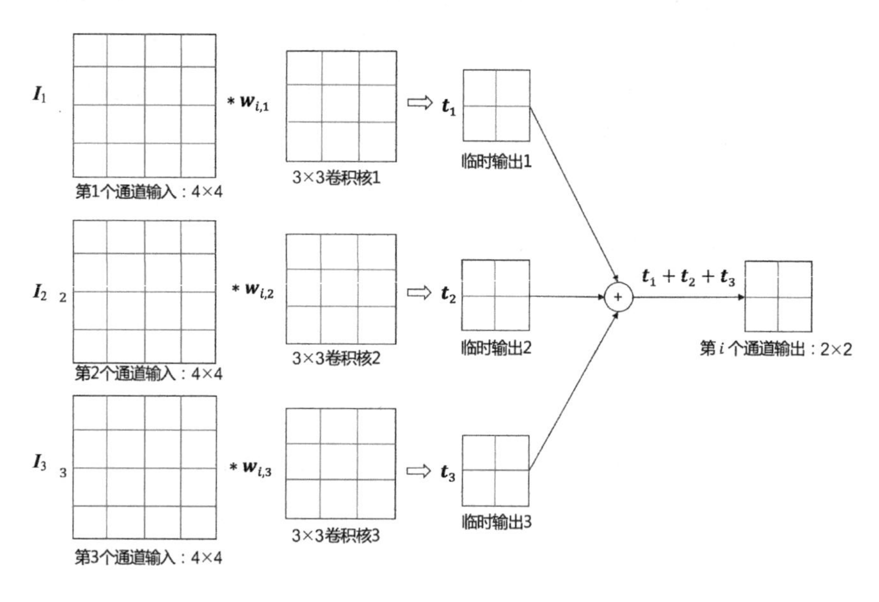


图 2.10　卷积操作如何生成一个通道输出的特征图

在图 2.10 所示的例子中，卷积操作设置输出通道数目为 5，那么会使用 5 个不同的卷积核参数$[\boldsymbol{w}_1, \boldsymbol{w}_2, \boldsymbol{w}_3, \boldsymbol{w}_4, \boldsymbol{w}_5]$分别计算生成 5 个 2×2 的结果特征图，因此 3×4×4 的输入在经过该层卷积操作后生成了通道数为 5、大小为 2×2 的 5×2×2 的特征图。

（2）紧接着进行 2×2 的最大值池化操作，对于 2×2 的结果特征图，仅取一个最大值留下，因此 5×2×2 的特征图经过池化操作后变为 5×1 的向量。

（3）该向量仅有 5 个数值，经过全连接操作后其需要变为一个仅有 2 个数值的向量，因此全连接层是一个 5×2 的 $\boldsymbol{W}$ 矩阵乘法操作。最终网络输出结果为有 2 个数值的向量。

该神经网络的 PyTorch 代码如下：

```
1.  import torch
2.  import torch.nn as nn
3.
4.  def DemoNet():
5.      net = nn.Sequential(
6.              nn.Conv2d(3, 5, kernel_size=3),
7.              nn.ReLU(inplace=True),
```

```
8.            nn.MaxPool2d(kernel_size=2, stride=2),
9.            nn.Flatten(),
10.           nn.Linear(5, 2)
11.     )
12.     return net
13.
14. inputs = torch.rand(1, 3, 4, 4) # 输入 1 张通道为 3 大小为 4 像素×4 像素的图像
15. net = DemoNet() # 初始化网络模型
16. outputs = net(inputs) # 输出一个 1×2 的向量
```

## 2.3.2 单分支网络结构

### 1. LeNet

Yann Lecun 在 1998 年提出的 LeNet 是早期具有代表性的一个卷积神经网络[7,8]。LeNet-5 网络模型（如图 2.11 所示）已经使用了近些年卷积神经网络模型中能见到的几乎所有基础操作，包括卷积层、池化层和反向传播训练方法等。

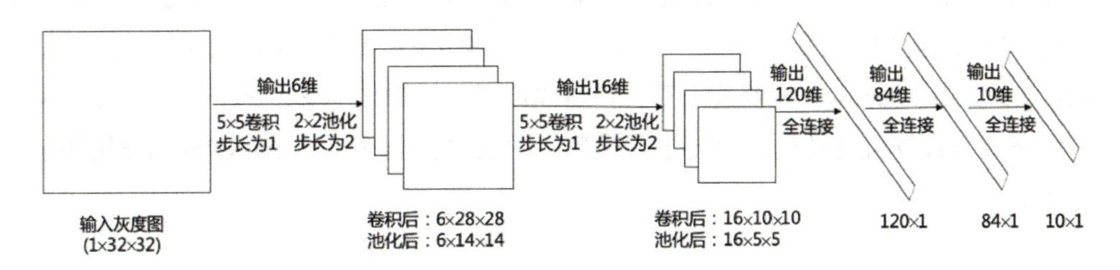


图 2.11 LeNet-5 网络结构示意图[7][8]

如图 2.11 所示，该网络结构仅包含两层卷积层，每一层的卷积通道数目也比较少（6 和 16）。当时 LeCun 使用该网络模型帮助银行识别文档中的手写数字，输入的图像仅有 32 像素×32 像素大小而且是灰度图像。该模型结构受限于当时的计算能力，不能用来设计为更加复杂的模型，也不能处理更大的图像。

LeNet 的网络结构代码如下：

```
1.  import torch.nn as nn
2.
3.  def LeNet():
4.      net = nn.Sequential(
5.              nn.Conv2d(1, 6, kernel_size=5),
6.              nn.ReLU(inplace=True),
7.              nn.AvgPool2d(kernel_size=2, stride=2),
8.              nn.Conv2d(6, 16, kernel_size=5),
9.              nn.ReLU(inplace=True),
```

```
10.            nn.AvgPool2d(kernel_size=2, stride=2),
11.            nn.Flatten(),
12.            nn.Linear(16*5*5, 120),
13.            nn.ReLU(inplace=True),
14.            nn.Linear(120, 84),
15.            nn.ReLU(inplace=True),
16.            nn.Linear(84, 10)
17.        )
18.        return net
```

### 2. AlexNet

在 LeNet 之后，随着计算能力的提升，研究者不断地提升模型的表达能力。最明显的是卷积层数的增加，每一层的内部通道数目也在增加。其中的一个经典网络模型就是 2012 年 ImageNet 竞赛的冠军得主 AlexNet[2]网络结构。AlexNet 凭借深度学习方法打败了以往所有传统特征算法（包括 SIFT），并且准确率大幅提高。AlexNet 成功的另外一个原因是 ImageNet 数据集的出现[1]。在大数据时代，深度模型的学习离不开大量数据的训练，而此前一直没有能够让深度模型充分训练大规模数据。直到 ImageNet 数据集的出现，深度卷积神经网络才得以发挥威力。AlexNet 以绝对优势取得 2012 年 ImageNet 竞赛冠军后，使得深度学习逐渐成为学术研究热点，卷积神经网络成为计算机视觉任务上的主要模型。图 2.12 所示为一个 AlexNet 网络结构示意图。

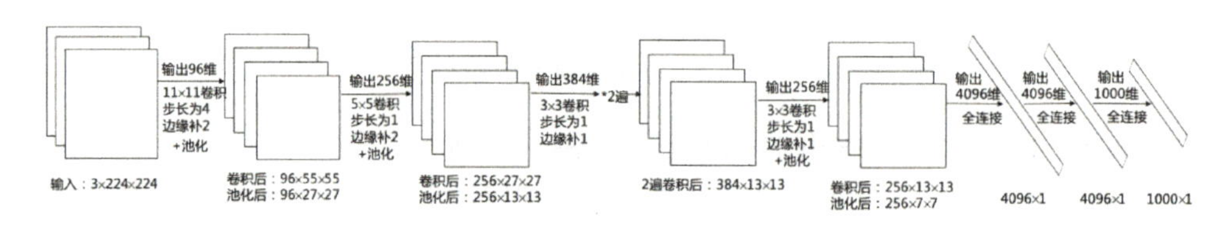


图 2.12　AlexNet 网络结构示意图[2]

该网络结构引入 5 层卷积操作和 2 层全连接操作，与 LeNet 相比每一层的卷积通道数也大幅增加。值得注意的是，AlexNet 内引入了 ReLU 激活函数，使得模型的训练变得更加鲁棒。该模型的输入图像为 224 像素×224 像素的 RGB 彩色图像，处理的像素数目是 LeNet 的上百倍，模型深度提升到 7 层，由此可见计算能力的提升允许把模型设计得更加复杂。最终该模型取得较高的特征表达能力，在图像识别和其他视觉任务上均取得了比传统特征更好的表现。

相比于 LeNet 使用 5 万张图像训练数据，AlexNet 使用的 ImageNet 数据量达到了 100 万张图像之多。能够完成如此大规模的计算量离不开计算机硬件的迭代更新，AlexNet 使用了两块 GTX 580 GPU 显卡，耗时约 5~6 天完成了 ImageNet 的训练。

在 AlexNet 网络模型中卷积层后的两层全连接层使用 4096 维输出，一般来说该特征维数是比较高的，远高于分类数目 1000 个。AlexNet 使用 Dropout[27]操作对 4096 维的输出值以 0.5 的概率随机丢弃，丢弃的方式是将输出值置为 0。这样从概率上讲 4096 维输出向量的有效特征向量为 2048 维，每次随机得到的有效的 2048 维特征都需要具备分类的判别能力，因此训练出来的模型表达能力会更强。

AlexNet 的网络结构代码如下：

```
1.  import torch.nn as nn
2.
3.  def AlexNet():
4.      net = nn.Sequential(
5.              nn.Conv2d(3, 96, kernel_size=11, stride=4, padding=2),
6.              nn.ReLU(inplace=True),
7.              nn.MaxPool2d(kernel_size=3, stride=2),
8.              nn.Conv2d(96, 256, kernel_size=5, padding=2),
9.              nn.ReLU(inplace=True),
10.             nn.MaxPool2d(kernel_size=3, stride=2),
11.             nn.Conv2d(256, 384, kernel_size=3, padding=1),
12.             nn.ReLU(inplace=True),
13.             nn.Conv2d(384, 384, kernel_size=3, padding=1),
14.             nn.ReLU(inplace=True),
15.             nn.Conv2d(384, 256, kernel_size=3, padding=1),
16.             nn.ReLU(inplace=True),
17.             nn.MaxPool2d(kernel_size=3, stride=2, padding=1),
18.             nn.Flatten(),
19.             nn.Dropout(),
20.             nn.Linear(256 * 7 * 7, 4096),
21.             nn.ReLU(inplace=True),
22.             nn.Dropout(),
23.             nn.Linear(4096, 4096),
24.             nn.ReLU(inplace=True),
25.             nn.Linear(4096, 1000),
26.         )
27.     return net
```

### 3. ZFNet

继 2012 年的 AlexNet 之后，其改进版本 ZFNet[9]于 2013 年由 Zeiler 和 Fergus 提出，该模型用来提升图像识别的模型表达能力与准确率。ZFNet 取得了 2013 年 ImageNet 竞赛冠军。ZFNet 做了如图 2.13 所示的结构上的改进。

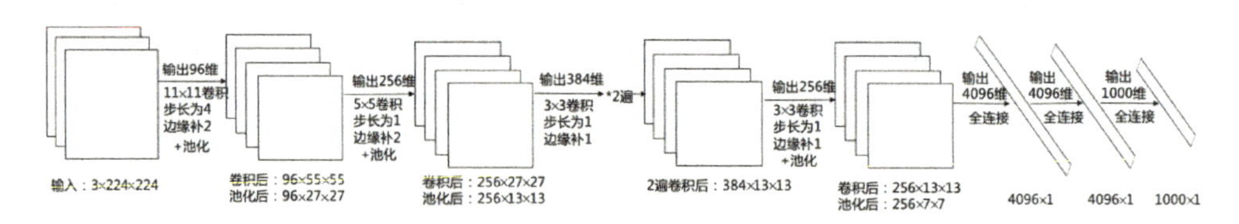


图 2.13　ZFNet 网络结构示意图[9]

如图 2.13 所示，AlexNet 在第一层卷积层中使用了 11×11 的卷积核，而 ZFNet 改用的是 7×7 的卷积核，以捕获图像中更加细粒度的信息。此外，AlexNet 第一层卷积步长为 4，这会丢失很多信息，而 ZFNet 改用更小的步长 2，第一层卷积后的特征图大小也相应比 AlexNet 的大，从而保留更多特征信息。

ZFNet 的示例代码如下：

```
1.  import torch.nn as nn
2.
3.  def ZFNet():
4.      net = nn.Sequential(
5.              nn.Conv2d(3, 96, kernel_size=7, stride=2, padding=1),
6.              nn.ReLU(inplace=True),
7.              nn.MaxPool2d(kernel_size=3, stride=2, padding=1),
8.              nn.Conv2d(96, 256, kernel_size=5, stride=2),
9.              nn.ReLU(inplace=True),
10.             nn.MaxPool2d(kernel_size=3, stride=2, padding=1),
11.             nn.Conv2d(256, 384, kernel_size=3, padding=1),
12.             nn.ReLU(inplace=True),
13.             nn.Conv2d(384, 384, kernel_size=3, padding=1),
14.             nn.ReLU(inplace=True),
15.             nn.Conv2d(384, 256, kernel_size=3, padding=1),
16.             nn.ReLU(inplace=True),
17.             nn.MaxPool2d(kernel_size=3, stride=2, padding=1),
18.             nn.Flatten(),
19.             nn.Dropout(),
20.             nn.Linear(256 * 7 * 7, 4096),
```

```
21.             nn.ReLU(inplace=True),
22.             nn.Dropout(),
23.             nn.Linear(4096, 4096),
24.             nn.ReLU(inplace=True),
25.             nn.Linear(4096, 1000)
26.         )
27.     return net
```

### 4.VGGNet

Simonyan 和 Zisserman 在 2014 年的 ImageNet 竞赛中使用了 19 层的网络结构 VGGNet[10]，比 AlexNet 和 ZFNet 的 7 层网络结构增加两倍多，如图 2.14 所示。

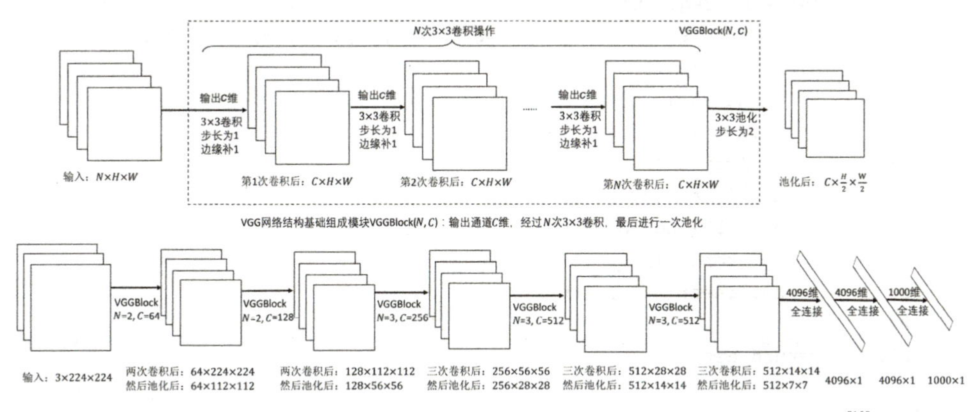


图 2.14　上图虚框里是 VGG Block 的定义，下图是 VGGNet 网络结构示意图[10]

VGGNet 的模型参数有 1.4 亿个之多，其中最后三层全连接层使用了约 1.2 亿个参数。因为第一个全连接层直接连接了卷积层输出的 7×7×512 大小的特征图。后来的网络结构将该输出结果进行了全局的平均池化，变为 1×1×512 之后再进行全连接操作，这样可大幅度减少操作量。尽管 VGGNet 使用了如此多的参数，其依然没有夺得 ImageNet 竞赛的冠军。但是该网络结构的 16 层版本在学术界被广泛使用，并在其他如目标检测、目标语义分割等视觉任务上取得了显著的效果。

VGGNet 的示例代码如下：

```
1.  import torch.nn as nn
2.
3.  def VGGNet():
4.      def VGGLayers(configs):
```

```
5.          channels = 3
6.          layers = []
7.          # 根据配置，将多个 VGGBlock 串联在一起组成 VGGNet
8.          for (N, C) in configs:
9.              # 每个 block 指定 N 个卷积层，每层通道数是 C 个
10.             for _ in range(N):
11.                 conv = nn.Conv2d(channels, C, kernel_size=3, padding=1)
12.                 layers += [conv, nn.ReLU(inplace=True)]
13.                 channels = C
14.             layers += [nn.MaxPool2d(kernel_size=2, stride=2)]
15.         return nn.Sequential(*layers)
16.
17.     net = nn.Sequential(
18.         VGGLayers(configs=[(2,64),(2,128),(3,256),(3,512),(3,512)]),
19.         nn.Flatten(),
20.         nn.Linear(512 * 7 * 7, 4096),
21.         nn.ReLU(inplace=True),
22.         nn.Dropout(),
23.         nn.Linear(4096, 4096),
24.         nn.ReLU(inplace=True),
25.         nn.Dropout(),
26.         nn.Linear(4096, 1000)
27.     )
28.     return net
```

### 2.3.3 多分支网络结构

#### 1. GoogLeNet

GoogLeNet在2014年的ImageNet竞赛中夺冠并取得了6.7%的Top-5分类错误率。目前在 ImageNet 数据集上人类识别的 Top-5 错误率为 5.1%（即 94.9%的准确率），GoogLeNet 的结果表明卷积神经网络模型在该数据集上已经逼近人类的识别能力。GoogLeNet 的整体结构为：3 个卷积层、9 个 Inception 子模块，以及 Softmax 层。其中，每个 Inception 子模块中包含了 2 个特殊的卷积层。所以，GoogLeNet 一共有 22 层网络。

从图 2.15 可以看到，最终分类使用的全连接层（图中最后的 FC 层）的输入特征向量来自一个全局平均池化层（图中的 AveragePool 层），该全局平均池化层将经卷积层拼接后的输出特征图直接池化为特征向量，或者说是池化为宽和高均为 1 的特征图。

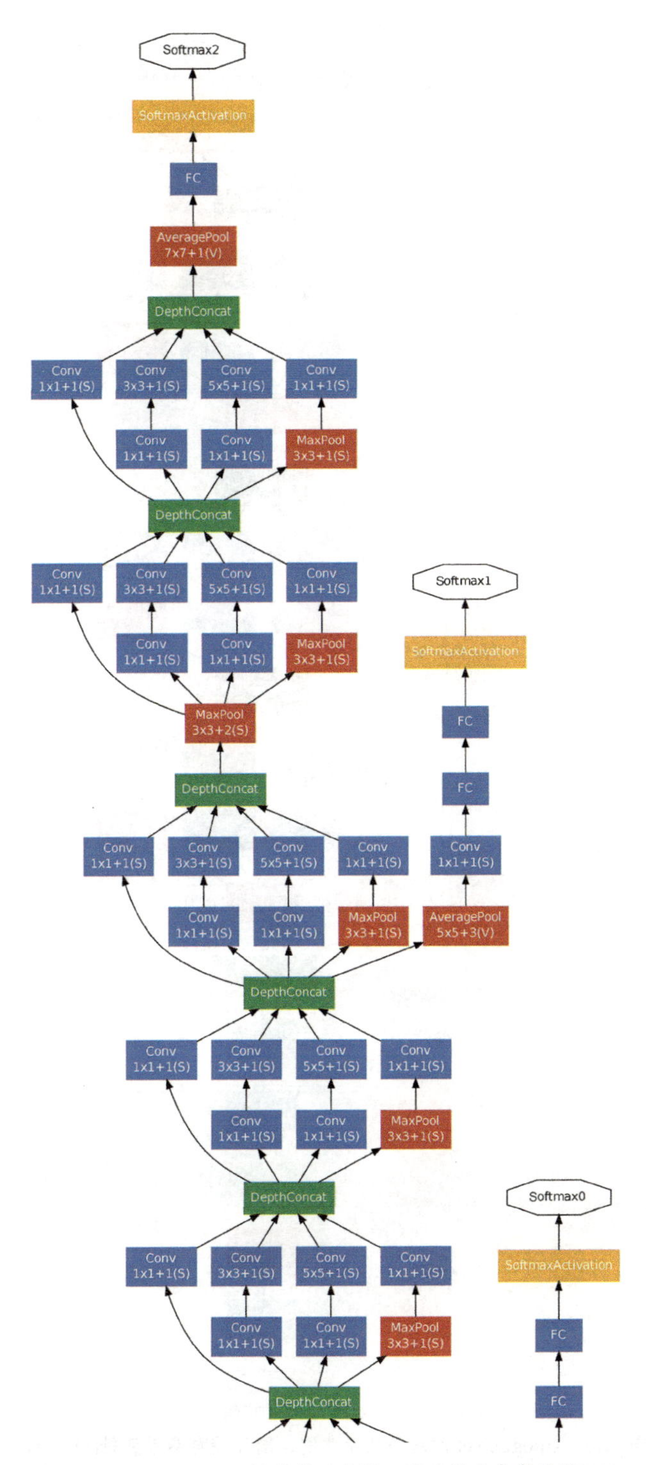


图 2.15 GoogLeNet 网络结构示意图，图片摘自参考资料[11]

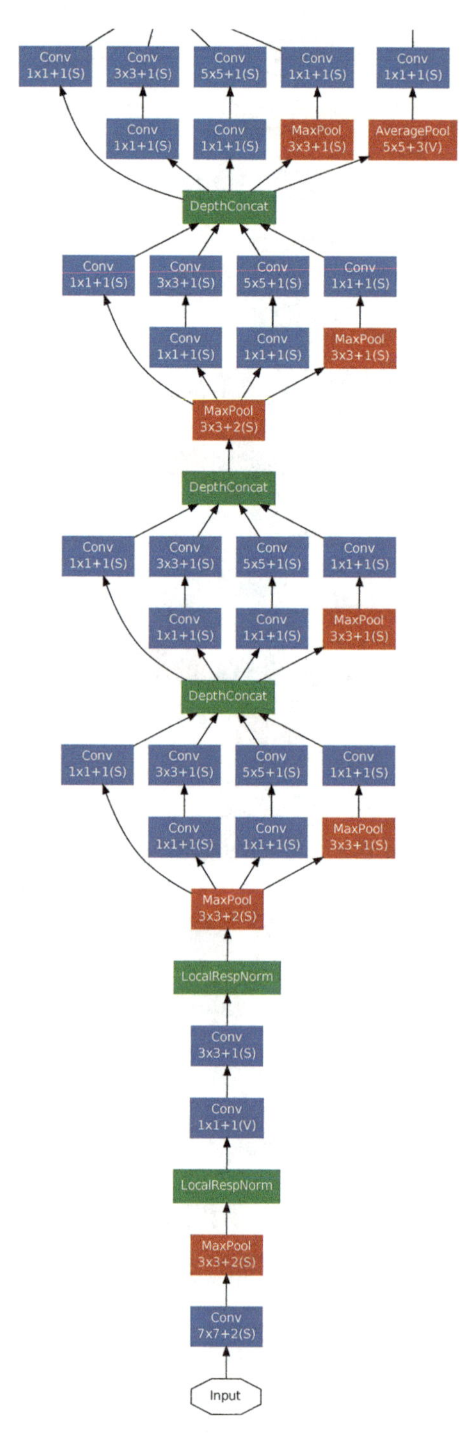


图 2.15　GoogLeNet 网络结构示意图，图片摘自参考资料[11]（续）

通过这种操作避免了像 VGGNet 一样使用全连接层直接与卷积层的输出特征图连接，因为全连接层直接与特征图相连接，所以其参数量会与特征图大小成正比，而全连接层与全局平均池化后的特征向量连接，会显著减少参数量。在此之后提出的分类网络也基本上是类似的思路，如 ResNet、ResNext、FractalNet 及 DenseNet 等都采用了全局平均池化操作得到最终的特征向量。GoogLeNet 网络使用多个基本组成模块组成最终的卷积神经网络，该基本组成模块被 GoogLeNet 提出者称为 Inception 模块。GoogLeNet 提出者之后又提出多个改进版本的网络结构，主要也是在 Inception 模块的基础上进行改进。原始的 Inception 模块如图 2.16 所示，包含几种不同大小的卷积层，即 1×1 卷积层、3×3 卷积层和 5×5 卷积层，还包括一个 3×3 的最大池化层。这些卷积层和池化层得到的特征拼接在一起作为最终的输出，同时也是下一个模块的输入。

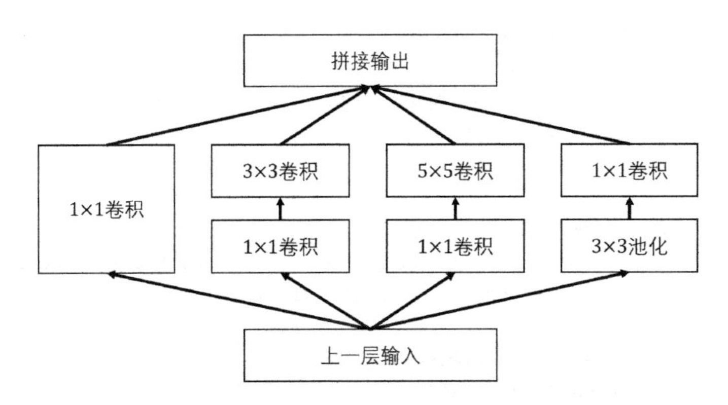


图 2.16　GoogLeNet 网络结构的 Inception 模块示意图[11]

GoogLeNet 的结构比较复杂，我们在代码里循环使用 Inception 模块进行定义。实际使用的 Inception 模块参考代码中 Inception 类的定义有 4 个分支，分别对应图 2.16 中的 4 个分支。示例代码如下：

```
1.  import torch.nn as nn
2.  
3.  def GoogLeNet():
4.      # Inception 模块
5.      class Inception(nn.Module):
6.          # 输入 ninput：输入通道数
7.          # 输入 n1：第一个 1×1 卷积核分支的输出通道数
8.          # 输入 n3pre 和 n3：第二个 3×3 卷积核分支的输出通道数
9.          # 输入 n5pre 和 n5：第三个 5×5 卷积核分支的输出通道数
10.         # 输入 npool：第四个池化层分支的输出通道数
11.         def __init__(self, ninput, n1, n3pre, n3, n5pre, n5, npool):
```

```
12.             super(Inception, self).__init__()
13.             self.b1 = nn.Sequential(
14.                         nn.Conv2d(ninput, n1, kernel_size=1),
15.                         nn.ReLU(inplace=True)
16.             )
17.             self.b2 = nn.Sequential(
18.                 nn.Conv2d(ninput, n3pre, kernel_size=1),
19.                 nn.ReLU(inplace=True),
20.                 nn.Conv2d(n3pre, n3, kernel_size=3, padding=1)
21.             )
22.             self.b3 = nn.Sequential(
23.                 nn.Conv2d(ninput, n5pre, kernel_size=1),
24.                 nn.ReLU(inplace=True),
25.                 nn.Conv2d(n5pre, n5, kernel_size=5, padding=2),
26.                 nn.ReLU(inplace=True)
27.             )
28.             self.b4 = nn.Sequential(
29.                 nn.MaxPool2d(kernel_size=3, stride=1, padding=1),
30.                 nn.Conv2d(ninput, npool, kernel_size=1),
31.                 nn.ReLU(inplace=True)
32.             )
33.
34.         def forward(self, x):
35.             outputs = [self.b1(x), self.b2(x), self.b3(x), self.b4(x)]
36.             return torch.cat(outputs, dim=1)
37.
38.     # 使用 Inception 结构构造主网络
39.     layer1 = nn.Sequential(
40.             nn.Conv2d(3, 64, kernel_size=7,  stride=2, padding=3),
41.             nn.ReLU(inplace=True),
42.             nn.MaxPool2d(kernel_size=3, stride=2, ceil_mode=True)
43.     )
44.     layer2 = nn.Sequential(
45.         nn.Conv2d(64, 64, kernel_size=1),
46.         nn.Conv2d(64, 192, kernel_size=3, padding=1),
47.         nn.MaxPool2d(kernel_size=3, stride=2, ceil_mode=True)
48.     )
49.     layer3 = nn.Sequential(
50.         Inception(192, 64, 96, 128, 16, 32, 32),
51.         Inception(256, 128, 128, 192, 32, 96, 64),
52.         nn.MaxPool2d(kernel_size=3, stride=2, ceil_mode=True)
53.     )
54.     layer4 = nn.Sequential(
55.         Inception(480, 192, 96, 208, 16, 48, 64),
56.         Inception(512, 160, 112, 224, 24, 64, 64),
57.         Inception(512, 128, 128, 256, 24, 64, 64),
```

```
58.         Inception(512, 112, 144, 288, 32, 64, 64),
59.         Inception(528, 256, 160, 320, 32, 128, 128),
60.         nn.MaxPool2d(kernel_size=3, stride=2, ceil_mode=True)
61.     )
62.     layer5 = nn.Sequential(
63.         Inception(832, 256, 160, 320, 32, 128, 128),
64.         Inception(832, 384, 192, 384, 48, 128, 128)
65.     )
66.     layer6 = nn.Sequential(
67.         nn.AvgPool2d(kernel_size=7),
68.         nn.Flatten(),
69.         nn.Dropout(0.2),
70.         nn.Linear(1024, 1000)
71.     )
72.     net = nn.Sequential(layer1, layer2, layer3, layer4, layer5, layer6)
73.
74.     return net
```

### 2. ResNet

从 LeNet 到 AlexNet 再到 VGGNet，在 ImageNet 竞赛上网络深度有逐渐加深的趋势。在 2015 年 ImageNet 竞赛上就出现了 152 层的网络结构，即 ResNet，这远远超出 GoogLeNet 的 22 层和 VGGNet 的 16 层。在 ImageNet 数据集的识别精度上，ResNet 网络的表现超出了人类的识别水平，获得了 3.57%的 Top-5 分类错误率。为了解决由于网络变深导致梯度消失/爆炸的问题，ResNet 引入了跳层连接（Skip Connection），该结构能够将网络加深到任意深度。ResNet 整体的结构为 151 个卷积层和 1 个 Softmax 层。ResNet 没有在 Softmax 层之前添加全连接层，而是使用了平均池化层。此外，也使用了 1×1 的卷积操作来减少参数量。其实，这些技巧在 GoogLeNet 中也应用了。图 2.17 所示为 ResNet 网络结构与单分支网络结构对比图。

ResNet 进一步证明了网络深度越深越好，但也带来了问题：既然网络深度越深越好，并且跳层连接也解决了梯度消失/爆炸的问题，那为什么只将网络深度叠加到 152 层呢？事实上，ResNet 的提出者们实验了 1202 层的 ResNet，效果不仅没有提升，反而下降了。在 ResNet 参考资料[13]中，该现象被解释为其中可能存在过拟合问题。ResNet 的提出者们后来发现将跳层连接后面的 ReLU 激活层去掉后就可以支持训练更深的网络，并成功在 1001 层的 ResNet 网络训练且得到比 152 层 ResNet 更好的效果。

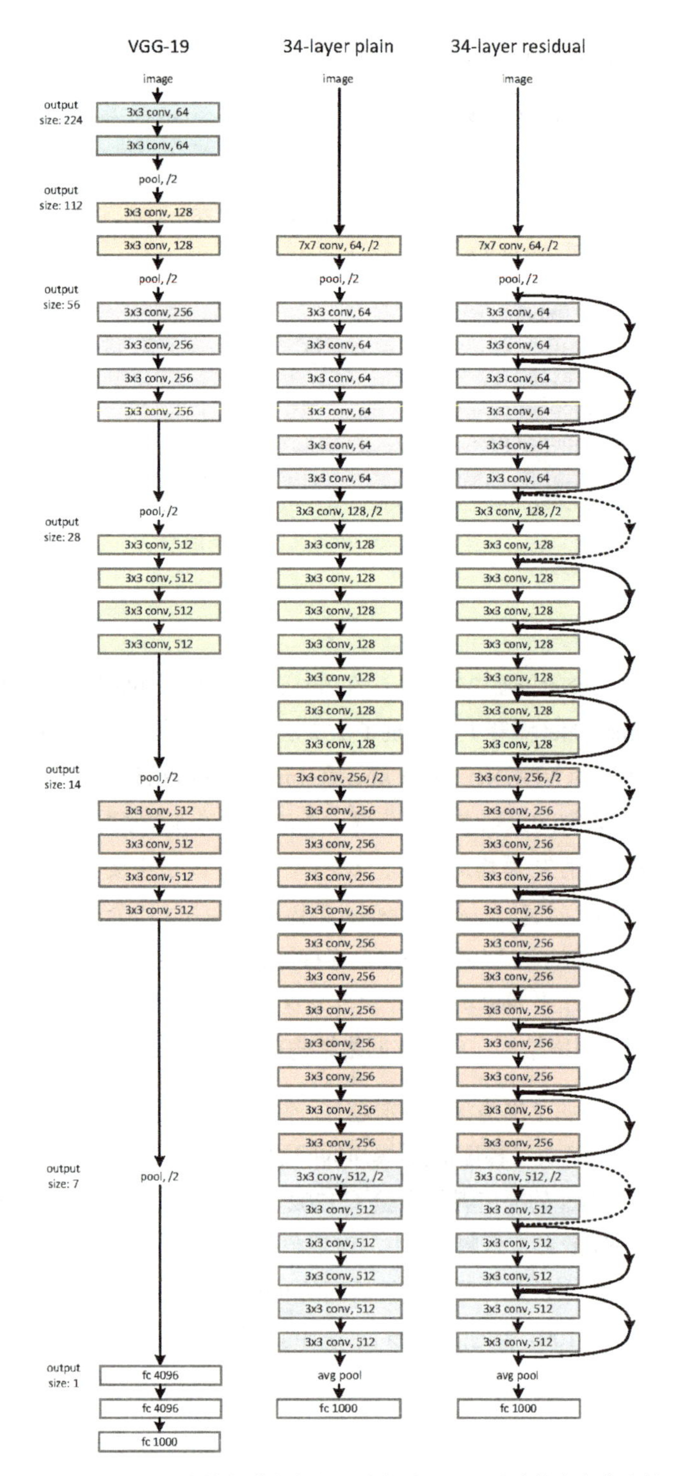


图 2.17　ResNet 网络结构与单分支网络结构对比图，图片摘自参考资料[13]

ResNet 主要采用跳层连接组成残差模块，包括一个跳层连接和若干卷积层等操作。其中卷积层等操作主要学习一个原始输入 $x$ 的补充值，参考资料中称为残差值。这样就可将单分支网络结构中的每几层变为双分支结构，增加的跳层连接分支是简单的 Identity 映射，即 $f(x)=x$ 操作。残差模块如图 2.18 所示。

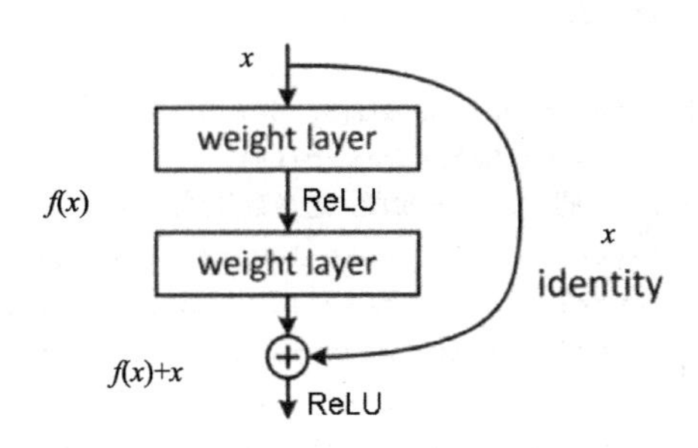


图 2.18　ResNet 网络结构中残差模块示意图，图片摘自参考资料[13]

ResNet 的代码实现需要定义好残差模块和不同的区块（block）：

```
1.  class BasicBlock(nn.Module):
2.      expansion = 1
3.
4.      def __init__(self, in_planes, planes, stride=1):
5.          super(BasicBlock, self).__init__()
6.          # 残差分支的定义，两层卷积层
7.          self.conv1 = nn.Conv2d(in_planes, planes, 3, stride, 1, bias=
                False)
8.          self.bn1 = nn.BatchNorm2d(planes)
9.          self.conv2 = nn.Conv2d(planes, planes, 3, 1, 1, bias=False)
10.         self.bn2 = nn.BatchNorm2d(planes)
11.         # 跳层不对输入 x 做任何操作，直接输出 x
12.         self.shortcut = nn.Sequential()
13.         # 跳层在需要降采样时使用卷积操作进行降采样
14.         if stride != 1 or in_planes != self.expansion*planes:
15.             self.shortcut = nn.Sequential(
16.                 nn.Conv2d(in_planes, self.expansion*planes,
17.                           1, stride, bias=False),
18.                 nn.BatchNorm2d(self.expansion*planes)
19.             )
20.
21.     def forward(self, x):
22.         out = F.relu(self.bn1(self.conv1(x)))
23.         out = self.bn2(self.conv2(out))
24.         out += self.shortcut(x)
25.         out = F.relu(out)
```

```
26.         return out
27.
28.
29. class ResNet(nn.Module):
30.     def __init__(self, block, num_blocks, num_classes=10):
31.         super(ResNet, self).__init__()
32.         self.in_planes = 64
33.
34.         self.conv1 = nn.Conv2d(3, 64, 3, 1, 1, bias=False)
35.         self.bn1 = nn.BatchNorm2d(64)
36.         # 定义4个不同的stage阶段，通道数分别为64、128、256和512
37.         self.layer1 = self._make_layer(block, 64, num_blocks[0], 1)
38.         self.layer2 = self._make_layer(block, 128, num_blocks[1], 2)
39.         self.layer3 = self._make_layer(block, 256, num_blocks[2], 2)
40.         self.layer4 = self._make_layer(block, 512, num_blocks[3], 2)
41.         self.linear = nn.Linear(512*block.expansion, num_classes)
42.
43.     def _make_layer(self, block, planes, num_blocks, stride):
44.         strides = [stride] + [1]*(num_blocks-1)
45.         layers = []
46.         for stride in strides:
47.             layers.append(block(self.in_planes, planes, stride))
48.             self.in_planes = planes * block.expansion
49.         return nn.Sequential(*layers)
50.
51.     def forward(self, x):
52.         out = F.relu(self.bn1(self.conv1(x)))
53.         out = self.layer1(out)
54.         out = self.layer2(out)
55.         out = self.layer3(out)
56.         out = self.layer4(out)
57.         out = F.avg_pool2d(out, 4)
58.         out = out.view(out.size(0), -1)
59.         out = self.linear(out)
60.         return out
```

### 3. Wide ResNet

在卷积神经网络中，模型的深度是指网络模型的层数，如ResNet使用了50层甚至110层的模型。宽度是指模型中每个阶段的卷积输出通道数，通道数越多，网络模型越宽。由于ResNet的跳层连接，导致只有少量的残差块学到了有用信息，或者大部分残差块只能提供少量的信息。于是人们探索一种新的网络Wide ResNet[13]，该网络在ResNet的基础上减小了深度，增加了宽度。

Wide ResNet 在 ResNet 的基础上改进，增大每个模块残差分支中的卷积核通道数，如图 2.19 的图(a)所示为原始 ResNet 模块，残差分支有两个 3×3 的卷积层。图 2.19(b)是将这两个卷积层的通道数增加后变成宽版的残差模块。下面的表是整个 Wide ResNet 结构组成，分成四组，由 conv1~conv4 组成。其中 conv1 与原始 ResNet 中的卷积层相同，都使用一个 3×3 的卷积层，conv2 包含 $N$ 组图(b)所示的残差模块，每个卷积层的卷积核为 3×3，通道数为 16$k$，其中 $k$ 表示一个宽度因子，用来控制卷积层的通道数目，当 $k$ 为 1 时卷积层通道数目和 ResNet 中的相同，$k$ 越大卷积层通道数目越多，网络就越宽。conv3 和 conv4 与 conv2 类似，只是通道数增加了。最终采用全局平均池化层得到特征向量输出。

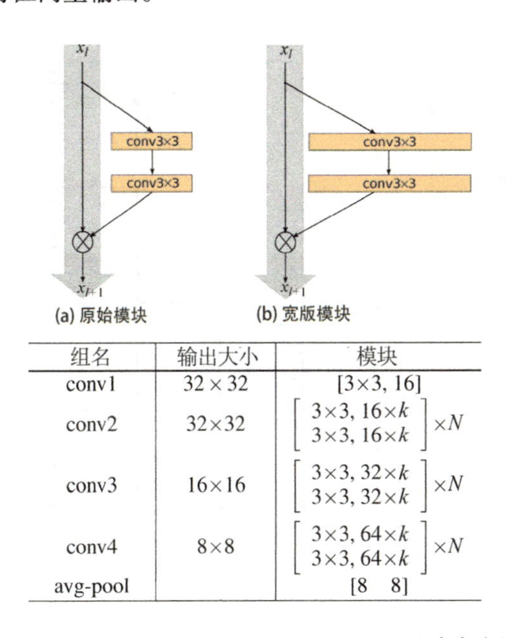


| 组名 | 输出大小 | 模块 |
|---|---|---|
| conv1 | 32 × 32 | [3×3, 16] |
| conv2 | 32×32 | $\begin{bmatrix} 3\times3, 16\times k \\ 3\times3, 16\times k \end{bmatrix} \times N$ |
| conv3 | 16×16 | $\begin{bmatrix} 3\times3, 32\times k \\ 3\times3, 32\times k \end{bmatrix} \times N$ |
| conv4 | 8×8 | $\begin{bmatrix} 3\times3, 64\times k \\ 3\times3, 64\times k \end{bmatrix} \times N$ |
| avg-pool | | [8 8] |

图 2.19 Wide ResNet 网络结构示意图，图片摘自参考资料[13]

Wide ResNet 在 CIFAR[20]、SVHN[21]和 COCO[22]数据集上获得了优异的结果，同时在 ImageNet 上也表现优秀。根据实验结果[13]，ResNet 的主要能力来自于残差块，同时作者认为模型精度的提高不仅取决于网络模型的深度，网络模型的宽度同样非常重要。

### 4. FractalNet

WideResNet 通过加宽 ResNet 获得了目前最好的结果，人们推测 ResNet 的主要能力来自于残差块，深度不是必要的。相比之下，FractalNet 则认为 ResNet 中的残差结构也不是必要的，网络的路径长度（有效的梯度传播路径）才是训练深度网络的基本组件。

如图 2.20 所示，FractalNet 通过不同长度的子路径组合，让网络自身选择合适的子路径集合。另外，FractalNet 还提出了舍弃路径的方法。局部舍弃在某个结构块内（比如图 2.20 中的$f_4(z)$模块）以一定概率舍弃每个分支，但至少留下一个从 $z$ 到$f_4(z)$输出的通路。全局舍弃在整个网络中的每一个结构块中都舍弃到只留下一个通路，因此对于图 2.20 中最右侧的整个网络模型，只留下一个从 $x$ 到 $y$ 的通路。如果每个结构块都做了局部舍弃，则相当于整个网络做了全局舍弃。

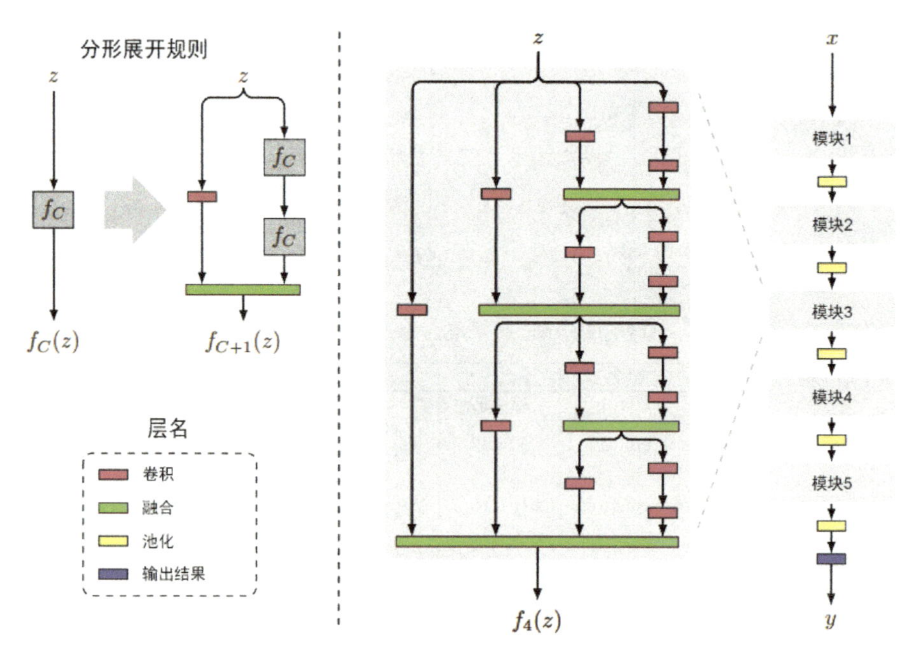


图 2.20　FractalNet 网络结构示意图，图片摘自参考资料[14]

FractalNet 在 CIFAR 和 SVHN 数据集上取得了优秀的结果，在 ImageNet 上可以取得和 ResNet 差不多的结果。

### 5. DenseNet

DenseNet 的作者在研究 ResNet 时也有很多对残差模块的分析，因为 ResNet 中大部分残差模块只提供少量信息，研究者们发现在 ResNet 基础上随机丢弃一些残差模块，可以提高 ResNet 的泛化能力。

研究表明在 ResNet 网络中随机丢弃部分卷积层等残差模块，模型依然具备较高的识别能力，这种现象给我们带来了两点启发：一是网络中的某层不仅可以依赖于前一层的特征，而且还可以依赖于更前一层的特征；二是 ResNet 具有比较明显的冗余，网络中每一层输出的特征通道数可能过多。基于以上两点，DenseNet 提出让网络的每一层和前面的所有层相连，同时把每一层设计得特别窄（也就是每个卷积层的通道数很少），这样的设计通过减少特征图的通道数目和控制与前面层的连接次数，就可以使得最终网络模型的参数量依然可以比较少。DenseNet 提出者们认为这种方式能使有限模型参数得到最有效的利用。

在深层网络中，输入的信息或者梯度通过很多层之后会逐渐丢失。从 ResNet 提出后，使用跳层连接是一个有效传递梯度的方案，从而来解决深层网络训练难的问题。沿着这个思路 DenseNet 在网络的每一层都与当前层前面的所有层进行连接，这么做可以加强特征的传递，从而更有效地利用特征，减小梯度消失的问题。如图 2.21 所示，在每个 Dense Block 阶段内，每一层都和所有前层相连接。这样每一层都可以依赖前面层的特征，每一层的特征都直接连接到输出层。为了更有效地利用输入的特征，DenseNet 在连接多个输入时并没有像 ResNet 一样使用加和操作，而是使用拼接操作。

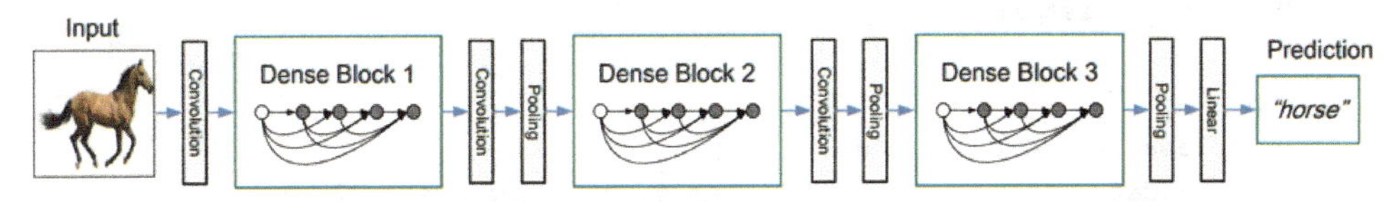


图 2.21　DenseNet 网络结构示意图，图片摘自参考资料[15]

DenseNet 在 CIFAR 和 SVHN 上超越了 Wide ResNet 和 FractalNet 的表现。DenseNet 在增加深度的同时，通过拼接操作逐级加宽每一个 DenseBlock 的网络宽度，这能够增加网络识别特征的能力。相比于 ResNet 和 Wide ResNet，DenseBlock 输出相同通道数目和大小的特征图，需要使用的参数量也大大降低。实验结果显示，在 ImageNet 上，DenseNet 在达到类似 ResNet 的表现时仅需要不到一半的参数量，这极大地增加了参数的复用能力和模型的表达能力。

DenseNet 与 ResNet 的代码结构类似，区别是残差模块里的特征融合操作不是加和形式，而是拼接形式。不断地拼接不同层的特征输出需要增加定义每一层的卷积通道数以防止参数数目爆炸式增长，具体的 PyTorch 代码如下：

```
1.   class Bottleneck(nn.Module):   # Bottleneck 由输入 x 拼接残差模块组成
2.       def __init__(self, in_planes, growth_rate):
3.           super(Bottleneck, self).__init__()
```

```
4.         self.bn1 = nn.BatchNorm2d(in_planes)
5.         self.conv1 = nn.Conv2d(in_planes, 4*growth_rate, 1, bias=False)
6.         self.bn2 = nn.BatchNorm2d(4*growth_rate)
7.         self.conv2 = nn.Conv2d(4*growth_rate, growth_rate, 3, padding=
1, bias=False)
8.
9.     def forward(self, x):
10.         out = self.conv1(F.relu(self.bn1(x)))
11.         out = self.conv2(F.relu(self.bn2(out)))
12.         out = torch.cat([out,x], 1)  # 与ResNet的区别在于此处拼接操作
13.         return out
14.
15.
16. class Transition(nn.Module):  # BottleNeck模块两两之间的过渡层
17.     def __init__(self, in_planes, out_planes):
18.         super(Transition, self).__init__()
19.         self.bn = nn.BatchNorm2d(in_planes)
20.         self.conv = nn.Conv2d(in_planes, out_planes, 1, bias=False)
21.
22.     def forward(self, x):
23.         out = self.conv(F.relu(self.bn(x)))
24.         out = F.avg_pool2d(out, 2)  # 过渡层主要进行池化操作，缩小特征图大小
25.         return out
26.
27.
28. class DenseNet(nn.Module):
29.     def __init__(self, block, nblocks, growth_rate=12,
30.                  reduction=0.5, num_classes=10):
31.         super(DenseNet, self).__init__()
32.         self.growth_rate = growth_rate
33.
34.         num_planes = 2*growth_rate
35.         self.conv1 = nn.Conv2d(3, num_planes, 3, padding=1, bias=False)
36.         # 第一个stage的定义，由nblocks[0]个BottleNeck残差模块组成
37.         self.dense1 = self._make_layers(block, num_planes, nblocks[0])
38.         num_planes += nblocks[0]*growth_rate
39.         out_planes = int(math.floor(num_planes*reduction))
40.         # stage和stage之间的过渡层，用于缩小特征图
41.         self.trans1 = Transition(num_planes, out_planes)
42.         num_planes = out_planes
43.
44.         # 第二个stage的定义，由nblocks[1]个BottleNeck残差模块组成
45.         self.dense2 = self._make_layers(block, num_planes, nblocks[1])
46.         num_planes += nblocks[1]*growth_rate
47.         out_planes = int(math.floor(num_planes*reduction))
48.         self.trans2 = Transition(num_planes, out_planes)
```

```
49.             num_planes = out_planes
50.
51.             # 第三个 stage 的定义，由 nblocks[2]个 BottleNeck 残差模块组成
52.             self.dense3 = self._make_layers(block, num_planes, nblocks[2])
53.             num_planes += nblocks[2]*growth_rate
54.             out_planes = int(math.floor(num_planes*reduction))
55.             self.trans3 = Transition(num_planes, out_planes)
56.             num_planes = out_planes
57.
58.             # 第四个 stage 的定义，由 nblocks[3]个 BottleNeck 残差模块组成
59.             self.dense4 = self._make_layers(block, num_planes, nblocks[3])
60.             num_planes += nblocks[3]*growth_rate
61.
62.             self.bn = nn.BatchNorm2d(num_planes)
63.             self.linear = nn.Linear(num_planes, num_classes)
64.
65.         def _make_layers(self, block, in_planes, nblock):
66.             layers = []
67.             for i in range(nblock):
68.                 layers.append(block(in_planes, self.growth_rate))
69.                 in_planes += self.growth_rate
70.             return nn.Sequential(*layers)
71.         # 此处将定义的 4 个 stage 及其对应的 transition 过渡层串起来形成最终结构
72.         def forward(self, x):
73.             out = self.conv1(x)
74.             out = self.trans1(self.dense1(out))
75.             out = self.trans2(self.dense2(out))
76.             out = self.trans3(self.dense3(out))
77.             out = self.dense4(out)
78.             out = F.avg_pool2d(F.relu(self.bn(out)), 4)
79.             out = out.view(out.size(0), -1)
80.             out = self.linear(out)
81.             return out
```

近期 ResNet 的改进版层出不穷，大多围绕残差模块如何设计，怎样更有效地利用更少的参数得到表征能力更强的模型结构，如 ResNext[23]、SENet[24]等。更多优秀的网络模型结构这里不再一一罗列，感兴趣的读者可以阅读相关论文或者参考图 2.22 中所示的参考资料[25]对比不同网络模型结构。

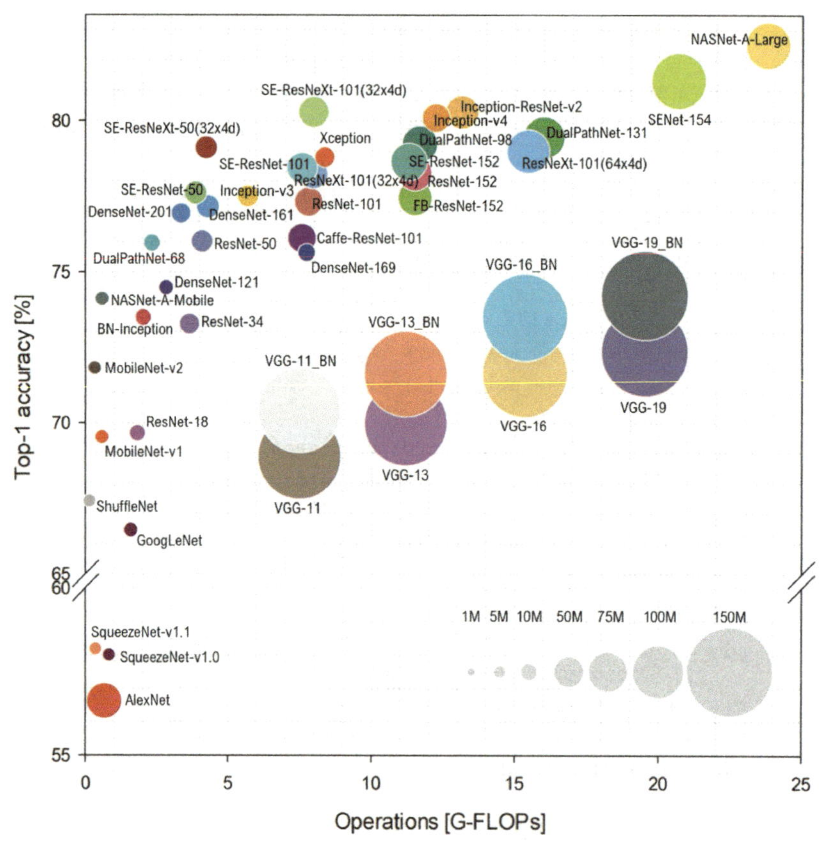

图 2.22 对比不同网络模型结构[25]

### 2.3.4 小结

本节介绍了深度卷积神经网络结构如何设计，包括如何设置卷积层的卷积核大小、步长、通道数等超参数，以及卷积层、池化层和全连接层等组合方式。通过简单的示例网络结构介绍了深度卷积神经网络如何一步步得到中间特征图，最终完成从输入到输出的计算过程。最后重点介绍了学术界典型的几个真实的网络结构的设计和特点。

## 2.4 常见目标损失函数

训练深度卷积神经网络需要给定训练数据和具体的目标任务。以最常见的视觉任务图像分类识别为例，在深度卷积神经网络学习和训练时需要给定多张图像和对应的目标物体含义，如判断一张手写体数字图像中包含的数字是 0~9 的哪个数字[19]，如图 2.23 所示。

图 2.23 手写体数字识别 MNIST 部分图像样本[19]

给定输入图像后，深度卷积神经网络会输出对应类别的预测概率。如上述手写体数字识别模型会对 10 类数字分别预测概率值，这也是用于手写体数字识别的卷积神经网络最后一层的输出维度为 10 的原因。

常见的目标函数主要分为两大类：一类是基于分类的目标损失函数；另一类是基于度量学习的目标损失函数。

基于分类的目标损失函数多为交叉熵损失函数（Cross-Entropy Loss），其中网络输出的预测值通常通过 Softmax 计算转换为[0,1]区间内的概率值。然后使用交叉熵计算概率值与训练数据的真实标签值之间的距离，这个距离也就是网络模型输出结果的损失。根据计算出来的损失可以不断地调整网络模型参数，使得该损失越小越好，最终逼近真实的标签值。

基于度量学习的目标损失函数常见的有样本对损失函数（Pairwise Loss）和三元组损失函数（Triplet Loss）。该损失函数一般学习两个样本之间的距离远近，如两张数字 1 的图像距离应该近，一张数字 1 和一张数字 8 的图像距离应该比较远。样本对损失函数就是这种对比两个样本来计算损失的目标损失函数。如果让数字 1 的图像离另外一张数字 1 的图像距离比离数字 8 的图像距离近，则这种三者之间对比的方法使用三元组损失函数作为目标损失函数。

本章仅介绍两大类损失函数的简单含义，具体请参见第 6 章的详细讲解。基于定义好的损失函数和训练数据中的真实标签值，我们就可以计算出网络输出结果的损失值，从而可以推导出函数的梯度向量，对网络参数进行梯度更新。关于神经网络梯度反向传播和参数求解，请见参考资料[28]。常见的深度学习库如 PyTorch 或 TensorFlow 都是自动完成这一步操作的，不需要手动推导计算。因此定义好损失函数后，我们就能够更新整个深度卷积神经网络模型，不断优化完成训练任务。

## 2.5 本章总结

卷积神经网络结构从单一分支的浅层网络结构，到不断增加每层的参数量，进化到不断增加模型深度。在此过程中遇到梯度弥散的训练问题，然而又通过多分支网络结构解决了优化的难题，这使得更深的网络成为可能。卷积神经网络除了不断在深度上发展，在宽度上也不断拓展，将两者结合起来可以构建出更强大的 CNN 模型。

## 2.6 参考资料


[1] DENG J, DONG W, SOCHER R, et al. Imagenet: A large-scale hierarchical image database. In 2009 IEEE conference on computer vision and pattern recognition, June 2009:248-255.

[2] KRIZHEVSKY A, SUTSKEVER I, HINTON G E. Imagenet classification with deep convolutional neural networks. In Advances in neural information processing systems, 2012:1097-1105.

[3] LIU M, SHI J, LI Z, et al. Towards better analysis of deep convolutional neural networks. IEEE transactions on visualization and computer graphics, 2016, 23(1): 91-100.

[4] SCHMIDHUBER, J. Deep learning in neural networks: An overview. Neural networks, 2015, 61:85-117.

[5] PASZKE A, GROSS S, MASSA F, et al. PyTorch: An imperative style, high-performance deep learning library. In Advances in Neural Information Processing Systems, 2019: 8024-8035.

[6] FUKUSHIMA K, MIYAKE S. Neocognitron: A self-organizing neural network model for a mechanism of visual pattern recognition. In Competition and cooperation in

neural nets. Berlin: Springer, 1982: 267-285.

[7] LECUN Y, BOTTOU L, BENGIO Y, et al. Gradient-based learning applied to document recognition. Proceedings of the IEEE, 1998, 86(11):2278-2324.

[8] LECUN Y & others. LeNet-5, convolutional neural networks. http//yann. lecun. com/exdb/lenet 20 (2015).

[9] ZEILER M D, FERGUS R. Visualizing and understanding convolutional networks. In European conference on computer vision, September 2014. Cham:Springer: 818-833.

[10] SIMONYAN K, ZISSERMAN A. Very deep convolutional networks for large-scale image recognition. arXiv preprint arXiv:1409.1556.

[11] SZEGEDY C, LIU W, JIA Y, et al. Going deeper with convolutions. In Proceedings of the IEEE conference on computer vision and pattern recognition, 2015:1-9.

[12] SRIVASTAVA R K, GREFF K, SCHMIDHUBER J. Highway networks. arXiv preprint arXiv:1505.00387.

[13] HE K, ZHANG X, REN S, et al. Deep residual learning for image recognition. In Proceedings of the IEEE conference on computer vision and pattern recognition, 2016: 770-778.

[14] HE K, ZHANG X, REN S, et al. Identity mappings in deep residual networks. In European conference on computer vision, October 2016. Cham :Springer:630-645.

[15] ZAGORUYKO S, KOMODAKIS N. Wide residual networks. arXiv preprint arXiv:1605.07146.

[16] LARSSON G, MAIRE M, SHAKHNAROVICH G. Fractalnet: Ultra-deep neural networks without residuals. arXiv preprint arXiv:1605.07648.

[17] XIE S, GIRSHICK R, DOLLÁR P, et al. Aggregated residual transformations for deep neural networks. In Proceedings of the IEEE conference on computer vision and pattern recognition, 2017:1492-1500.

[18] HUANG G, LIU Z, VAN DER MAATEN L, et al. Densely connected convolutional networks. In Proceedings of the IEEE conference on computer vision and pattern recognition, 2017:4700-4708.

[19] YANN LECUN, CORINNA CORTES, CHRIS BURGES. MNIST handwritten digit database.

[20] KRIZHEVSKY A, HINTON G. Learning multiple layers of features from tiny images (Vol. 1, No. 4, p. 7). Technical report, University of Toronto.

[21] YUVAL NETZER, TAO WANG, ADAM COATES, et al. Ng Reading Digits in Natural Images with Unsupervised Feature Learning NIPS Workshop on Deep Learning and Unsupervised Feature Learning, 2011.

[22] LIN T Y, MAIRE M, BELONGIE S, et al. Microsoft coco: Common objects in context. In European conference on computer vision, September 2014. Cham:Springer: 740-755.

[23] S XIE, R GIRSHICK, P DOLL´AR Z, et al. Aggregated residual transformations for deep neural networks. In IEEE CVPR, 2017:5987–5995

[24] JIE HU, LI SHEN, GANG SUN. Squeeze-and-excitation net- works. In CVPR, 2018.

[25] BIANCO S, CADENE R, CELONA L, et al. Benchmark analysis of representative deep neural network architectures. IEEE Access, 2018,6:64270-64277.

[26] IOFFE S, SZEGEDY C. Batch Normalization: Accelerating Deep Network Training by Reducing Internal Covariate Shift. In International Conference on Machine Learning, 2015:448-456.

[27] SRIVASTAVA N, HINTON G, KRIZHEVSKY A, et al. Dropout: a simple way to prevent neural networks from overfitting. The journal of machine learning research, 2014 15(1): 1929-1958.

[28] RUMELHART DAVID E, HINTON GEOFFREY E, WILLIAMS RONALD J. Learning representations by back-propagating errors. Nature, 1986, 323 (6088): 533–536.

# 3 图像分类

## 3.1 概述

图像分类是计算机视觉领域的经典问题，且在现实生活中也无处不在，如人脸识别、商品识别、花草识别等已经渗透到我们生活中的方方面面。用户输入一张图像，分类模型会从预先定义好的标记集合中，选出一个或多个与图像内容匹配的标记作为输出。根据使用场景不同，分类任务又包括以下几个经典的子问题：

（1）单标记分类。预先定义好的多个标记间彼此是互斥的，图片属于且只属于其中一个标记，如图 3.1 中分类模型 1 所示。

（2）单标记细粒度分类。该问题是单标记分类的一个特例，特殊在不同类别的实体外观差异非常小，同时由于背景、拍摄角度等因素影响，同类图片外观变化又比较大。这种类间间距小、类内方差大的特性使细粒度分类非常有挑战性。如图 3.1 中分类模型 2 所示。

（3）多标记分类。输入图片可以同时被赋予多个标记，如图 3.1 中分类模型 3 所示。

在深度学习被普遍应用之前，图像分类问题就获得了广泛的关注，当时人们采用的主流技术框架一般包括两个阶段：（1）特征表示阶段。如经典手工特征 SIFT，配合 Fisher 向量等全局特征编码手段；（2）分类阶段。使用 SVM（支持向量机）进行分类。各种特征表示、高效训练 SVM 的文章百花齐放[20-22]。

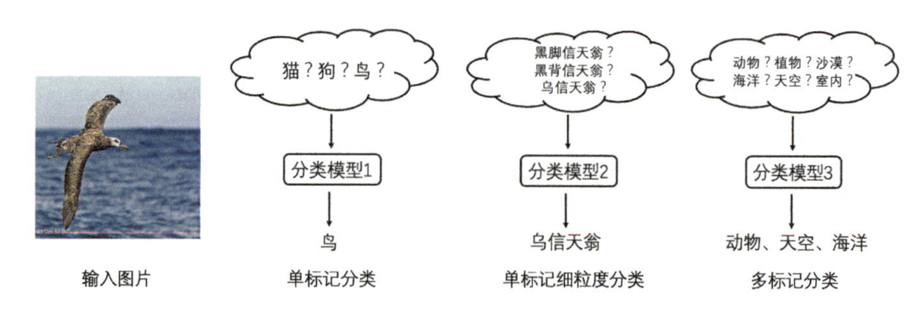


图 3.1 分类任务示意图，输入图片来自参考资料[1]

到了 2012 年，随着 AlexNet 在 ILSVRC 2012 以巨大优势一举夺魁，卷积神经网络开始成为图像识别系统的标配。与之前的两阶段系统不同，卷积神经网络试图将特征表示和分类融合成一个端到端的训练系统，从分类数据标注中直接学习特征表示，并最终取得巨大的成果。鉴于深度学习在目前计算机视觉领域的主导地位，以及本书深度学习的主题，本章接下来会从单标记分类、单标记细粒度分类（下文简称细粒度分类）、多标记分类三方面，来介绍深度学习在图像分类领域的进展。一般来说，深度学习模型的准确率很大程度上取决于其采用的卷积神经网络结构，而关于神经网络结构的发展，在本书第 2 章已经做了详细介绍，因此本章将重点放在损失函数、训练技术等上面。

## 3.2 单标记分类

### 3.2.1 常用数据集及评价指标

单标记分类有很多广为人知的公开数据集，其中最知名的当数 ImageNet[9]。在常用的 ImageNet 1k 2012（以下简称 ImageNet 1k）中，总共包含了 1000 个类别的 120 万张训练图片，5 万张验证集图片。在卷积神经网络结构高速发展的 2012—2015 年间，每年基于 ImageNet 数据集的 ILSVRC（大规模视觉识别挑战赛）是整个深度学习领域最受关注的学术大赛。随着深度学习的高速发展，ImageNet 的精度逐渐趋于稳定。人们转向一个数据规模更大、类别更多的数据集 WebVision[10]，该数据集包含了 5000 个类别的 1600 万张训练图片、29 万张验证集图片。由于数据量巨大，基于这些数据集举办的比赛逐渐成为知名科技公司的竞技场，来自谷歌、微软的团队先后在 ILSVRC 中夺冠；来自阿里巴巴达摩院的本书作者的团队也在 2019 年 WebVision 竞赛中夺魁。

之后，针对细粒度、大规模分类任务，作者团队又发布了目前最大的商品识别数据集 AliProducts[1]，该数据集包含了 5 万种商品类别、300 万张商品图片；团队还举办了相关竞赛，旨在促进细粒度分类、类别不平衡和带噪声数据训练等问题的研究。

正是由于 ImageNet、WebVision 这些数据集数据量过大，使得普通研究者训练一个模型往往需要数天甚至数周的时间，这严重影响算法模型的迭代速度。因此，一些小规模的数据集往往被用来快速验证算法的有效性，比如 MNIST、CIFAR。MNIST 用于手写字符识别，共 10 类（0~9 这 10 种手写数字），包含 6 万张训练图片、1 万张测试图片。CIFAR 数据集有两种常用的格式：CIFAR-10 和 CIFAR-100，CIFAR-10 包含 10 个类别的 5 万张训练图片和 1 万张测试图片。CIFAR-100 与 CIFAR-10 类似，但是图片被分成了 100 个类别。

单标记图像分类的评价指标非常简单，一般使用分类准确率（或错误率）来评价。以 ImageNet 为例，算法通过 Top-5 错误率（越低越好）来评价，对于每一张图片，算法结果正确与否，由如下式子计算，即

$$e = \sum_k \min_j d(l_j, g_k)$$

$e = 1$表示算法对该图的结果计算错误，$e = 0$表示正确。其中，$j = 1, \cdots, 5$, $l_j$表示算法对一张图预测的 5 个置信度最高的类别，$k = 1, \cdots, 1000$表示所有的 1000 个类别，$g_k$表示图片的真实标注。当且仅当$x = y$时$d(x, y)$等于 0，否则等于 1。通俗地讲，$\min_j d(l_j, g_k)$就是说算法可以“猜”5 次当前图片属于哪一个类别，只要有一次猜对，就算当前测试通过，然后通过统计整个数据集所有图片的分类错误率来得到最终的指标。

### 3.2.2 损失函数

交叉熵是理解深度学习常用损失函数的基础，给定两个离散分布$\boldsymbol{p}$、$\boldsymbol{q}$，交叉熵定义如下：

$$H(\boldsymbol{p}, \boldsymbol{q}) = -\sum_i p_i \log(q_i)$$

可以近似地将交叉熵理解为衡量两个分布的距离（注意，由于$H(\boldsymbol{p}, \boldsymbol{q}) \neq H(\boldsymbol{q}, \boldsymbol{p})$，而严格的距离度量定义需要满足对称性条件，因此交叉熵严格来说不能算一个合法的

---

1 https://tianchi.aliyun.com/competition/entrance/231780/introduction?lang=en-us

距离度量）。假设 $\boldsymbol{p}$ 代表图像所属类别的真实概率分布，$\boldsymbol{q}$ 代表模型预测的类别概率分布，则 $H(\boldsymbol{p},\boldsymbol{q})$ 常被用于损失计算的原因就显而易见了：通过优化模型参数，降低 $\boldsymbol{q}$ 与 $\boldsymbol{p}$ 之间的距离，当 $H(\boldsymbol{p},\boldsymbol{q})=0$ 时，表示模型在训练集上预测的类别概率分布已经完全"逼近"真实概率分布。

以图像单标记分类任务为例，常用的 Softmax 损失函数就是交叉熵损失函数的一个特例。对于图像单标记任务，每张图像的真实类别分布 $\boldsymbol{p}$ 具体为

$$p_i=\begin{cases}1 & \text{当图片属于第}i\text{类时}\\0 & \text{其他}\end{cases}$$

而 Log-Softmax 损失函数（简称 Softmax 损失函数）则计算上述真实概率分布 $\boldsymbol{p}$ 与模型预测的概率分布 $\boldsymbol{q}$ 之间的交叉熵。为了得到模型预测的概率分布 $\boldsymbol{q}$，一般将模型最后一个全连接层的输出做 Softmax 变换，使得输出的向量是一个向量分布，Softmax 计算为

$$q_i=\frac{\exp(f_i)}{\sum_j f_j}$$

其中，$f_i$ 表示全连接层输出向量的第 $i$ 个元素，$q_i$ 表示 Softmax 输出的概率分布中第 $i$ 个元素。使用代码实现 Softmax 损失函数非常简单，PyTorch 代码如下：

```
1.  import torch
2.  import torch.nn.functional as F
3.
4.  class SoftmaxLoss(nn.Module):
5.      def forward(self, inputs, targets):
6.          # probs = F.softmax(inputs, dim=1)
7.          # log_probs = F.log(probs) # 避免第 6、7 行这种实现方式，原因见下文
8.          log_probs = F.log_softmax(inputs, dim=1)
9.          t = torch.zeros(log_probs.size()).cuda()
10.         t.scatter_(1, targets.unsqueeze(1), 1.0)
11.         loss = (- t * log_probs).mean(0).sum()
12.         return loss
```

需要注意的是，部分读者在自己实现 Softmax 损失函数的时候，容易采用上述代码第 6、7 行的实现方式，即先利用 Softmax 计算模型预测的概率向量，然后再使用 log 函数计算对数似然概率，这种方式理论上确实是正确的，但是实际计算时是不稳定的，因为计算机表示浮点数的精度有限，所以如果 Softmax 的输入都是非常小的负数，或者非常大的正数，会造成计算不稳定。解决办法是使用 log-sum-exp 技术，或

者直接使用 PyTorch 框架中的 log_softmax 函数。

此外，大部分深度学习框架会把上述计算封装成一个损失函数类，如 PyTorch 中的 Softmax 损失函数可以通过如下方式计算：

```
1.  import torch
2.  loss = torch.nn.CrossEntropyLoss()
3.  input = torch.randn(3, 5, requires_grad=True)
4.  target = torch.empty(3, dtype=torch.long).random_(5)
5.  output = loss(input, target)
```

### 3.2.3 提升分类精度的实用技巧

利用 Softmax 损失函数训练的卷积神经网络，在很多场景下都可以直接达到非常优秀的分类性能。但是仍然有不少实用技术可以在此基础上进一步提升模型的分类性能，本小节以标签平滑（Label Smoothing）与 Mixup 为例，介绍提升模型分类精度的一些常用技巧。

标签平滑[11]是谷歌于 2015 年提出用于 Inception-v2 训练的技术。它的做法非常简单，我们先介绍其实现方法，然后再从正则化的角度，介绍其背后的原理。

上文提到，对于正常单标记分类问题，模型去拟合图片对应的真实类别分布$\boldsymbol{p}$，其中

$$p_i = \begin{cases} 1 & \text{当图片属于第}i\text{类时} \\ 0 & \text{其他} \end{cases}$$

而标签平滑将用于训练的真实类别分布改为

$$p_i' = \begin{cases} \alpha + \dfrac{1-\alpha}{K} & \text{当图片属于第}i\text{类时} \\ \dfrac{1-\alpha}{K} & \text{其他} \end{cases}$$

其中，$\alpha$ 是一个 0~1 之间的值，一般比较接近 1，如 0.8。$K$ 是类别个数。图 3.2 展示了标签的原始概率分布和经过平滑之后的概率分布结果。

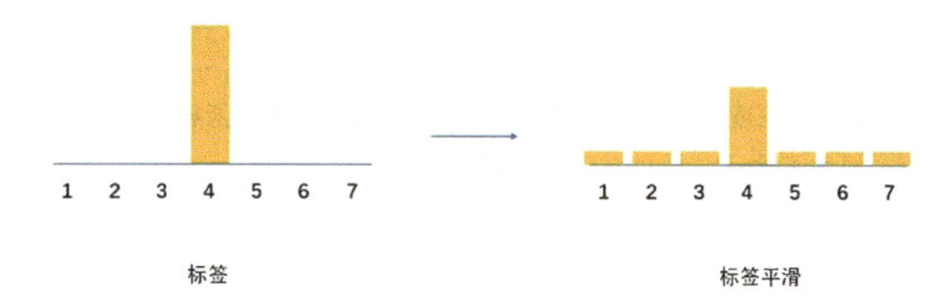


图 3.2 标签平滑前后类别概率分布对比

在训练阶段，利用平滑之后的标签$\boldsymbol{p}'$与模型预测的概率分布$\boldsymbol{q}$计算交叉熵，得到新的损失函数为

$$H\left(\boldsymbol{p}',\boldsymbol{q}\right)=-\left(\alpha+\frac{1-\alpha}{K}\right)\log(q_i)-\sum_{j\neq i}\frac{1-\alpha}{K}\log(q_j)$$
$$=-\alpha\log(q_i)+(1-\alpha)\sum_{j=1}^{K}\frac{1}{K}\log\left(q_j\right)=\alpha H(\boldsymbol{p},\boldsymbol{q})+(1-\alpha)H(\boldsymbol{u},\boldsymbol{q})$$

其中，$\boldsymbol{u}$表示均匀分布对应的概率向量，其每个元素均为$\frac{1}{K}$。

标签平滑本质上是一种正则化方法，解决模型在训练过程中出现的过拟合问题。熟悉机器学习技术的读者应该对正则化方法比较熟悉，很多机器学习模型的优化目标中都包含了正则项，比如 SVM、逻辑回归（Logistic Regression）、神经网络。正则项的作用在于给模型参数加上一个先验分布，如最常用的二范数正则化表示参数应该服从高斯分布（证明请参考经典教材 PRML[4]的 1.2.5 节），一范数正则化表示参数应该服从拉普拉斯分布。通俗来讲就是，加了正则项之后，模型参数需要尽量服从预先假设好的概率分布，而不是单纯地去拟合训练数据，通过这种手段来防止模型过拟合训练数据。

标签平滑正则化的不同在于，它不是假设模型参数符合某种概率分布，而是假设模型最终预测的类别概率向量应该尽可能服从均匀分布。如$H(\boldsymbol{p}',\boldsymbol{q})$的公式所示，模型在拟合训练数据（$H(\boldsymbol{p},\boldsymbol{q})$项）的同时，还要与均匀分布的距离（$H(\boldsymbol{u},\boldsymbol{q})$项）尽量近。

标签平滑的 PyTorch 实现如下：

```
1.  class LabelSmoothing(nn.Module):
2.
3.      def __init__(self, smoothing=0.1):
4.          super(LabelSmoothing, self).__init__()
```

```
5.          self.smoothing = smoothing
6.
7.      def forward(self, inputs, targets):
8.          log_probs = F.log_softmax(inputs, dim=1)
9.          y = torch.zeros(log_probs.size()).cuda()
10.         y.fill_(self.smoothing / (inputs.size(1) - 1.0))
11.         y.scatter_(1, targets.unsqueeze(1), 1 - self.smoothing)
12.         # y是平滑之后的真实概率分布
13.         loss = (- y * log_probs).mean(0).sum()
14.         return loss
```

另外一种训练卷积神经网络的正则化方法是 mixup[12]，mixup 是一种数据增强的方法。具体做法为，在训练过程中，mixup 会从训练集中随机选取两对（训练图像，真实类别分布概率）数据：$(x_i, y_i)$和$(x_j, y_j)$，然后生成一个随机数 $\lambda$ 作为加权系数，并将两个训练样本的图像、类别概率分布进行加权平均，得到一个新的训练样本，即

$$\tilde{x} = \lambda x_i + (1 - \lambda)x_j$$

$$\tilde{y} = \lambda y_i + (1 - \lambda)y_j$$

关于 mixup 为什么有效，一种直观的理解方式是，通过对不同样本（很可能是不同类别的两个样本）进行线性加权平均，使得训练样本分布更加“平滑”，而对神经网络的解空间加上一个“平滑”的正则项，能有效地降低模型的复杂度，从而防止模型过拟合当前训练数据。

mixup 的实现也比较简单，读者可以参考如下 PyTorch 实现。值得注意的是，由于交叉熵函数对于真实概率分布（$y_i$，$y_j$）是线性的，因此可以先用原始的$y_i, y_j$进行损失函数计算，然后将损失函数按照 mixup 的系数进行加权，这样实现更简便，如下面的代码所示。

```
1.  import torch
2.  import numpy as np
3.  # 对输入数据进行mixup
4.  def mixup_data(x, y, alpha=1.0, use_cuda=True):
5.      ''''Returns mixed inputs, pairs of targets, and lambda'''
6.      assert alpha > 0, "alpha must greater than zero"
7.      lam = np.random.beta(alpha, alpha)
8.      lam = lam if lam>0.5 else 1.0 - lam # original label dominant
9.
10.     batch_size = x.size()[0]
11.     if use_cuda:
12.         index = torch.randperm(batch_size).cuda()
13.     else:
```

```
14.         index = torch.randperm(batch_size)
15.
16.     mixed_x = lam * x + (1 - lam) * x[index, :]
17.     y_a, y_b = y, y[index]
18.     return mixed_x, y_a, y_b, lam
19. # 对 loss 的结果进行 mixup，等价于对 label 进行 mixup
20. def mixup_criterion(criterion, pred, y_a, y_b, lam):
21.     return lam * criterion(pred, y_a) + (1 - lam) * criterion(pred, y_b)
```

### 3.2.4 基于搜索的图像分类

2.3 节介绍了基于模型的分类技术，但是实际中的一些图像分类任务，比如人脸识别、商品识别等，其类别个数往往达到几百万甚至千万个。对于这种级别的分类任务，模型最后一个全连接层的参数矩阵规模是非常大的，可能是一个 512×10000000 的超大矩阵。单这一层参数就有 19GB 之大，导致模型无法在单块 GPU 上进行训练、预测。同时，人脸识别、商品识别等都是开放场景下的分类任务，会不断地有新的人、商品加入，这意味着如果使用基于模型的分类技术，则最后的全连接层需要频繁地更新，在实际工程链路中，这个代价是非常大的。

基于搜索的分类方法可以有效地解决上述两个问题，其核心思想是，不直接训练分类模型，而是训练一个特征模型（特征模型训练请参考本书第 6 章）并且构建一个待检索数据库（由训练数据构成）。每当用户输入一张待分类图片时，基于搜索的分类方法会先对该图片进行特征提取，然后在待检索的数据库中找出与该特征最相似的一个或多个图片，根据这些图片的标记对输入图片进行标记预测。

*K* 近邻算法（*K* Nearest Neighbor）是最经典的一种基于搜索的分类方法。所谓 *K* 近邻，表示待分类样本根据与它最近的 *K* 个样本进行类别预测，如果 *K* 近邻中大多数都属于某一个类别，那么该测试样本也被划分为这个类别。*K* 近邻算法没有显式的学习过程，属于懒惰学习，其预测阶段的流程如下：

（1）对测试图片进行特征提取。

（2）利用最近邻技术（参考本书第 7 章），找到数据库中与测试图片特征最相似的 *K* 张图片。

（3）确定前 *K* 个点所在类别的出现频率。

（4）返回前 *K* 个点中出现频率最高的类别作为测试图片的类别。

*K* 近邻算法的思想非常简单，实现可以参考本章后面的代码实践部分。

一般来说，基于搜索的分类方法其优势在于，当任务中出现新的类别时，能够比较方便地进行类目扩展（只需要将新类目对应的训练数据加入检索库中即可），而基于模型的分类方法则需要重新训练模型。但是基于搜索的分类方法也有一些缺点，比如在部署阶段要更难一些，需要构建一个近邻检索引擎，而基于模型的分类方法只需要对模型进行前向传播即可，推理效率更高，部署工作量也要更少。

## 3.3 细粒度图像分类

### 3.3.1 概述

本节主要介绍现实场景中一个常见的单标记分类特例：细粒度分类（Fine-grained Classification）。细粒度分类指的是，不同类别的实例之间外观非常相似，但是由于拍摄角度、环境背景、实例本身外观变化等因素影响，同类实例外观变化又比较大的分类任务。类内方差大、类间间距小，使得细粒度分类非常具有挑战性。细粒度分类问题在生活中非常常见，比如判断一只宠物狗属于什么品种，判断一辆车属于什么型号。正是由于细粒度分类问题的普遍性，学术界提出了很多数据集、算法来推动这一领域的进步。

细粒度分类常用的数据集，规模最大的当属 iNaturalist[13]。以 iNaturalist 2019 为例，其包含了 1010 个生物类别的 26 万张训练图片、35350 张测试图片，这 1010 类总共来自 72 个生物“属”，也就是说平均每 14 个类别属于同一“属”，因此类间相似度非常高。同时由于动物本身的姿态变化、植物自身枯萎、凋谢以及拍摄角度背景的影响，同一物种的照片看起来也可能各不相同，所以它是一个非常典型的细粒度分类数据集。除 iNaturalist 之外，CUB Bird 200[14]也是常用的细粒度分类数据集，其包含了来自北美的 200 种鸟类物种的近 6000 张训练集图片和近 6000 张验证集图片；Stanford Dogs[15]包含了来自 120 种狗的 2 万多张图片；Oxford flowers[16]包含了来自 102 种花的 8000 张图片。细粒度分类任务一般直接使用最常用的分类准确率作为评测指标。

细粒度分类领域的算法大多从两个角度入手提升细粒度分类的精度：

- 从部件（part）/注意力（attention）对齐的角度。这类方法出发点非常直观，以鸟类细粒度分类问题为例，由于同一种鸟可能有各种姿态，同时又受背景噪声影响，导致类内方差非常大；而基于部件对齐的算法，首先检测出鸟类的“头部”、“躯干”等主要部件，然后对“头部”、“躯干”分别进行特征表示，这样得到的特征很大程度上是姿态对齐的，同时不受背景环境影响（因为将部件对应的图像区域单独进行处理）。这种方法的一个问题是，需要针对每个分类任务单独做部件划分和检测，对于鸟来说可能是“头部”、“躯干”这样的划分，而如果换成其他物种，就需要重新设计，而且有的物种很难有这样分明的部件划分，如植物。因此有不少研究工作通过学习部件/注意力，利用数据驱动的方式，自动对物体的部件进行“聚类”、“对齐”，免去了人工设计部件的困难。

- 从高阶特征池化的角度。这类方法认为一般卷积神经网络最后的全局平均池化层仅使用每个通道的一阶统计量（平均值）作为特征，丢掉了过多的信息，因此从利用高阶统计量的角度出发，对卷积神经网络输出的特征张量进行二次表示。常用的方法是引入不同通道间的协方差矩阵。而引入二阶统计量之后，最终的特征维度又非常高（数十万甚至百万维），给实际使用带来困难，因此有不少工作在研究如何降低维度又不影响分类精度。

接下来我们会分别从这两个角度入手，介绍细粒度分类算法的研究进展。

### 3.3.2 基于部件对齐的细粒度分类方法

Part-based R-CNN[3]是最早利用部件对齐提升细粒度分类精度的工作之一。如图 3.3 所示，Part-based R-CNN 首先利用部件检测模型和空间的几何约束，得到输入图片中鸟的整体位置、头部、躯干，然后对这三个部件分别使用 CNN 进行特征提取、分类，最终将三个部分的结果融合（即图中最右侧部分所示），得到最终整张图片的分类输出。

首先借助数据集中的部件标注训练一个 R-CNN 检测模型（检测模型训练请参考本书第 4 章），对输入图片中鸟类的头部、躯干、整体位置进行检测。之后，将得到的 3 个部件对应的图像区域作为输入，分别训练一个 CNN，学习该部件的特征。最终，将 3 个部件的全连接层的特征拼接，作为整张图像的特征表示。显然，这样的特征表示既包含整张图像的全局信息，又包含对齐之后具有更强细节信息的局部部件特征。

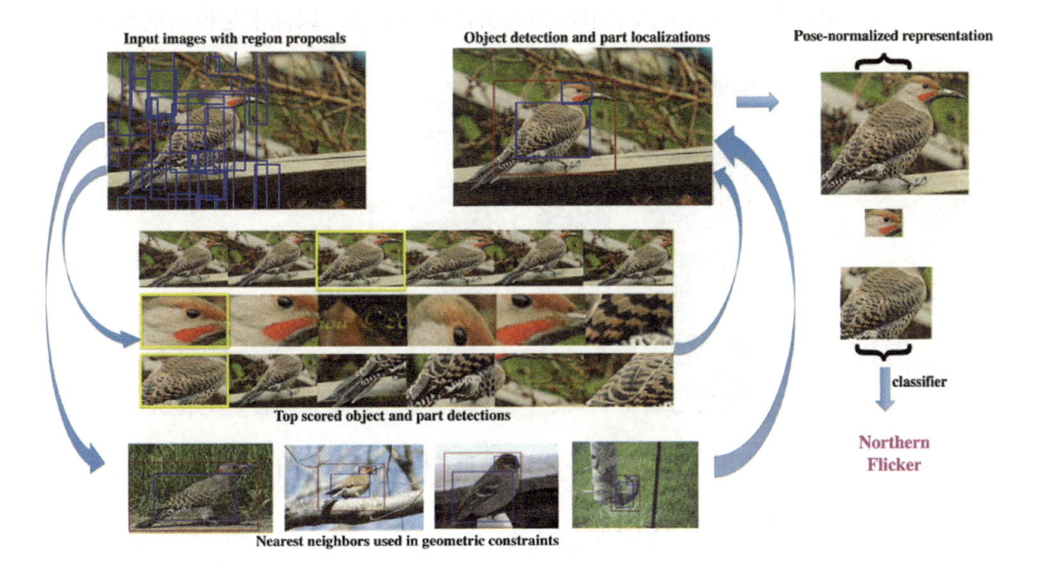


图 3.3　Part-based R-CNN 的对齐流程，图片摘自参考资料[3]

Part-based R-CNN 在实际使用中有两个不足。第一，计算量较大，因为需要运行多个检测模型，并且对每个部件都要单独用一个卷积神经网络进行特征提取，实际使用代价太大。第二，对于鸟类之外的其他分类问题，需要重新设计部件划分，对于有的类别（如植物）很难找到一个非常明确、分明的部件划分方式。所幸第二个不足在后续研究者的改进之下，得到了明显的改善，就是本文接下来要介绍的 MA-CNN [5]。

MA-CNN 的主要思想是，通过对卷积神经网络的通道进行聚类，得到不同部件的注意力图（Attention Map），然后利用这个注意力图，找到输入图像中多个“虚拟部件”所在的位置，分别对它们进行特征表示。MA-CNN 整体部件对齐的方式和 Part-based R-CNN 是非常相似的，创新之处在于，它不需要显式定义物体的部件，而是利用数据驱动的方式，从训练数据中学习应该如何划分出多个“虚拟部件”（如图 3.4（e）中的高亮部分所示）。另外，MA-CNN 不需要引入目标检测模型来进行部件检测，这降低了模型的计算量。

MA-CNN 的核心思想是，通过对特征网络输出的特征图（feature map）的所有通道聚类来定位不同的部件。如图 3.4 所示，特征图总共有 1~12 这 12 个通道，其中 1、8、11 这 3 个通道提取出来的特征都是与鸟头部有关的，2、3、9 这 3 个通道的特征都是和鸟翅膀有关的，6、7 这 2 个通道的特征是表示鸟脚部特征的，4、12 这 2 个通道的特征是表示鸟尾巴的。这样我们可以把 1、8、11 这 3 个通道在整幅图中的“激活值”叠加，并使用叠加后的激活值作为鸟头部的注意力，以此来定位鸟的头部。

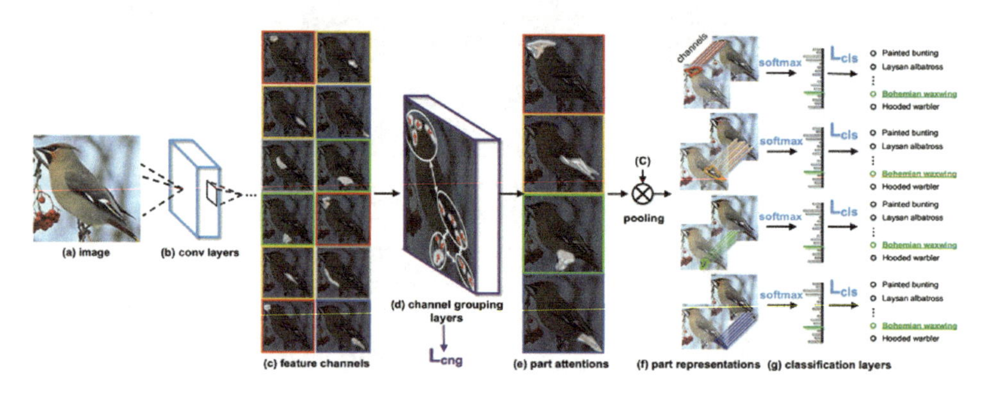


图 3.4　MA-CNN 算法流程，图片摘自参考资料[5]

MA-CNN 具体实现要分成下面的步骤：

（1）聚类初始化过程。使用 K-means（K 均值）等聚类方法，对特征模型的所有通道进行聚类，比如将 VGG16 的 pool5 层输出的 512 个通道聚成 4 个簇，每个簇代表一个“虚拟部件”。因此需要对每个通道做特征表示。MA-CNN 选用的特征非常直观，对于每个通道，按照固定的图像顺序，计算所有图像下当前通道的峰值出现在哪个位置，得到一个向量，即

$$t_x^1, t_y^1, t_x^2, t_y^2, \cdots, t_x^n, t_y^n$$

其中，$t_x^1, t_y^1$表示当前通道对应的二维激活值矩阵中，第$t_x^1$列$t_y^1$行的激活值是最大的，$n$表示图像个数。

（2）通过第 1 步得到初始化的 4 个虚拟部件之后，每个虚拟部件对应的通道是固定的，但是由于后续训练过程中，每个通道所表示的信息还会不断变化，因此 MA-CNN 需要在训练中不断地对虚拟部件对应的通道进行调整。为此，MA-CNN 为每个虚拟部件引入一个全连接层，全连接层的输入就是特征网络的输出，全连接层的输出就是一个 $c$ 维（$c$ 为通道个数）向量，表示每个通道有多大概率属于当前虚拟部件。训练中首先使用第 1 步中的聚类结果作为标签，对 4 个全连接层进行预训练。然后在分类训练中，这 4 个全连接层也参与反向传播、参数更新。

（3）使用第 2 步中得到的 4 个 $c$ 维向量对特征图的通道进行加权求和，就可以得到 4 个部件对应的注意力（如图 3.4（e）所示的多个注意力）。

（4）根据第 3 步中得到的 4 个注意力图，就可以对虚拟部件进行特征表示，将虚拟部件对应区域的特征做池化处理得到一个特征向量，然后进行分类，得到分类结果（如图 3.4（g）所示）。

### 3.3.3 基于高阶特征池化的细粒度分类方法

相比于一般卷积神经网络使用全局平均池化（Global Average Pooling）操作对每个通道的特征单独取平均，高阶特征池化的方法强调计算不同通道之间的相关性，比如计算 2 阶统计量协方差矩阵。Bilinear CNN[2]（双线性卷积神经网络）是最早在深度学习领域利用该思想进行细粒度分类的方法。

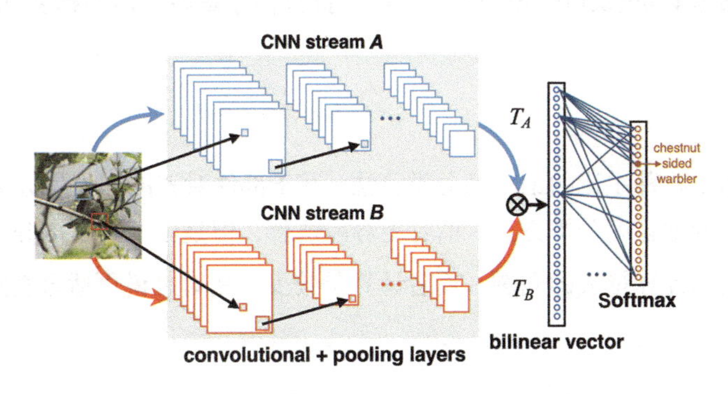


图 3.5　Bilinear CNN 算法流程图，图片摘自参考资料[2]

如图 3.5 所示，Bilinear CNN 由 CNN stream $A$、CNN stream $B$ 两个网络分支构成，两个分支分别对输入图像进行特征提取，得到的特征图记作$T_A$和$T_B$。两者都是 3 阶张量，形状分别为$M \times M \times d$和$N \times N \times d$。为了方便后续计算，首先将$T_A$和$T_B$进行尺寸变化，得到形状分别为$M^2 \times d$和$N^2 \times d$的两个矩阵，记作$\boldsymbol{M}_A$和$\boldsymbol{M}_B$。双线性池化（Bilinear Pooling）的具体计算为

$$\text{Bilinear Pooling}(\boldsymbol{M}_A, \boldsymbol{M}_B) = \frac{\text{sqrt}(\text{vec}(\boldsymbol{M}_A^{\mathrm{T}}\boldsymbol{M}_B))}{\left\|\text{sqrt}\left(\text{vec}(\text{vec}\boldsymbol{M}_A^{\mathrm{T}}\boldsymbol{M}_B)\right)\right\|_2}$$

其中，vec(·)表示将矩阵展开成向量。

Bilinear Pooling[2]指出，CNN stream $A$ 和 CNN stream $B$ 可以是同一个网络。此时$\boldsymbol{M}_A = \boldsymbol{M}_B$，且模型参数更少、计算效率更高，并且精度没有明显下降。因此后续的改进工作都是使用同一个网络进行双线性池化，上述公式也可简化为

$$\text{Bilinear Pooling}(\boldsymbol{M}_A,\boldsymbol{M}_A)=\frac{\text{sqrt}(\text{vec}(\boldsymbol{M}_A^{\text{T}}\boldsymbol{M}_A))}{\left\|\text{sqrt}(\text{vec}\boldsymbol{M}_A^{\text{T}}\boldsymbol{M}_A)\right\|_2}$$

可以看到，$\boldsymbol{M}_A^{\text{T}}\boldsymbol{M}_A$是一个$d \times d$维的矩阵，表示了 CNN stream A 输出的$d$通道特征两两之间的“相关性”。本节所提到的高阶信息，指的就是这种多个通道之间的相关性。

Bilinear Pooling[2]作为第一篇使用高阶信息进行细粒度分类的文章,还存在着一些不足。比如模型最终输出的特征维度过高，以 VGG16 为例，如果对其输出的 conv5 层特征进行双线性池化，则最终的特征的维度是$512 \times 512$维。当然，由于$\boldsymbol{M}_A^{\text{T}}\boldsymbol{M}_A$是一个对称矩阵，可以去掉其中上三角矩阵，但是最终特征维度还是有十万多维，这给实际使用造成了很多困难。因此有不少工作尝试对双线性池化得到的特征进行降维，相关工作可以参考 Compact Bilinear Pooling[6]，此处由于篇幅有限不做具体介绍。

### 3.3.4 小结

以上介绍了两种主流的细粒度分类算法：基于部件对齐的细粒度分类算法与基于高阶特征池化的细粒度分类方法。前者更容易解释，但是由于其是多分支结构，在实际使用中会面临计算量大的问题。后者计算量较少，相对来说更适合实际应用。

## 3.4 多标记图像分类

### 3.4.1 概述

在实际场景中，图像一般包括不止一个真实的标记，如图 3.6 所示，输入图片共有“人”“滑板”“背包”3 个真实标记，因此多标记分类比单标记分类更贴合实际场景，受到了很多研究者的关注，也提出了很多数据集、算法来推动这一领域的发展。本节主要介绍基于深度学习的多标记图像分类方法。

多标记图像分类常用的数据集包括 Pascal VOC、Microsoft COCO[7]。以 Pascal VOC2012 为例，其标记集包含了 20 种生活中常见的物体，而 Microsoft COCO 包含了 80 种生活中常见的物体。目前多标记图像分类文章中常用的评价指标是 mAP，该指标来自于信息检索。

图 3.6 多标记图像的例子，图片来自 Microsoft COCO[7]

为了理解 mAP 指标，首先需要理解准确率、召回率两个指标。一般模型在使用中，都会通过设置阈值，将分数大于该阈值的样本预测为正类，否则就是负类。而准确率表示模型预测的正样本中，有多少比例确实是真实的正样本，用公式表示就是

$$准确率=\frac{（真阳性样本）}{（真阳性样本）+（假阳性样本）}$$

其中，真阳性样本表示模型认为是正类实际确实是正类的样本，假阳性样本表示模型认为是正类实际却是负类的样本。而召回率表示模型预测出来的正样本，占所有真实正样本的比例是多少，用公式表示就是

$$召回率=\frac{（真阳性样本）}{（真阳性样本）+（假阴性样本）}$$

其中，假阴性样本表示实际是正类但是被模型预测为负类的样本。显然，通过为模型设置不同的分数阈值，可以得到不同的准确率、召回率组合。为了更好地观察模型的效果，一般会设置多个阈值，来得到多组准确率、召回率值，并绘制曲线。准确率-召回率曲线的绘制工具很多，常用的 scikit-learn 工具包即包含该功能。图 3.7 所示为一个准确率-召回率曲线示例。

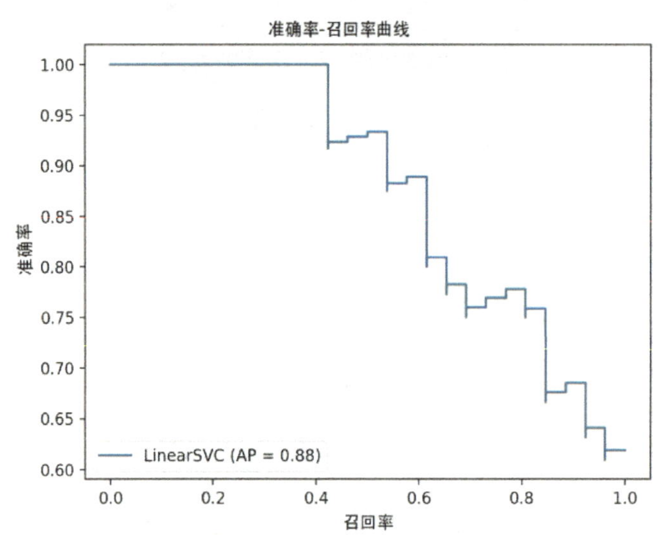


图 3.7 准确率-召回率曲线示例

回到我们 mAP 的话题，以 Pascal VOC 为例，对于每一种类别，评测时首先绘制准确率-召回率曲线，并计算曲线下方面积，得到该类别的平均准确率指标，然后对所有类别的结果取平均值，即得到 mAP。

### 3.4.2 baseline：一阶方法

最简单的多标记分类模型会独立考虑每个标记，将多标记分类问题转换成多个二分类问题来求解，目标函数还是基于本章 2.2 节介绍的交叉熵函数。以 Microsoft COCO 多标记分类任务为例，分类流程如下：

（1）输入一张图片，使用卷积神经网络（如 ResNet-50）进行特征提取，进行全局平均池化后输出 2048 维向量。

（2）使用一个 2048→80 的全连接层进行预测，将第 1 步中的 2048 维向量映射到 80 维，然后让每个元素进行 Sigmoid 映射，输出 80 个概率值，分别代表输入图片属于对应类别的概率。

（3）根据给定阈值，将概率值大于该阈值的类别作为图像的真实标记输出。

上述模型的训练过程也非常简单，针对第 2 步中输出的 80 维概率向量与真实的概率值计算交叉熵，得到损失函数为

$$\text{loss} = \frac{1}{N}\sum_{i=1}^{n}\sum_{k=1}^{80}\sum_{c=1}^{2} -y_c \log(p_c)$$

其中，$n$ 表示一个批量内图片的总数，80 是总的类别个数，$c$=1，2 表示对每个类别进行 2 分类，$N$ 是一个常数，表示归一化系数。$y_c$对应类别 $c$ 的真实标记，$p_c$对应类别 $c$ 模型的预测概率。

上述方法非常简单直接，它甚至能达到不错的分类效果，但是其不足在于，它是单独进行分类的，并没有考虑不同类别之间的关系，这个信息对于多标记分类来说是非常重要的。以图 3.6 为例，一般来说，人与背包、人与滑板共同出现的概率是非常大的。因此模型可以根据不同类别同时出现的频率，让它们彼此校验每个类别的预测结果。

### 3.4.3　标记关系建模

CNN-RNN[8]是最早使用深度学习建模多标记之间关系的工作之一。鉴于 RNN 在序列化建模方面有很多成功的案例，CNN-RNN[8]将多标记分类过程转换成一个序列化预测问题：每次迭代预测一个标记。如图 3.8 所示，首先使用卷积神经网络对图像本身进行特征提取，然后将多标记分类的过程建模成一个序列化预测的过程，例如输入图像中同时包含“斑马”“大象”两个物体，那么在训练过程中，CNN-RNN 会将这两个标记转换成一个有先后顺序的序列，如（“斑马”“大象”）或者（“大象”“斑马”），具体顺序由训练集中物体出现的频率决定，频率高的排在前面。然后分类阶段按照如下逻辑循环输出多个标记。

（1）对于第一次迭代，只使用图像信息进行类别预测，此时就是正常的图像分类过程。之后的每次迭代，将上一次迭代产生的标记进行标签嵌入，得到词向量$\boldsymbol{w}_k(t)$，作为接下来 RNN 的输入。

（2）将$\boldsymbol{w}_k(t)$输入 RNN[17]，根据如下公式分别得到输出层特征和隐含层特征，即

$$\boldsymbol{o}(t) = \boldsymbol{h}_o\big(\boldsymbol{r}(t-1), \boldsymbol{w}_k(t)\big)$$

$$\boldsymbol{r}(t) = \boldsymbol{h}_r\big(\boldsymbol{r}(t-1), \boldsymbol{w}_k(t)\big)$$

其中，$\boldsymbol{r}(t-1)$表示上一次循环过程中，RNN 的隐含层特征。在训练阶段，由于知道真实的标记个数，所以迭代次数等于图片对应的标记个数，即每一次迭代输出一个真实标记。

（3）将 RNN 的输出层特征、CNN 的图像特征分别映射到同一特征空间，即

$$\boldsymbol{x}_t = \boldsymbol{h}(\boldsymbol{U}_o^x \boldsymbol{o}(t) + \boldsymbol{U}_I^x \boldsymbol{I})$$

其中，$\boldsymbol{I}$ 是输入图像对应的卷积特征，$\boldsymbol{U}_o^x$与$\boldsymbol{U}_I^x$将标记特征 $\boldsymbol{o}(t)$、图像特征 $\boldsymbol{I}$ 映射到与词向量$\boldsymbol{w}_k(\boldsymbol{t})$相同的特征空间。

（4）使用$\boldsymbol{x}_t$与所有候选词向量做内积，再经过 Softmax 映射，输出类别分布概率，对应图 3.8 中的 Prediction Layer。

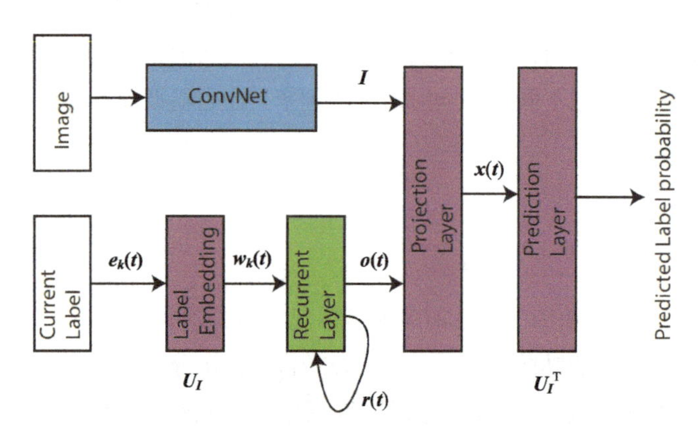


图 3.8　CNN-RNN 模型示意图，图片摘自参考资料[8]

与 CNN-RNN 相似，有不少工作将多标记分类问题建模成序列化预测任务，以此来考虑标记之间的相关性，如 SGM[18]。另外，由于图卷积网络（Graph Convolutional Network，GCN）在关系建模领域取得了较大的进展，因此也有相关工作通过 GCN 来对多标记分类中的类别关系进行建模，读者可以参考 ML-GCN[19]。

### 3.4.4 小结

对于多标记分类任务来说，最简单的做法是将其看作多个独立的二分类问题，然后对每个问题训练一个分类器（见 3.2 节）。但是这种方法没有考虑标记之间的关系，而标记之间的关系可以用来辅助提升模型性能。举例来说，如果图像中存在“鱼”，那么也很可能存在“水“。针对这一点，本节也介绍了如何使用 RNN 对标签关系进行建模（见 3.3 节）。

## 3.5 代码实践

为帮助读者掌握分类模型的整体训练、测试流程，本节以 MNIST 手写字符分类为例，给出一段完整的 PyTorch 代码，如下所示：

```
1.  import torch
2.  import torch.nn as nn
3.  import torch.nn.functional as F
4.  import torch.optim as optim
5.  from torchvision import datasets, transforms
6.  from torch.optim.lr_scheduler import StepLR
7.
8.  # 定义分类模型结构
9.  class MNISTNet(nn.Module):
10.     def __init__(self):
11.         super(MNISTNet, self).__init__()
12.         self.conv1 = nn.Conv2d(1, 32, 3, 1)
13.         self.conv2 = nn.Conv2d(32, 64, 3, 1)
14.         self.conv3 = nn.Conv2d(64, 64, 3, 1)
15.         self.dropout1 = nn.Dropout(0.5)
16.         self.fc1 = nn.Linear(6400, 128)
17.         self.dropout2 = nn.Dropout(0.5)
18.         self.fc2 = nn.Linear(128, 10)
19.
20.     def forward(self, x):
21.         x = self.conv1(x)
22.         x = F.relu(x)
23.         x = self.conv2(x)
24.         x = F.relu(x)
25.         x = F.max_pool2d(x, 2)
26.         x = self.conv3(x)
27.         x = F.relu(x)
28.         x = torch.flatten(x, 1)
29.         x = self.dropout1(x)
30.         x = self.fc1(x)
31.         x = F.relu(x)
32.         x = self.dropout2(x)
33.         x = self.fc2(x)
34.         output = F.log_softmax(x, dim=1)
35.         return output
36.
37. # 训练函数，每迭代 10 次打印一次 loss
38. def train(model, train_loader, optimizer, epoch):
39.     model.train()
40.     for batch_idx, (data, target) in enumerate(train_loader):
```

```
41.         data, target = data.cuda(), target.cuda()
42.         optimizer.zero_grad()
43.         output = model(data)
44.         loss = F.nll_loss(output, target)
45.         loss.backward()
46.         optimizer.step()
47.         if batch_idx % 10 == 0:
48.             print('%d-th epoch, %d-th batch, loss: %f' % (epoch, batch
                  _idx, loss.item()))
49.
50. # 测试函数，输出准确率
51. def test(model, test_loader):
52.     model.eval()
53.     correct = 0
54.     with torch.no_grad():
55.         for data, target in test_loader:
56.             data, target = data.cuda(), target.cuda()
57.             output = model(data)
58.             pred = output.argmax(dim=1, keepdim=True)
59.             correct += pred.eq(target.view_as(pred)).sum().item()
60.     print('accuracy: %f' % (correct / len(test_loader.dataset)))
61.
62. def main():
63.     train_loader = torch.utils.data.DataLoader(
64.         datasets.MNIST('mnist_data', train=True, download=True,
65.                        transform=transforms.Compose([
66.                            transforms.ToTensor(),
67.                            transforms.Normalize((0.1307,), (0.3081,))
68.                        ])),
69.         batch_size=64, shuffle=True)
70.     test_loader = torch.utils.data.DataLoader(
71.         datasets.MNIST('mnist_data', train=False, transform=transforms
              .Compose([
72.                            transforms.ToTensor(),
73.                            transforms.Normalize((0.1307,), (0.3081,))
74.                        ])),
75.         batch_size=64, shuffle=False)
76.
77.     model = MNISTNet().cuda()
78.     optimizer = optim.Adadelta(model.parameters(), lr=1.0)
79.     scheduler = StepLR(optimizer, step_size=1, gamma=0.8)
80.     # 训练 20 个 epoch
81.     for epoch in range(1, 20):
82.         train(model, train_loader, optimizer, epoch)
83.         test(model, test_loader)
84.         scheduler.step()
```

```
85.
86. if __name__ == '__main__':
87.     main()
```

## 3.6 本章总结

本章从经典单标记分类、细粒度分类以及多标记分类三个方面，讲述了深度学习在分类领域的应用。图像分类是深度学习在实际中最成功的应用之一，其不仅大幅提升了图像分类的精度，同时还推动了几乎所有计算机视觉任务的发展，比如目标检测、图像分割。需要注意的是，在深度学习中，对于分类效果影响最大的还是卷积神经网络结构，因此本书单独使用第 2 章进行了详细的介绍，并且将本章的重点放在不同分类任务的训练技巧、优化目标上，建议读者将本章与第 2 章结合起来理解。

## 3.7 参考资料


[1] WAH C, BRANSON S, WELINDER P, et al. The Caltech-UCSD Birds-200-2011 Dataset[J]. Advances in Water Resources, 2011.

[2] LIN T Y, ROYCHOWDHURY A, MAJI S. Bilinear Convolutional Neural Networks for Fine-grained Visual Recognition[J]. IEEE Transactions on Pattern Analysis & Machine Intelligence, 2017, (99):1-1.

[3] ZHANG NING, DONAHUE JEFF, GIRSHICK ROSS, et al. Part-based R-CNNs for Fine-grained Category Detection. ECCV, 2014.

[4] BISHOP, CHRISTOPHER M. Pattern recognition and machine learning. Springer, 2006.

[5] ZHENG HELIANG, JIANLONG FU, TAO MEI, et al. Learning multi-attention convolutional neural network for fine-grained image recognition. In Proceedings of the IEEE international conference on computer vision, 2017:5209-5217.

[6] GAO YANG, OSCAR BEIJBOM, ZHANG NING et al. Compact bilinear pooling. In Proceedings of the IEEE conference on computer vision and pattern recognition, 2016:317-326.

[7] LIN TSUNG-YI, MICHAEL MAIRE, SERGE BELONGIE et al. Microsoft coco: Common objects in context. In European conference on computer vision. Cham:Springer, 2014:740-755.

[8] WANG JIANG, YI YANG, JUNHUA MAO, et al. Cnn-rnn: A unified framework for multi-label image classification. In Proceedings of the IEEE conference on computer vision and pattern recognition, 2016:2285-2294.

[9] RUSSAKOVSKY OLGA, JIA DENG, HAO SU, et al. Imagenet large scale visual recognition challenge. International journal of computer vision 115, no. 3, 2015: 211-252.

[10] LI WEN, LIMIN WANG, WEI LI, et al. Webvision database: Visual learning and understanding from web data. arXiv preprint arXiv:1708.02862.

[11] SZEGEDY, CHRISTIAN, VINCENT VANHOUCKE, et al. Rethinking the inception architecture for computer vision. In Proceedings of the IEEE conference on computer vision and pattern recognition, 2016:2818-2826.

[12] ZHANG HONGYI, MOUSTAPHA CISSE, YANN N, et al. mixup: Beyond empirical risk minimization. arXiv preprint arXiv:1710.09412.

[13] VAN HORN GRANT, OISIN MAC AODHA, YANG SONG, et al. The inaturalist species classification and detection dataset. In Proceedings of the IEEE conference on computer vision and pattern recognition, 2018:8769-8778.

[14] WAH CATHERINE, STEVE BRANSON, Peter Welinder, et al. The caltech-ucsd birds-200-2011 dataset, 2011.

[15] KHOSLA, ADITYA, NITYANANDA JAYADEVAPRAKASH, et al. Novel dataset for fine-grained image categorization: Stanford dogs. In Proc. CVPR Workshop on Fine-Grained Visual Categorization (FGVC), 2011, (2)1.

[16] NILSBACK, MARIA-ELENA, ANDREW ZISSERMAN. Automated flower classification over a large number of classes. In 2008 Sixth Indian Conference on Computer Vision, Graphics & Image Processing. IEEE, 2008:722-729.

[17] SHERSTINSKY ALEX. Fundamentals of recurrent neural network (rnn) and long short-term memory (lstm) network. arXiv preprint arXiv:1808.03314.

[18] YANG PENGCHENG, XU SUN, WEI LI, et al. SGM: sequence generation model for multi-label classification. arXiv preprint arXiv:1806.04822.

[19] CHEN ZHAOMIN, WEI XIUSHEN, WANG PENG, et al. Multi-label image recognition with graph convolutional networks. In Proceedings of the IEEE Conference on Computer Vision and Pattern Recognition, 2019:5177-5186.

[20] SHALEV SHWARTZ, SHAI, YORAM SINGER, et al. Pegasos: Primal estimated sub-gradient solver for svm. Mathematical programming 127, 2011,1: 3-30.

[21] FAN RONG-EN, KAI-WEI CHANG, CHOJUI HSIEH, et al. LIBLINEAR: A library for large linear classification. Journal of machine learning research 9, Aug, 2008: 1871-1874.

[22] JEGOU, HERVE, FLORENT PERRONNIN, et al. Aggregating local image descriptors into compact codes. IEEE transactions on pattern analysis and machine intelligence 34, 2011, 9: 1704-1716.

# 4 目标检测

## 4.1 概述

目标检测（Object Detection）是计算机视觉领域热门的研究方向之一，这一方向的研究成果还推动着实例分割（Instance Segmentation）、目标跟踪（Tracking）等技术的发展。目标检测在学术界有着长远的研究历史，如 Viola 和 Jones 早在 2004 年就发表了实时人脸检测器[1]。

在工业界，目标检测有着广泛的应用，如无人驾驶、安防监控等。如图 4.1 所示，左图为图像分类任务，只需要给出图中物体的类目信息（Bus），右图为目标检测任务，除了需要给出图中物体的类目信息外，还需要给出物体在图像中的位置信息，如图中蓝色框所示。目标检测按应用场景可细分为静态图像目标检测及视频目标检测，视频目标检测除了利用关键帧的图像信息，还可以利用帧间的时序图像信息辅助推理。本章仅介绍静态图像的目标检测算法的发展。

通常目标检测任务可分为两个关键的子任务：目标分类和目标定位。目标分类任务主要负责判断输入图像或图像区域中是否有我们感兴趣类别的物体出现，输出是一系列概率分数，表明我们感兴趣类别的物体出现在该图像或者图像区域的可能性。目标定位任务则负责确定输入图像或所选择图像区域中我们感兴趣类别的物体所在的位置，通常输出紧致包围在该物体外侧的矩形框（Bounding Box）的四个坐标点来表示物体的位置信息。

图 4.1　图像分类（左）、目标检测（右）

按时间节点可将目标检测算法划分为传统的目标检测算法及基于深度学习的目标检测算法。传统的目标检测算法一般分为区域检测、区域特征提取和特征分类三个步骤，如上文提到的 Viola-Jones 实时人脸检测器[1]采用滑窗法密集提取检测框，对每个检测框提取 Haar-like 小波特征，通过 AdaBoost 级联分类器进行特征分类[1]。2012年至今，随着深度学习算法的快速发展，基于深度学习的目标检测算法逐渐成了主流。从最初的 OverFeat[2]、R-CNN[3]，到后面的 Faster R-CNN[13]、SSD[15]等，短短几年间，基于深度学习的目标检测算法有了长足的发展。

根据算法原理，目前基于深度学习的目标检测算法大致可以分为两大类：

- 两阶段目标检测。这类算法基本原理是把检测分为两个阶段，第一阶段先产生物体候选框（Region Proposal），得到物体在图像中的大概位置；第二阶段对每个候选框区域抽取深度网络特征并进行分类和二次位置回归。
- 单阶段目标检测。区别于两阶段检测器，单阶段目标检测器没有单独的候选框生成步骤，这类方法通常将整幅图像上的所有位置都作为潜在物体对象，然后将每个感兴趣区域分类为背景或者目标物体。

两阶段目标检测算法在很多公开基准数据集上都取得了较好的效果，然而这类方法通常前向速度比较慢，适用于那些对精度要求比较高的场景。与两阶段目标检测算法相比，单阶段目标检测算法的精度相对要差些，但检测速度要快很多，通常适用于对实时性要求比较高的场景。

另外，在检测算法精度评测方面有两个比较经典的公开数据集：PASCAL VOC[17]和 COCO[18]。PASCAL VOC 数据集包含常见的 20 类物体，COCO 数据集包含常见的 80 类物体。COCO 数据集相对于前者，物体类别更多，数据量更大，物体尺度更为均衡。目前大多数论文会在 COCO 数据集上进行精度比较，一般是比较不同交并比

（Intersection over Union，IoU）下检测框的平均精度均值（mean Average Precision，mAP）。其中 IoU 用来反映检测器的预测框与人工标注框的重合程度，两者越重合，IoU 指标越接近于 1。对于 mAP 的计算标准，不同公开数据集略有差异。以 PASCAL VOC 2007 数据集举例，第一步先对 20 类物体中每类物体分别求其精度均值（Average Precision，AP）。具体方法为，对于每类物体，取召回率为{0,0.1,⋯,1.0}，共计 11 个值，分别求取每个召回率下对应的最大准确率，取平均后得到该类的 AP。第二步按物体分类数对 AP 取平均即得到 mAP。具体计算公式为

$$\mathrm{AP}=\frac{1}{11}\sum_{r\in\{0,0.1,\cdots,1.0\}}\max_{\tilde{r}\geqslant r}p(\tilde{r})$$

$$\mathrm{mAP}=\frac{1}{n}\sum_{i=1}^{n}\mathrm{AP}_i$$

其中，$r$为召回率，$p$为准确率，$p(\tilde{r})$为在召回率$\tilde{r}$下的准确率，$n$ 为物体类目数。

## 4.2 两阶段目标检测算法

如图 4.2 所示，两阶段目标检测算法分为两大阶段：候选框生成和基于候选框的结果预测。在候选框生成阶段，检测器会先找出图像中可能包含有物体的区域。这一阶段的核心思想是保证很高的候选框召回率，这样使得图像中所有的物体都至少属于一个候选框。在第二阶段，首先对这些候选框区域抽取 CNN 特征，然后利用这些特征对候选框进行分类和对候选框中物体的位置进行二次回归修正。下面我们将分别从候选框生成、特征抽取、训练任务三个方面对目前常见的两阶段目标检测算法进行分析介绍。

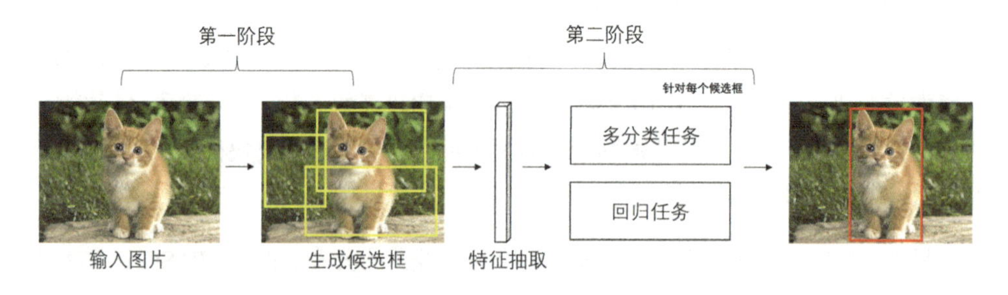


图 4.2　两阶段目标检测算法流程图

### 4.2.1 候选框生成

候选框的生成在两阶段目标检测算法框架中扮演着非常重要的角色。首先候选框生成器会产生一组矩形框，这些矩形框可能会包含你感兴趣类别的物体。接着这些候选框会被用来进行分类和位置精准回归。目前常见的候选框生成方法主要有基于传统计算机视觉的方法和 Region Proposal Networks[13]。

#### 1. 基于传统计算机视觉的方法

这类方法通常利用传统的计算机视觉低层特征，如边、角点、颜色等信息来产生候选框。其中比较有代表性的方法就是选择性搜索（Selective Search[4]）、边缘框（Edge boxes[5]）等。由于篇幅限制，本文主要介绍选择性搜索。

选择性搜索主要利用图像中的纹理、边缘、颜色等信息对图像进行自底向上的分割，然后对分割区域进行不同尺度的合并，每个生成的区域就是一个候选框。具体过程如图 4.3 所示，输入一张图片，如图 4.3 的（a），首先利用基于图的图像分割算法[6]进行图片区域分割，每个主体都可能被分割成多个小区域。如图 4.3 中（c）所示，不同区域之间可以用颜色、纹理等特征衡量相似度，相似的区域会被合并，得到尺度更大的区域。至此我们得到了一个层次化的分割结果，结合选择性搜索的打分策略，可以为每一个区域打一个分数，其代表该区域是一个单独主体的置信度，如图 4.3 中（d）所示。图 4.3 中（b）代表人工标注的分割结果。

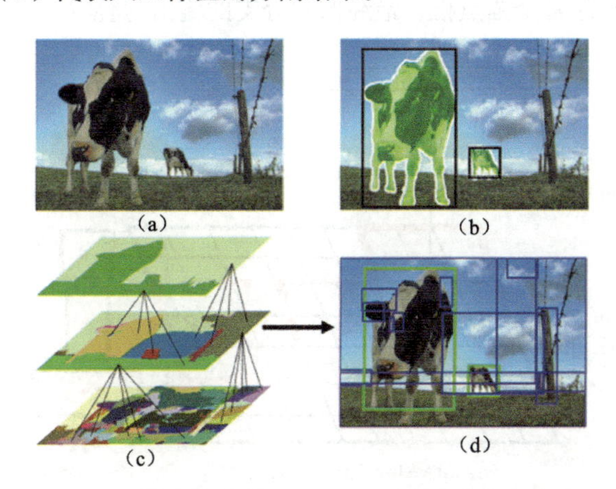


图 4.3　选择性搜索算法流程，图片摘自参考资料[4]

R-CNN[3]、SPP Net[7]、Fast R-CNN[8]等方法都采用选择性搜索的方式产生候选框。这种方法的优势在于可以通过非监督的方式产生大量的候选框，且对物体的召回率比较高，但由于该方法只利用了图像的低层细节特征，因此很难产出含有高质量语义信息的候选框，而且该方法速度比较慢，且不好利用 GPU 进行加速。

### 2. Region Proposal Networks

选择性搜索候选框产生的方法主要存在两个问题：速度慢和无法进行端到端的学习。为了解决这个问题，Faster R-CNN[13]中提出 Region Proposal Networks（以下简称 RPN）方法，该方法通过一个全卷积网络来生成候选框。

RPN 的思想是，将输入图片送入 CNN 网络，在得到的特征图上，利用滑动窗口的思想，在每个空间位置预测当前位置是否会有一个物体。在预测过程中，RPN 采用一种 anchor（锚点框）的思想，即假设真实物体的位置、长宽在指定锚点框的周围。这其实是一种“残差”表示的方法，有利于降低学习的难度。具体过程如图 4.4 所示，RPN 的输入是图像经过主干网络提取特征后得到的特征图。首先，RPN 使用 $N$ 个$3\times3$ 大小的卷积核在特征图上对每个网格进行卷积操作，从每个网格都得到一个 $N$ 维的特征向量（Feature Vector）表示，一般 $N$ 取 256。接着在特征向量后边分别接分类（cls）和回归（reg）两个分支。如图 4.4 所示，对于特征图上的每个网格，RPN 都会事先预设 $K$ 个不同尺度和长宽比的锚点框，然后针对每个锚点框，分类分支都会预测该锚点框内是否包含物体，由于是否包含物体为二分类问题，因此分类分支的输出为$2K$个。同样，针对每个锚点框，回归分支都会预测物体相对于该锚点框的坐标偏移量$(x,y,h,w)$，其中$(x,y)$代表物体中心点对于锚点框左上角坐标值的偏移量，$(w,h)$代表物体的宽高，由于有 $K$ 个锚点框，最终回归分支的输出为$4K$个。

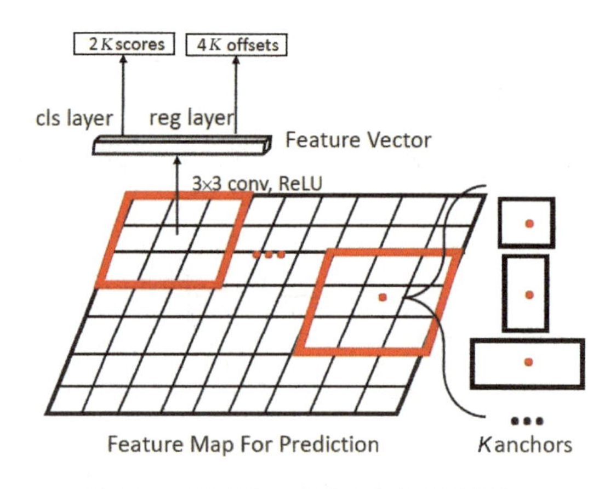


图 4.4 RPN 网络，图片摘自参考资料[9]

由于 RPN 主要是由卷积层构成的神经网络模块，因此其可以很方便地进行参数学习，同时它也可以大大加速候选框的获取过程。而且 RPN 的训练可以嵌入 Fast

R-CNN 过程中，整个网络训练可以真正实现端到端训练，因此可以极大地提升网络的学习能力。

### 3. 基于传统计算机视觉的方法与 RPN 的对比

对于一个检测候选框算法来说，最重要的精度指标就是 Top-$N$ 召回率，即给定一张图片，当为该算法输入 $N$ 个候选框时，对真实值的召回率。只有这一步的召回率足够高，后续 Fast R-CNN 才能够从这些候选框中找出尽量多的对应真实主体的边界框。

如图 4.5 所示，RPN 在 IoU 要求并不高的情况下（一般 IoU=0.5 就已经是一个还不错的候选框，IoU=0.7 是一个相当不错的候选框），召回率要比选择性搜索高。而在 IoU 标准比较高的情况下，RPN 要比传统方法差，主要是因为 RPN 是在 CNN 特征空间进行计算的，而非原始的图像像素空间，CNN 的特征分辨率一般较低（如原图的$\frac{1}{16}$），因此对于边界框的边缘判定比较吃力。

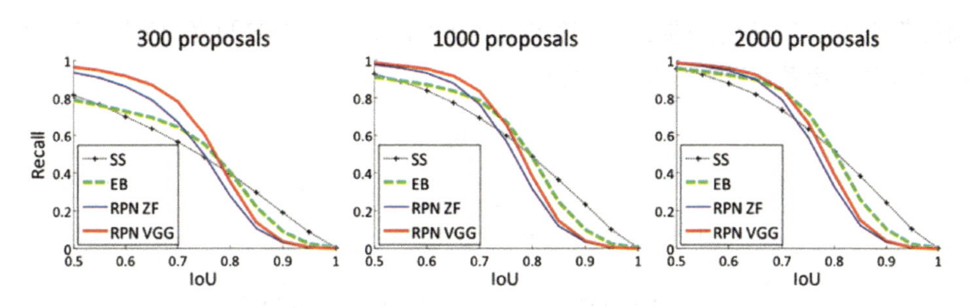


图 4.5 不同候选框生成算法的召回率对比，图片摘自参考资料[13]

## 4.2.2 特征抽取

经过上述的计算，通常会得到约 2000 个左右的候选框，显然其中只有一小部分候选框真正对应了实际主体。我们需要区分哪些候选框对应的是完整的主体，哪些候选框对应的是背景或部分主体，这是一个分类问题。按照常规分类的流程，需要两步处理：提取特征，训练分类器。

在 R-CNN 中，会根据得到的 2000 个物体候选框在原图中截取出 2000 张图片区域，然后将这些区域都拉伸到同一尺寸，针对每个图片区域都抽取一次 CNN 特征。这样做存在一些不足：拉伸操作会将物体拉伸或者缩放，因此会导致信息损失；对每个区域都要抽取一次 CNN 特征，由于这些区域存在大量的重叠，因此重复的特征提取会带来巨大的计算浪费。

### 1. 空间金字塔池化（Spatial Pyramid Pooling，SPP）

参考资料[7]提出了 SPP Net 方法，用来对 R-CNN 中的特征提取步骤进行加速。为了减少重复计算，SPP Net 先在原图上提取一遍 CNN 特征，得到原图的特征图。然后在计算每个候选框区域的特征时，会根据每个候选框的坐标信息，直接在原图的 CNN 特征图上截取出对应的区域。但是这存在一个问题：不同的候选框大小不同，截取出来的卷积特征大小也不一样，而通常的分类器，如 SVM、全连接神经网络都需要固定长度的输入。为了解决该问题，SPP Net 提出空间金字塔池化操作，将特征的空间维度划分成固定个数的区域，在每个区域内通过最大池化操作得到固定维度的特征。如图 4.6 所示，SPP 操作分 3 个尺度，分别将输入的特征图划分为$4\times4$、$2\times2$、$1\times1$个子区域，在每个区域内使用最大池化操作得到固定长度的特征。SPP Net 通过引入 SPP 操作，避免了 R-CNN 对每个候选框重复提取特征的过程，而且由于 SPP 操作可以摆脱对输入图像尺度和长宽比的限制，无须对感兴趣区域进行缩放和拉伸，从而避免了由此带来的信息损失。最终 SPP Net 取得了比 R-CNN 更好的效果，同时将 R-CNN 的速度提升到原来的 24~102 倍。

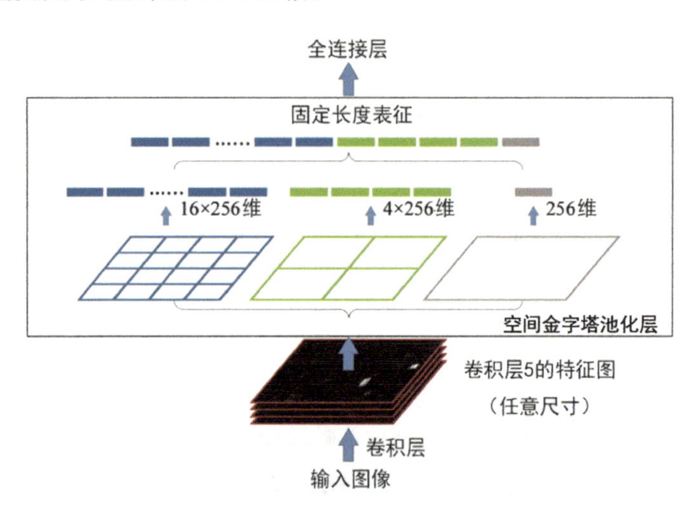


图 4.6　SPP 操作，图片摘自参考资料[7]

### 2. ROI Pooling

由于 SPP 层操作没有将梯度回传到卷积层，因此在 SPP 层之前的所有层的参数都无法参与训练，这极大地限制了 CNN 网络的学习能力。在 Fast R-CNN[8]中，作者提出使用 ROI Pooling 层操作来替代 SPP 层操作。ROI Pooling 层操作简化了 SPP Net 中的 SPP 层操作，从而对于每个候选框对应的卷积特征，只在单尺度上进行特征池化操作。如图 4.7 所示，第一步先将 ROI 区域映射到特征图对应的位置，然后将映射后的区域划分为$n \times n$（图中取$n = 3$）大小的子区域，再针对每个子区域进行最大池化操作，最后输出$n \times n$（图中取$n = 3$）的卷积特征。

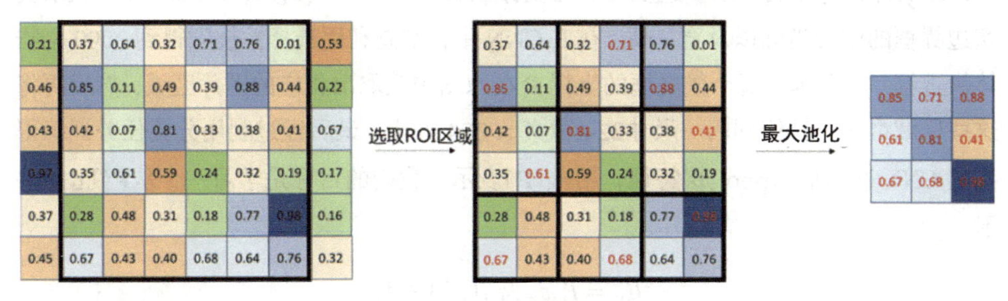


图 4.7　ROI Pooling 层操作

ROI Pooling 层操作进一步简化了候选框区域的特征抽取过程，且 ROI Pooling 层操作可以进行梯度反向传播，使目标检测算法可以进行端到端的训练。

### 4.2.3　训练策略

如上文所述，针对每个候选框区域，目标检测算法主要有两个子任务：分别为物体分类和物体定位。在 R-CNN 中特征抽取和任务训练是分阶段进行的，而在 Fast R-CNN 中则是同时进行的，下面分别进行介绍。

#### 1．分阶段训练

（1）预训练和微调

R-CNN 使用的 CNN 主干网络采用 AlexNet[10]结构，该网络首先会在 ImageNet 上进行 1000 类分类预训练，得到一组比较好的网络权重。接着将分类网络最后一层的全连接层去掉，接入 *K*+1 类分类层，其中 *K* 代表感兴趣物体的类别数，1 表示背景类。然后在检测数据集上，训练一个 *K*+1 类分类网络作为最终的特征提取网络。得到特征提取网络后，对 2000 个候选框提取特征，然后将它们送入分类和回归任务。

（2）分类任务

在 R-CNN 中，会对每个候选框特征向量训练 *K* 个线性 SVM 二分类器，其中 *K* 是物体的类别个数，比如在 PASCAL VOC 中 *K*=20。

（3）回归任务

在 R-CNN 中使用边界框坐标回归操作对候选框的坐标框进行修正。具体做法为，令$(P_x, P_y, P_w, P_h)$分别表示候选框的中心坐标以及宽、高，令$(G_x, G_y, G_w, G_h)$分别表示真实边界框的中心坐标以及宽、高。在 R-CNN 中，首先利用选择性搜索得到 2000 个物体候选框，然后基于每个候选框的坐标 $\boldsymbol{P}$ 在原图中截取出相应的图片区域，然后再将这些区域都统一拉伸到同一尺寸224 像素 × 224 像素，最后经过利用分类任务训练得到的 CNN 网络抽取$\text{pool}_5$层特征，用$\varphi_5(\boldsymbol{P})$表示。我们的目标是学习一个从$\boldsymbol{P}$到$\boldsymbol{G}$的映射。

$$\hat{G}_x = P_w d_x\big(\varphi_5(\boldsymbol{P})\big) + P_x$$

$$\hat{G}_y = P_h d_y\big(\varphi_5(\boldsymbol{P})\big) + P_y$$

$$\hat{G}_w = P_w \exp(d_w\big(\varphi_5(\boldsymbol{P})\big))$$

$$\hat{G}_h = P_h \exp(d_h\big(\varphi_5(\boldsymbol{P})\big))$$

其中，$d_j\big(\varphi_5(\boldsymbol{P})\big) = w_j^{\mathrm{T}}\varphi_5(\boldsymbol{P})$，$j \in \{x, y, h, w\}$，$\boldsymbol{w}_j$代表线性映射的参数，通过岭回归[11]来学习该参数，即

$$\boldsymbol{w}_j = \underset{\hat{\boldsymbol{w}}_j}{\operatorname{argmin}} \sum_i^N \Big(d_j\big(\varphi_5(\boldsymbol{P})\big)_*^i - \hat{\boldsymbol{w}}_j^{\mathrm{T}}\varphi_5(\boldsymbol{P}^i)\Big)^2 + \lambda\big\|\hat{\boldsymbol{w}}_j\big\|^2$$

其中，$d_j\big(\varphi_5(P)\big)_*$代表$d_j\big(\varphi_5(P)\big)$的真实值，即

$$d_x\big(\varphi_5(\boldsymbol{P})\big)_* = (G_x - P_x)/P_w$$

$$d_y\big(\varphi_5(\boldsymbol{P})\big)_* = (G_y - P_y)/P_h$$

$$d_w\big(\varphi_5(\boldsymbol{P})\big)_* = \log(G_w/P_w)$$

$$d_h\big(\varphi_5(\boldsymbol{P})\big)_* = \log(G_h/P_h)$$

### 2. 联合训练

分阶段训练存在明显的问题：第一，需要将每个候选框区域的特征存储在本地磁盘，由于从每张图片都会产生 2000 个左右的候选框，因此会浪费大量的存储空间；第二，由于特征抽取和任务训练是独立的，因此无法很好地发挥深度网络的学习能力。在 Fast R-CNN 中，笔者采用联合训练框架来进行训练，特征提取和模型训练同时进行，省去了特征存储的空间。同时网络的所有层都会在训练中进行更新，这极大地增

强了网络的学习能力。

笔者使用 $K$+1 类 Softmax 分类器替换 SVM，如图 4.8 所示，先利用 ROI Pooling 层对每个候选框抽取特征，然后接入 2 个全连接层进行进一步的特征映射，后边接两个全连接层分别做分类和边界框回归。将候选框分类的交叉熵损失函数与边界框坐标回归的回归损失函数统一到一起，构成一个多任务训练模型。整体的损失函数为

$$L(p,k^*,t,t^*) = L_{\text{cls}}(p,k^*) + \lambda[k^* \geqslant 1]L_{\text{loc}}(t,t^*)$$

其中，$L_{\text{cls}}(p,k^*) = -\log p_{k^*}$，$p$代表分类概率，$k^*$代表物体实际类别。$L_{\text{loc}}(t,t^*)$代表回归损失函数，具体函数形式为

$$L_{\text{loc}}(t,t^*) = \sum_{i\in\{x,y,w,h\}} \text{Smooth}_{L_1}(t_i - t_i^*)$$

其中，$t_* = (t_x^*, t_y^*, t_w^*, t_h^*)$代表物体坐标的真实值，$t = (t_x, t_y, t_w, t_h)$代表预测的坐标值，Smooth $L_1$ 损失函数具体为

$$\text{Smooth}_{L_1}(x) = \begin{cases} 0.5x^2 & |x| < 1 \\ |x| - 0.5 & \text{其他} \end{cases}$$

当回归目标值和真实值相差较大时（$|t_i - t_i^*| \gg 1$），如数据中存在噪声点，则 $L_2$ 损失函数的梯度为$2(t_i - t_i^*)$，此时容易产生梯度爆炸。而如果使用 Smooth $L_1$ 损失函数则梯度此时为常数，因此它对噪声点更加鲁棒。

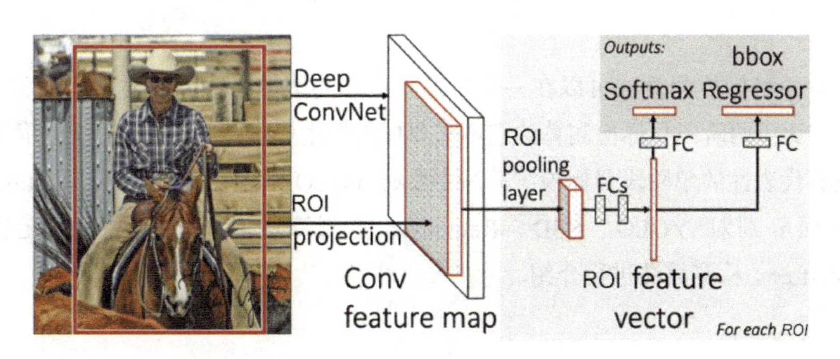


图 4.8　Fast R-CNN，图片摘自参考资料[8]

通过多任务学习，将候选框分类任务与坐标回归任务统一到一起，简化了流程，进一步提升了模型速度。同时，Fast R-CNN 是一个端到端的系统，给定输入图像，CNN 特征提取模型与候选框分类器、坐标回归器的参数都可以通过端到端的方式学习，因此它也具有更高的精度。

### 4.2.4 小结

本节分别从候选框生成、特征抽取、任务训练三个方面对两阶段目标检测算法的原理进行了描述。最后为了方便读者比较，我们在表 4.1 中列出 R-CNN、Fast R-CNN、Faster R-CNN 中用到的算法模块。

表 4.1 两阶段目标检测算法对比

| | 候 选 框 | 特 征 | 训练策略 |
|---|---|---|---|
| R-CNN | 选择性搜索 | 对裁剪区域提取 CNN 特征 | 分阶段训练 |
| Fast R-CNN | 选择性搜索 | ROI Pooling | 联合训练 |
| Faster R-CNN | RPN | ROI Pooling | 联合训练 |

以 Faster R-CNN 为代表的两阶段目标检测算法，以及其后的改进版本 FPN[16]、Cascade R-CNN[14]、Mask R-CNN[17]（本书第 5 章会详细介绍）等，在很多检测任务上都达到了最优的检测效果，尤其在近些年 COCO 检测挑战赛[12]中，排名靠前的方法基本都是两阶段目标检测算法。但是两阶段算法由于在计算过程中需要产生大量的候选框区域，然后对每个候选框分别进行分类和回归，从而导致模型计算复杂度很高，在一些对实时性要求很高的场景使用有一定困难。为了提升检测速度，近些年人们对单阶段目标检测算法也进行了很多研究，下一节将详细介绍单阶段目标检测算法。

## 4.3 单阶段目标检测算法

单阶段目标检测算法可以在一个阶段直接预测图像中物体的类别概率和位置坐标值，相比于两阶段目标检测算法它不需要候选框生成步骤，整体流程较为简单。目前比较有代表性的单阶段目标检测算法主要有 YOLO 系列[24]、SSD[15]和 RetinaNet[16]等。下面分别对 YOLO、SSD、RetinaNet 检测算法以及近期涌现的无锚点框（Anchor-free）检测算法进行介绍。

### 4.3.1 YOLO 算法

针对两阶段目标检测算法普遍速度比较慢的问题，YOLO（You Only Look Once）[24]提出可以将物体分类和坐标定位在一个步骤内完成。YOLO 的核心思想就是输入整图，直接预测检测框和对应的分类信息。如图 4.9 所示，YOLO 将输入图片划分为$S \times S$的网格，虽然图片内的物体通常会占据多个网格（如左下角的狗），但在训练中只有物体中心点所处的网格负责对该物体的检测（即图中红色星号对应的网格，通过仅计算该网格预测框与真实框之间的预测误差来实现）。每个网格会预测 $B$ 个检测框以及每个检测框对应的置信度，由 $(x, y, w, h, c)$这 5 个元素表示，其中$(x, y)$预测检测框中心对应网格左上角坐标值的偏移量，$(w, h)$预测检测框的宽高，置信度$c$用来反映检测框是否包含物体以及预测的准确性。此外，每个网格同时会预测$K$个条件分类概率$p_k, k \in\{1,2\cdots,K\}$，$K$为分类类目数，代表这个网格内包含某类物体的概率。虽然每个网格对应$B$个检测框，但做类目预测时不区分检测框，整体只做一次$K$分类预测。对于单张图片，首先经过前向运算得到$S \times S \times B$个检测框，然后将每个检测框的框置信度$c$与分类概率$p_k$相乘得到该检测框的检测置信度，最后对所有检测框按检测置信度进行阈值筛选以及非极大值抑制操作即得到最终的检测结果。

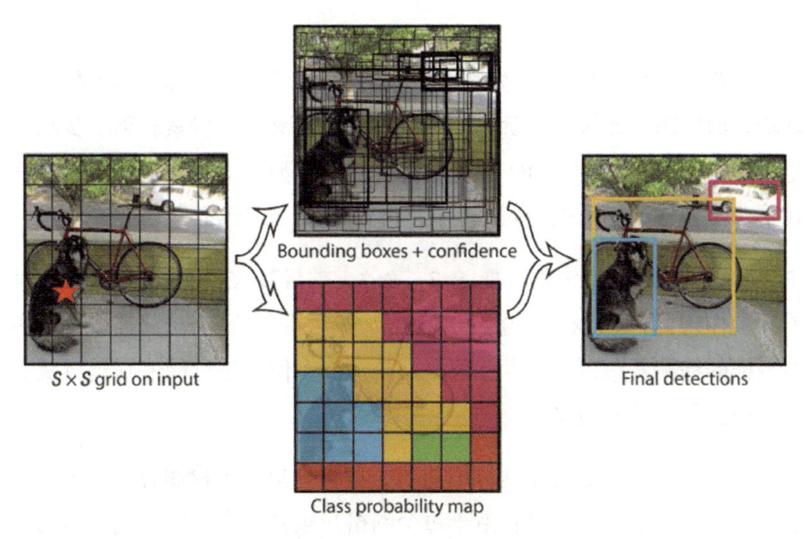


图 4.9　YOLO 模型，图片摘自参考资料[24]

### 1. 网络设计

YOLO 的基本网络模型如图 4.10 所示，共有 24 层卷积层和 2 层全连接层，这里取 $S$=7，$B$=2。其中卷积层部分借鉴 GoogLeNet[19]的设计思想，但没有采用原始复杂的 Inception 模块，而是简化成$1 \times 1$卷积加$3 \times 3$卷积的操作。最后一层卷积层输出维度为$7 \times 7 \times 1024$的特征图，通过两层全连接层对检测框以及对应类目进行预测，即得到$7 \times 7 \times 30$ 的张量输出。

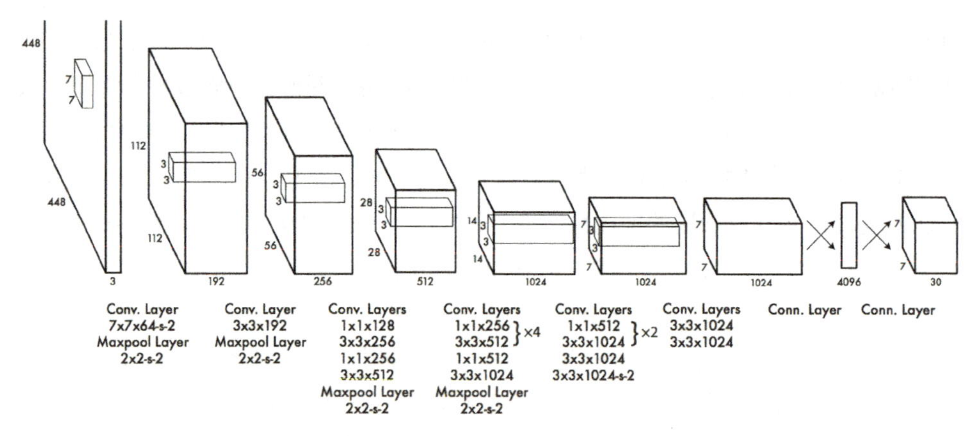


图 4.10 YOLO 网络模型（这里取 $S$=7，$B$=2），图片摘自参考资料[24]

### 2. 训练及前向预测

和两阶段算法一样，YOLO 模型的主干网络第一步先在 ImageNet 数据集上进行分类预训练，训练图片的尺寸都统一缩放到224 像素 × 224 像素；第二步利用上一步得到的主干网络模型参数在 VOC 数据上进行检测模型的训练。同时为了提升检测的精度，在第二步将输入图片的分辨率扩大到448 像素 × 448 像素。

以 Pascal VOC 数据集为例，取 $S$=7，$B$=2，类目数 $K$=20。在前向预测时，对图像进行前向操作得到$7 \times 7 \times 2 = 98$个预测框，然后将置信度$c$与分类概率$p_k$相乘得到最终该检测框的检测置信度。对所有预测框按检测置信度进行阈值筛选以及非极大值抑制操作即得到最终的检测结果。

YOLO 算法通过将分类和检测同时进行，极大地提升了检测算法的速度，但由于其设计上的原因，不足也很明显：由于每个网格只预测一个物体类别，当两类或者多类物体中心点同时落到一个网格内时，就会出现漏检的现象。同时由于存在较大的图像下采样（从448 像素 × 448 像素的图像进行 64 倍下采样到$7 \times 7$的特征图），YOLO 对小物体的检测效果也比较差。

## 4.3.2 SSD 算法

为了进一步提升单目标检测算法的检测精度，参考资料[15]创造性地提出 Single Shot MultiBox Detector（以下简称 SSD）算法。其在整体训练方案上采用 YOLO 式的端到端训练思想，同时借鉴了 Fast R-CNN 中锚点框的思想来提升回归精度，其主要的改进包括：

- 采用多尺度特征图进行检测框预测，同时每个特征图采用不同大小、不同尺度的锚点框，以提高检测精度及降低输入图像的大小要求。
- 通过卷积层进行检测框预测，提升检测速度。

最终 SSD 在精度和速度方面达到了很好的平衡，精度较 YOLO 检测器有大幅提升。下面我们详细介绍 SSD 的工作原理。

### 1. 网络设计

（1）多尺度特征图及锚点框

首先介绍一下 SSD 采用的网络结构。如图 4.11 所示，SSD 的主干网络采用 VGG-16[12]的网络结构，同时为达到提取多尺度特征图的目的，作者对网络也进行了一些针对性的修改，主要包括：去掉所有的全连接层，并增加若干卷积层进行下采样，从而获得有更大感受野的特征图。

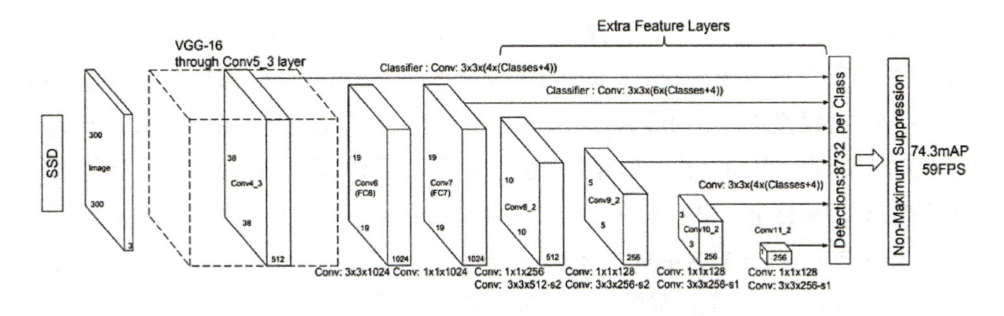


图 4.11　SSD 网络模型，图片摘自参考资料[15]

参考两阶段检测器中常用的锚点框设计，SSD 针对每个特征图上的每个点都设置不同大小、不同尺度的锚点框，从而提升对不同长、宽比物体的检测能力。如图 4.12 所示，针对特征图上每个点都设置 4 个不同长、宽比的锚点框，以图中$8 \times 8$的特征图为例，总共会产生$8 \times 8 \times 4 = 256$个锚点框。

与 Faster R-CNN 只针对一个特征图使用锚点框不同，SSD 对多个尺度的特征图都使用锚点框，有效地提升了对多尺度物体的检测精度。

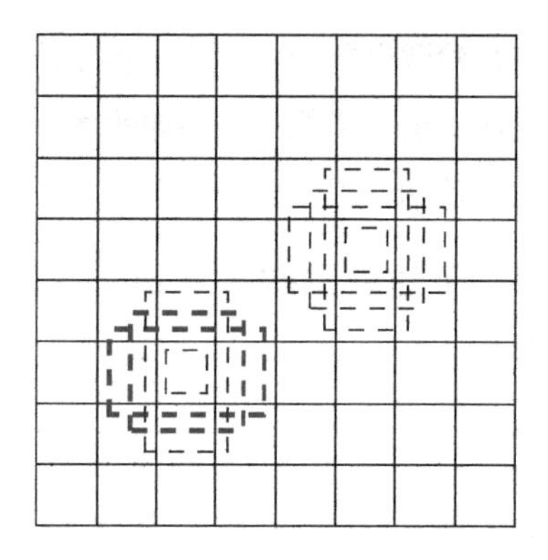

图 4.12　锚点框，图片摘自参考资料[15]

相比于 YOLO 算法中只使用最后一层特征图进行目标位置和类别的预测（在 448 像素 × 448像素的图像输入下仅预测 98 个检测框），SSD 利用多个尺度的特征图进行检测框预测。以图中 SSD 300（输入图像大小为300 像素 × 300 像素）为例，Conv4_3、Conv7、Conv8_2、Conv9_2、Conv10_2、Conv11_2 层产生的特征图均被用于检测框预测。上述卷积层对应的特征图大小（忽略通道数）分别为$38 \times 38$、$19 \times 19$、$10 \times 10$、$5 \times 5$、$3 \times 3$、$1 \times 1$。其中在 Conv4_3、Conv10_2、Conv11_2 的特征图的每个网格上都设置 4 个不同形状的锚点框，在其余特征图的每个网格上会设置 6 个不同形状的锚点框，从每个锚点框都会产生一个预测结果（即框内物体类目、物体框相对于锚点框的偏移量、中心点的 $x$, $y$ 坐标和框的宽 $w$、高 $h$）。因此总的预测框数为$(38 \times 38 + 3 \times 3+1 \times 1) \times 4 +(19 \times 19+10 \times 10+5 \times 5) \times 6 = 8732$个。其中越靠前的卷积层（如 Conv4_3）其感受野越小，对小物体的检测能力越好。

（2）利用卷积层进行检测框预测

不同于 YOLO 采用全连接层的方式来预测物体类目和坐标，在 SSD 中笔者直接采用卷积的方式进行预测。对特征图每个位置上的特征点直接使用$3 \times 3$这样的小卷积核进行预测，从而得到特征点上每个锚点框的坐标偏移量和分类结果。通过使用卷积层替换全连接层这一设计，极大地减少了参数量，从而在对更多检测框进行预测的同时不降低检测的速度。对于大小为$H \times W$的特征图，每个网格对应$N$个锚点框，并预测$K$类物体的分类得分和物体框的坐标偏移量，那么经过卷积后的输出维度为$(K + 4) \times N \times H \times W$。以 VOC 数据集为例，$K = 20 + 1$，对应 20 类物体以及 1 类背景类，Conv8_2 对应的特征图大小为$10 \times 10$，对每个网格预设 6 个不同形状的锚点框，对应的输出维度为$(21 + 4) \times 6 \times 10 \times 10$。

### 2. 训练及前向预测

同 YOLO 检测器一样，SSD 主干网络第一步先在 ImageNet 数据集上进行分类预训练，预训练图片的尺寸都统一缩放到224 像素 × 224 像素。第二步利用上一步得到的主干网络模型参数在 VOC 数据上进行检测模型的训练，这里输入图片的尺寸都统一缩放到300 像素 × 300 像素。

在训练过程中，SSD 针对负样本锚点框远多于正样本锚点框的情况（正负样本锚点框比例接近 1:1000），笔者采用难样本挖掘的方式进行训练：在大量的负样本中只选取其中适当比例的损失较大的负样本来参与训练，其余损失较小的负样本忽略不计，防止负样本过多干扰网络学习。具体方法为，SSD 在训练中将所有负样本锚点框按分类置信度从大到小排序，然后取 Top $N$ 的负样本参与训练，使得正负样本比例约等于 1:3，这样训练速度更快也更稳定。SSD 中采用的损失函数与 Faster R-CNN 中的类似，也是加权的分类损失函数以及检测框回归损失函数。其中分类损失函数采用交叉熵损失函数，检测框回归损失函数采用的是 Smooth $L_1$ 损失函数。

在前向预测时，图像经过前向操作得到所有预测框，然后先根据检测置信度对所有预测框进行筛选（如只保留置信度大于 0.01 的预测框），再通过非极大值抑制操作去掉重复的预测框，即得到最终的检测结果。

SSD 算法通过多尺度特征图设计，在一定程度上解决了 YOLO 对于重叠物体以及小物体检测性能不佳的问题，在多个公开数据集上均取得了检测精度以及性能上的提高。

## 4.3.3 RetinaNet 算法

RetinaNet[16]从检测框架来看同上文介绍的 SSD 类似，主要区别在于其主干网络采用特征金字塔网络（Feature Pyramid Network，FPN）[22]，分类损失函数采用 Focal 损失函数，因此本小节着重介绍其网络结构和 Focal 损失函数。

### 1. 网络结构

RetinaNet 主干网络采用特征金字塔网络，特征金字塔是近几年针对主干网络的主流改进方案。原先特征图往往通过卷积层下采样得到，对于特征图而言，不同感受野对应着不同层次的语义特征。通常浅层网络感受野小，主要反映图像细节特征；高层网络感受野大，更多地体现图像语义特征。特征金字塔网络通过上采样结合下采样的方式，进行多尺度特征融合，从而学习到具有强语义信息的多尺度特征表示。RetinaNet 的网络结构如图 4.13 所示，输入图片先经过主干网络如 ResNet 下采样提取特征（对应图 4.13 中(a)部分自下而上链路），得到三个残差模块的输出（$C_3$、$C_4$、$C_5$）。然后再将特征上采样（对应图 4.13 中(b)自上而下链路）。最后将两种特征进行融合，得到多尺度特征图用于检测框预测。具体来说，除了$C_5$特征直接接$1\times1$的卷积层得到$P_5$特征，其他特征图如$P_3$、$P_4$分别由对应的前一层特征图上采样以及对应的$C_3$、$C_4$特征接$1\times1$的卷积层做叠加，在叠加后接$3\times3$的卷积层消除混叠效应后得到。在得到特征图后，为每个特征图接分类以及边框回归的分支，这部分设计同 SSD 类似，在这里不做赘述。

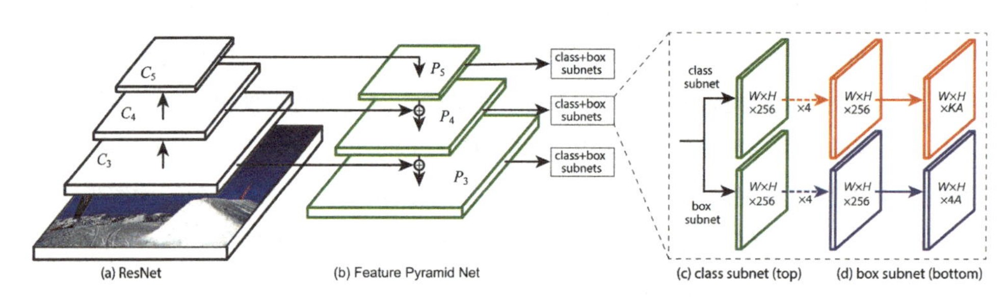


图 4.13 RetinaNet 网络结构图，图片摘自参考资料[16]

### 2. Focal 损失函数

虽然以 SSD 为代表的单阶段目标检测算法效果得到很大的提升，但总体上单阶段目标检测算法的检测精度仍要低于两阶段目标检测算法。参考资料[16]认为，单阶段目标检测算法的问题主要是由于类别不均衡（Class Imbalance）导致的，例如在 SSD 等单阶段目标检测算法中，通常一张图会产生$10^4$~$10^5$个可能候选框，但是只有极少数的候选框内会包含物体。这种正、负样本的不均衡会导致两个问题：一是由于绝大多数候选框都是简单负样本，因而会导致训练不充分；二是过多的简单负样本会导致训练效果变差。虽然在 SSD 中利用难样本挖掘的方法可以有效地平衡正、负样本的比例，但该方法的缺点是会丢掉很多“简单”样本，因此可能会带来信息的损失。RetinaNet[16]则从损失函数入手，通过替换分类损失函数来解决正、负样本不均衡的问题。

通常在分类问题中最常使用的损失函数是交叉熵（Cross Entropy）损失函数，以二分类为例，有

$$\text{CE Loss}(p_t) = -\log(p_t)$$

$$p_t = \begin{cases} p & y = 1 \\ 1 - p & 其他 \end{cases}$$

其中，$y$是真实的类目标签，$p \in [0,1]$是模型预测的标签$y = 1$的概率。

函数曲线如图 4.14 中最上面的蓝色线所示。通过观察可以发现，交叉熵损失函数有个缺点：即使针对那些可以被很好分类的简单样本（$p_t \gg 0.6$），交叉熵损失函数的幅值还是很大，这样导致如果训练过程中存在大量的简单样本，那么整体模型就会被这些简单样本所主导。

为了解决这个问题，参考资料[16]中提出一种新的损失函数，即 Focal 损失函数，以二分类为例，即

$$\text{Focal Loss}(p_t) = -(1 - p_t)^{\gamma}\log(p_t)$$

其中，$\gamma$是大于等于 0 的常数，且当$\gamma$=0 时，Focal 损失函数就变成了交叉熵损失函数，具体如图 4.14 所示。从表达式可以看出，当$p_t$的值越大时，$(1 - p_t)^{\gamma}$的值越小，表示简单样本得到的权重越低。

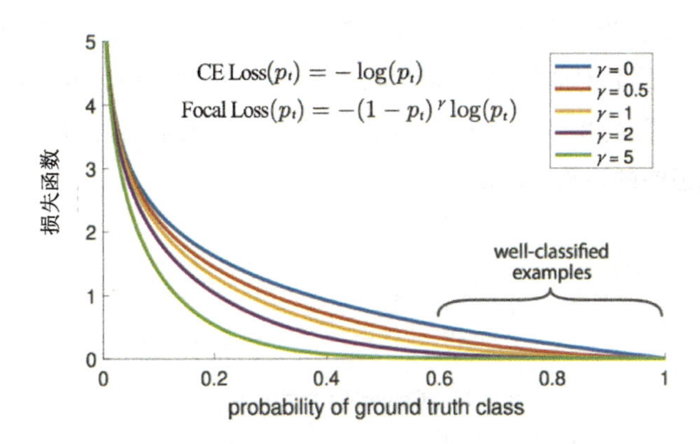


图 4.14　Focal 损失函数与交叉熵损失函数，图片摘自参考资料[16]

Focal 损失函数以一种巧妙的方式同时解决了正、负样本不均衡和区分简单与复杂样本的问题，最终利用单阶段目标检测框架训练出和两阶段框架同样效果的模型[16]。

### 4.3.4　无锚点框检测算法

近期涌现出了一大批无锚点框（Anchor-Free）检测算法以解决采用锚点框带来的训练正、负样本不均衡的问题，其中比较有代表性的算法包括 CenterNet[25]、FCOS[26]等。本小节简要介绍一下上述两种算法，感兴趣的读者亦可参阅参考资料[25] [26]。

### 1. CenterNet 算法

CenterNet[25]结合关键点检测的思想，把物体检测分为两步：首先通过关键点检测的方法在特征图上寻找包含物体中心点的特征网格，在此基础上预测出特征点到物体中心点的偏移量以及距边框的距离从而得到物体检测框信息。

与 Faster R-CNN、SSD 等方法在前向预测时需要对检测框做非极大值抑制的操作不同，CenterNet 通过一个全卷积网络直接输出目标检测框的相关信息，不需要使用额外的锚点框和通过前向处理得到的多个预测框进行非极大值抑制操作。CenterNet 的网络结构如图 4.15 所示，首先输入图像经过主干网络后得到一个尺寸为原图四分之一的特征图，大小为$N \times H \times W$，其中$N$为特征通道数。接着，特征图会分别经过级联的$3 \times 3$与$1 \times 1$卷积层得到目标检测任务的最终预测输出。如图 4.15 所示，若物体分类数目为$K$，则对于特征图上的每个点需要预测属于 $K$ 类物体的概率，以及对应物体中心点的局部偏移量（local offset）$(\Delta x, \Delta y)$和物体宽高$(w, h)$。在前向预测时，输入图片首先经过主干网络被提取特征，经对应分支得到分类概率图、偏移量和框宽高预测值。然后在分类概率图上按类目寻找局部极大值网格（分类概率得分比其八邻域都大的网格），这里相当于在特征图上做非极大值抑制操作。接着，对得到的每个极大值网格点$(x, y)$补偿其对应的局部偏移量，得到真实的物体中心点位置$(x + \Delta x, y + \Delta y)$，再结合预测得到的物体宽高$(w, h)$计算出检测框对应的位置，最后乘以下采样率映射回原图得到最终的检测框位置。

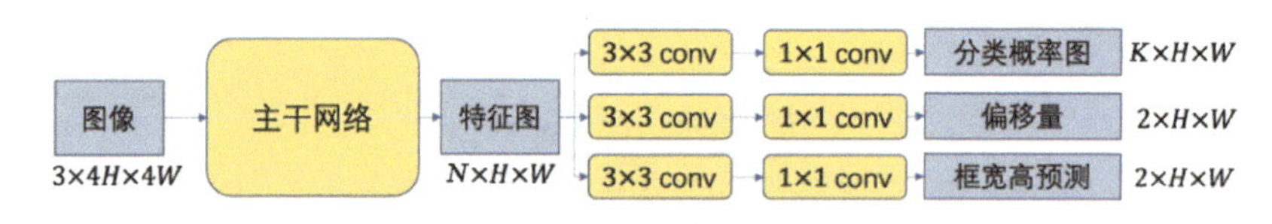


图 4.15 CenterNet 网络结构

在训练过程中，CenterNet 的损失函数主要包含三个部分：第一部分对每个特征点进行分类，采用 Focal 损失函数；第二部分是关键点局部偏移量损失函数，由于下采样的原因，特征图中的特征点与真实检测框中心点存在偏移，以真实偏移量作为目标，利用 $L_1$ 损失函数进行回归；第三部分是检测框大小损失函数，与局部偏移量损失函数一样，其也采用 $L_1$ 损失函数来回归真实检测框的大小。将三部分损失函数加权后进行多任务学习。$L_1$ 损失函数具体计算如下，其中$\hat{x}, x$分别对应某一变量的真实值以及预测值。

$$L_1(\hat{x},x)=\frac{1}{N}\sum_{k=1}^{N}|\hat{x}_k-x_k|$$

CenterNet 通过这种无锚点框的方式，直接对目标框中心点和大小进行预测，避免了检测算法中普遍用到的非极大值抑制操作步骤，提升了处理速度。同时通过使用大分辨率特征图进行预测，最终在精度上也取得了不错的效果。

### 2. FCOS 算法

Fully Convolutional One-Stage Object Detection（以下简称 FCOS）[26]采用主干网络结合特征金字塔的方式来提取特征，并在使用分类和回归分支的基础上，创造性地增加了一条中心度分支以降低低质量检测框带来的影响。

FCOS 的整体网络结构如图 4.16 所示，输入图片首先经过 3 个卷积层 $C_3$、$C_4$ 和 $C_5$，然后结合特征金字塔得到 3 种尺度的特征图 $P_3$、$P_4$ 和 $P_5$（特征金字塔具体细节详见 4.3.3 节的“网络结构”）。然后在 $P_5$ 特征图的基础上下采样两次，分别又得到 $P_6$ 和 $P_7$ 特征图。图 4.16 中第一列分别给出了每个特征图对应的尺寸以及较原图输入（800 像素×1024 像素）的下采样率。如图 4.16 所示，对于每个特征图（$P_3$、$P_4$、$P_5$、$P_6$、$P_7$），FCOS 都会用一组全卷积操作来进行分类、检测框回归和中心度信息的预测，这部分卷积操作也被称为头部网络（Heads）。为了节省参数量，所有头部网络共享一组参数。分类分支（Classification）与 CenterNet 类似，用来预测特征图中每个网格属于 $K$ 类物体的概率，损失函数采用的是 Focal 损失函数。检测框回归分支（Regression）用来预测特征图维度每个网格到检测框四条边（左、右、上、下）的距离$(l,r,t,b)$，其真实值计算方式如下：

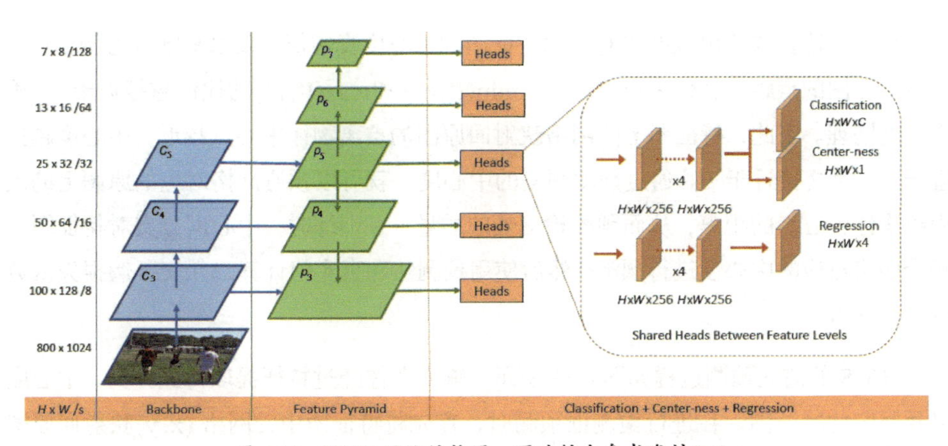


图 4.16 FCOS 网络结构图，图片摘自参考资料[26]

（1）将对应网格坐标$(x,y)$（坐标系原点为特征图左上角）映射到原图上的点$(\left\lfloor\frac{s}{2}\right\rfloor+x\times s,\left\lfloor\frac{s}{2}\right\rfloor+y\times s)$（坐标系原点为原图左上角）。这里$s$表示特征图相对原图的缩小倍数，由于是下采样，故特征图上 1 个网格对应原图上 1 个$s$像素×$s$像素的图像区域。$(x\times s,y\times s)$表示映射回原图对应区域的左上角点，加上$\left\lfloor\frac{s}{2}\right\rfloor$使得映射的点尽可能接近该区域的中心。

（2）得到与物体框四条边的距离$(L^*,R^*,T^*,B^*)$。

（3）将$(L^*,R^*,T^*,B^*)$除以$s$得到特征图维度的回归真实值，即$(l^*,r^*,t^*,b^*)$。

这部分采用的是 IoU 损失函数。假设回归分支对应的预测结果为$(l,r,t,b)$，则根据如下公式计算其特征图维度的 IoU 损失函数。

$$\text{Area}_{\text{intersection}}=(\min(l,l^*)+\min(r,r^*))\times(\min(t,t^*)+\min(b,b^*))$$

$$\text{Area}_{\text{union}}=(l+r)\times(t+b)+(l^*+r^*)\times(t^*+b^*)-\text{Area}_{\text{intersection}}$$

$$\text{IoU Loss}=-\log\frac{\text{Area}_{\text{intersection}}}{\text{Area}_{\text{union}}}$$

在实验中发现，如果仅采用分类和检测框回归分支进行预测，则其性能较基于锚点框的检测器还存在一些差距。分析发现，对应到原图上距离目标物体中心点比较远的网格产生的检测框质量通常都比较差。因此为了抑制这些低质量的检测框，FCOS 增加了中心度（centerness）分支。中心度的定义如下：

$$\text{centerness}^*=\sqrt{\frac{\min(l^*,r^*)}{\max(l^*,r^*)}\times\frac{\min(t^*,b^*)}{\max(t^*,b^*)}}$$

根据上述公式算出该网格对应的特征图的中心度真实值。以水平维度为例，网格映射到原图的点距离物体中心点越近，$\min(l^*,r^*)$ 和$\max(l^*,r^*)$的比值越接近于 1，垂直维度同理。因此，特征图上的网格映射回原图的点离物体中心点越近，中心度越接近于 1，反之接近于 0。通过预测网格的中心度，就可以预测网格对应的原图上的点距离物体中心点的距离，从而预测检测框的质量。在训练时，中心度分支对特征图上每个网格对应的中心度进行预测，然后使用预测值和真实值计算二元交叉熵损失函数以进行学习。

FCOS 的前向预测过程如图 4.17 所示，输入图像经过特征提取得到分类、中心度以及回归的特征图。在进行检测框预测时，首先将特征图中的网格 $(x,y)$映射回原图中点$(\left\lfloor\frac{s}{2}\right\rfloor+x\times s,\left\lfloor\frac{s}{2}\right\rfloor+y\times s)$（$s$表示特征图相对原图的缩小倍数），再使用回归分支预测得到的$(l,r,t,b)$乘以缩小倍数$s$计算出检测框的位置。最后将该网格对应的中心度乘以分类概率$(p_1,p_2,\cdots,p_K)$得到该检测框的置信度。因此，对低质量的检测框，中心度起到降低置信度的作用，从而这些检测框会在非最大值抑制环节被过滤掉。

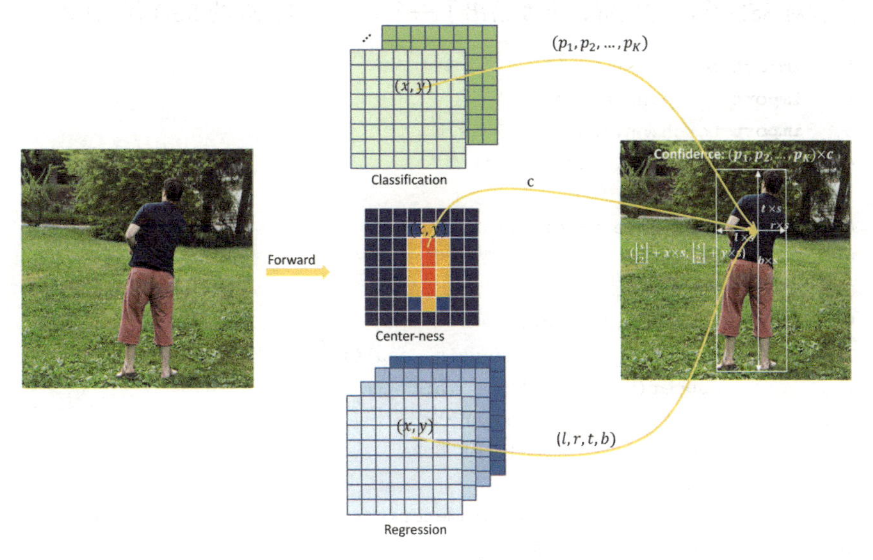


图 4.17　FCOS 前向预测

总体来看，通过去掉使用锚点框的步骤，可以大大节省内存，并加速训练过程。同时在引入中心度分支后，可以极大地抑制低质量检测框所造成的影响，从而提升整体检测精度。

以上所述的两个算法均是单阶段无锚点框的目标检测算法，但是它们的具体思路也都有各自的特点。CenterNet 根据特征图的峰值的位置来选取候选的目标中心点，而 FCOS 则遍历特征图在候选框中的所有点进行预测。此外，CenterNet 仅使用一张缩小四倍的特征图进行结果的预测，而 FCOS 则使用了多达 5 种尺度的特征图进行融合预测。两者都是单阶段无锚点框检测算法中的代表，值得借鉴和学习。

### 4.3.5　小结

单阶段目标检测算法由于不需要复杂的候选框生成等步骤，在实时性要求比较高的场景中得到了广泛的应用。同时，由于单阶段目标检测算法近年来在网络结构、损失函数设计等方面不断改进，因而在公开数据集上其检测精度不断提升，甚至超过了一些简单的两阶段检测算法。

## 4.4 代码实践

SSD是比较有代表性的单阶段目标检测算法，在实际场景中应用非常广泛。为了加深读者对SSD算法的理解，下面给出了一个基于PyTorch的SSD代码示例。

```
1.  import torch
2.  import torch.nn as nn
3.  import torch.nn.functional as F
4.  import torch.nn.init as init
5.  import os
6.  from torchvision import transforms
7.
8.  # 归一化层构建
9.  class L2Norm(nn.Module):
10.     def __init__(self, channels, scale):
11.         super(L2Norm,self).__init__()
12.         self.channels = channels
13.         self.gamma = scale or None
14.         self.eps = 1e-10
15.         self.weight = nn.Parameter(torch.Tensor(self.channels))
16.         self.reset_parameters()
17.    # 使用gamma初始化weight
18.     def reset_parameters(self):
19.         init.constant_(self.weight,self.gamma)
20.    # L2Norm的具体实现
21.     def forward(self, x):
22.    # 获取张量模值
23.         norm = x.pow(2).sum(dim=1, keepdim=True).sqrt()+self.eps
# 为了数值稳定性加上eps
24.         x = torch.div(x,norm)
25.         out = self.weight.unsqueeze(0).unsqueeze(2).unsqueeze(3).expan
d_as(x) * x  # 使用weight参数对归一化后的输入x进行缩放
26.         return out
27.
28. class SSD(nn.Module):
29.     """
30.     ssd网络结构示例
31.     image输入大小为300 x 300 x 3
32.     """
33.
34.     def __init__(self, num_classes=21):
35.         super(SSD, self).__init__()
36.         self.num_classes = num_classes
37.
38.         # SSD 的主干网络构建
```

```
39.         self.vgg = nn.ModuleList([
40.             nn.Conv2d(3, 64, kernel_size=3, stride=1, padding=1),
41.             nn.ReLU(inplace=True),
42.             nn.Conv2d(64, 64, kernel_size=3, stride=1, padding=1),
43.             nn.ReLU(inplace=True),
44.             nn.MaxPool2d(kernel_size=2, stride=2),
45.             nn.Conv2d(64, 128, kernel_size=3, stride=1, padding=1),
46.             nn.ReLU(inplace=True),
47.             nn.Conv2d(128, 128, kernel_size=3, stride=1, padding=1),
48.             nn.ReLU(inplace=True),
49.             nn.MaxPool2d(kernel_size=2, stride=2),
50.             nn.Conv2d(128, 256, kernel_size=3, stride=1, padding=1),
51.             nn.ReLU(inplace=True),
52.             nn.Conv2d(256, 256, kernel_size=3, stride=1, padding=1),
53.             nn.ReLU(inplace=True),
54.             nn.Conv2d(256, 256, kernel_size=3, stride=1, padding=1),
55.             nn.ReLU(inplace=True),
56.             nn.MaxPool2d(kernel_size=2, stride=2, ceil_mode=True),
57.             nn.Conv2d(256, 512, kernel_size=3, stride=1, padding=1),
58.             nn.ReLU(inplace=True),
59.             nn.Conv2d(512, 512, kernel_size=3, stride=1, padding=1),
60.             nn.ReLU(inplace=True),
61.             nn.Conv2d(512, 512, kernel_size=3, stride=1, padding=1),
62.             nn.ReLU(inplace=True), # conv4_3 输出
63.             nn.MaxPool2d(kernel_size=2, stride=2),
64.             nn.Conv2d(512, 512, kernel_size=3, stride=1, padding=1),
65.             nn.ReLU(inplace=True),
66.             nn.Conv2d(512, 512, kernel_size=3, stride=1, padding=1),
67.             nn.ReLU(inplace=True),
68.             nn.Conv2d(512, 512, kernel_size=3, stride=1, padding=1),
69.             nn.ReLU(inplace=True),
70.             nn.MaxPool2d(kernel_size=3, stride=1, padding=1),
71.             nn.Conv2d(512, 1024, kernel_size=3, padding=6, dilation=6),
        # 膨胀卷积层
72.             nn.ReLU(inplace=True),
73.             nn.Conv2d(1024, 1024, kernel_size=1),
74.             nn.ReLU(inplace=True)
75.             ])
76.
77.         # 特征归一化层
78.         self.L2Norm = L2Norm(512, 20)
79.
80.         # 用于处理多尺度特征图
81.         self.feat_layers = nn.ModuleList([
82.             nn.Conv2d(1024, 256, kernel_size=(1, 1), stride=(1, 1)),
83.             nn.Conv2d(256, 512, kernel_size=(3, 3), stride=(2, 2), pad
```

```
ding=(1, 1)),
84.             nn.Conv2d(512, 128, kernel_size=(1, 1), stride=(1, 1)),
85.             nn.Conv2d(128, 256, kernel_size=(3, 3), stride=(2, 2), pad
ding=(1, 1)),
86.             nn.Conv2d(256, 128, kernel_size=(1, 1), stride=(1, 1)),
87.             nn.Conv2d(128, 256, kernel_size=(3, 3), stride=(1, 1)),
88.             nn.Conv2d(256, 128, kernel_size=(1, 1), stride=(1, 1)),
89.             nn.Conv2d(128, 256, kernel_size=(3, 3), stride=(1, 1))
90.             ])
91.
92.         # 用于输出位置信息
93.         self.location_layer = nn.ModuleList([
94.             nn.Conv2d(512, 16, kernel_size=(3, 3), padding=(1, 1)),
95.             nn.Conv2d(1024, 24, kernel_size=(3, 3), padding=(1, 1)),
96.             nn.Conv2d(512, 24, kernel_size=(3, 3), padding=(1, 1)),
97.             nn.Conv2d(256, 24, kernel_size=(3, 3), padding=(1, 1)),
98.             nn.Conv2d(256, 16, kernel_size=(3, 3), padding=(1, 1)),
99.             nn.Conv2d(256, 16, kernel_size=(3, 3), padding=(1, 1))
100.            ])
101.        # 用于输出置信度信息
102.        self.confidence_layer = nn.ModuleList([
103.            nn.Conv2d(512, 84, kernel_size=(3, 3), padding=(1, 1)),
104.            nn.Conv2d(1024, 126, kernel_size=(3, 3), padding=(1, 1)),
105.            nn.Conv2d(512, 126, kernel_size=(3, 3), padding=(1, 1)),
106.            nn.Conv2d(256, 126, kernel_size=(3, 3), padding=(1, 1)),
107.            nn.Conv2d(256, 84, kernel_size=(3, 3), padding=(1, 1)),
108.            nn.Conv2d(256, 84, kernel_size=(3, 3), padding=(1, 1))
109.            ])
110.
111.    def forward(self, x):
112.         # 创建多尺度预测信息存储列表
113.        sources = list()
114.        location = list()
115.        confidence = list()
116.
117.        # 获取vgg主干网络conv4_3层输出的特征信息，通道数为512，缩放尺度为8
118.        for index in range(23):
119.            x = self.vgg[index](x)
120.
121.        norm_feat = self.L2Norm(x)
122.        sources.append(norm_feat)
123.
124.        # 获取vgg主干网络的最终输出，通道数为1024，缩放尺度为16
125.        for index in range(23, len(self.vgg)):
126.            x = self.vgg[index](x)
127.        sources.append(x)
```

```
128.
129.        # 对 vgg 主干网络的输出进行 4 次降采样，得到多尺度特征图
130.        for index, layer_ in enumerate(self.feat_layers):
131.            x = F.relu(layer_(x), inplace=True)
132.            if index % 2 == 1:
133.                sources.append(x)
134.
135.        # 处理多尺度特征图，获得检测框偏移和类别置信度信息
136.        for (x, loc, conf) in zip(sources, self.location_layer, self.c
onfidence_layer):
137.            location.append(loc(x).permute(0, 2, 3, 1).contiguous())
138.            confidence.append(conf(x).permute(0, 2, 3, 1).contiguous())
139.         # 将不同尺度特征图预测到的检测框信息和置信度信息拼接起来
140.        location = torch.cat([ele.view(ele.size(0), -1) for ele in loc
ation], 1)
141.        confidence = torch.cat([ele.view(ele.size(0), -1) for ele in c
onfidence], 1)
142.         # 返回预测的检测框信息和置信度信息
143.        return location.view(location.size(0), -1, 4), confidence.view
(confidence.size(0), -1, self.num_classes)
144.
145. # 初始化网络实例
146. model = SSD()
147.
148. # 读取图片
149. img = Image.open('./test.jpg')
150.
151. # 图片预处理
152. normalize = transforms.Normalize([0.485, 0.456, 0.406],
153.                                  [0.229, 0.224, 0.225])
154. image_transforms = transforms.Compose([
155.             transforms.Resize((300,300)),
156.             transforms.ToTensor(),
157.             normalize])
158. input_tensor = image_transforms(img)
159.
160. # 获取预测结果
161. bbox_pred = model(input_tensor.unsqueeze(0))
```

## 4.5 本章总结

目标检测目前仍然是计算机视觉领域非常活跃的研究方向，而且随着研究的深入，单阶段目标检测算法与两阶段目标检测算法的界限也变得越来越模糊，两种方法

经常相互借鉴，互取所长。虽然现在随着深度学习的快速发展目标检测算法取得了长足的进步，但其在对真实场景中的密集物体、小物体、带遮挡物体的检测等方面仍面临挑战，值得大家继续深入研究。

## 4.6 参考资料


[1] VIOLA, PAUL, MICHAEL J JONES. Robust real-time face detection. International journal of computer vision 57, 2004, 2: 137-154.

[2] SERMANET, PIERRE, DAVID EIGEN, et al. Overfeat: Integrated recognition, localization and detection using convolutional networks. arXiv preprint arXiv:1312.6229 .

[3] GIRSHICK, ROSS, JEFF DONAHUE, et al. Rich feature hierarchies for accurate object detection and semantic segmentation. In Proceedings of the IEEE conference on computer vision and pattern recognition, 2014:580-587.

[4] UIJLINGS, JASPER RR, KOEN EA VAN DE SANDE, et al. Selective Search for object recognition. International journal of computer vision 104, 2013, 2:154-171.

[5] ZITNICK C LAWRENCE, PIOTR DOLLÁR. Edge boxes: Locating object proposals from edges. In European conference on computer vision. Cham:Springer, 2014:391-405.

[6] FELZENSZWALB PEDRO F, DANIEL P HUTTENLOCHER. Efficient graph-based image segmentation. International journal of computer vision 59, 2004,2:167-181.

[7] HE KAIMING, XIANGYU ZHANG, SHAOQING REN, et al. Spatial pyramid pooling in deep convolutional networks for visual recognition. IEEE transactions on pattern analysis and machine intelligence 37, 2015,9:1904-1916.

[8] GIRSHICK, ROSS. Fast r-cnn. In Proceedings of the IEEE international conference on computer vision, 2015:1440-1448.

[9] WU X, SAHOO D, HOI S C H. Recent advances in deep learning for object detection[J]. Neurocomputing, 2020.

[10] KRIZHEVSKY, ALEX, ILYA SUTSKEVER, et al. Imagenet classification with deep convolutional neural networks. In Advances in neural information processing systems, 2012:1097-1105.

[11] HOERL ARTHUR E, ROBERT W KENNARD. Ridge regression: Biased estimation for nonorthogonal problems. Technometrics 12, 1970,1: 55-67.

[12] SIMONYAN KAREN, ANDREW ZISSERMAN. Very deep convolutional networks for large-scale image recognition. arXiv preprint arXiv:1409.1556 .

[13] REN SHAOQING, KAIMING HE, ROSS GIRSHICK, et al. Faster r-cnn: Towards real-time object detection with region proposal networks. In Advances in neural information processing systems, 2015:91-99..

[14] CAI ZHAOWEI, NUNO VASCONCELOS. Cascade r-cnn: Delving into high quality object detection. In Proceedings of the IEEE conference on computer vision and pattern recognition, 2018:6154-6162..

[15] LIU WEI, DRAGOMIR ANGUELOV, DUMITRU ERHAN, et al. Ssd: Single shot multibox detector. In European conference on computer vision. Cham:Springer, 2016:21-37.

[16] LIN TSUNGYI, PRIYA GOYAL, ROSS GIRSHICK, et al. Focal loss for dense object detection. In Proceedings of the IEEE international conference on computer vision, 2017: 2980-2988.

[17] EVERINGHAM, MARK. The pascal visual object classes (voc) challenge. International journal of computer vision 88.2 , 2010: 303-338.

[18] LIN TSUNGYI, MICHAEL MAIRE, SERGE BELONGIE, et al. Microsoft coco: Common objects in context. In European conference on computer vision. Cham:Springer, 2014: 740-755.

[19] SZEGEDY, CHRISTIAN, WEI LIU, ET AL. Going deeper with convolutions. In Proceedings of the IEEE conference on computer vision and pattern recognition, 2015:1-9.

[20] DENG JIA, WEI DONG, RICHARD SOCHER, et al. Imagenet: A large-scale hierarchical image database. In 2009 IEEE conference on computer vision and pattern recognition.IEEE, 2009:248-255.

[21] LAW, HEI, JIA DENG. Cornernet: Detecting objects as paired keypoints. In Proceedings of the European Conference on Computer Vision (ECCV), 2018:734-750.

[22] LIN TSUNG-YI, PIOTR DOLLÁR, ROSS GIRSHICK, et al. Feature pyramid networks for object detection. In Proceedings of the IEEE conference on computer vision and pattern recognition, 2017:2117-2125.

[23] HE KAIMING, GEORGIA GKIOXARI, PIOTR DOLLÁR, et al. Mask r-cnn. In Proceedings of the IEEE international conference on computer vision, 2017:2961-2969.

[24] REDMON, JOSEPH, SANTOSH DIVVALA, et al. You only look once: Unified, real-time object detection. In Proceedings of the IEEE conference on computer vision and pattern recognition, 2016:779-788.

[25] ZHOU XINGYI, DEQUAN WANG, PHILIPP KRÄHENBÜHL. Objects as points. arXiv preprint arXiv:1904.07850.

[26] TIAN, ZHI, ET AL. FCOS: Fully Convolutional One-Stage Object Detection.arXiv preprint arXiv:1904.01355.

[27] HEI LAW, JIA DENG. CornerNet: Detecting Objects as Paired Keypoints. ECCV (14) 2018: 765-781.

# 5 图像分割

## 5.1 概述

图像分割就是根据指定要求，将输入图像中的所有像素进行划分。常见的图像分割任务有语义分割和实例分割两类。如图 5.1 所示，图像语义分割是将所有像素按照类别划分，重点在于对类别层面像素的理解，比如为图中人、多只羊、狗以及背景的像素分别打上对应的标记。图像实例分割是将所有像素按照所属主体进行划分，重点在于对主体归属层面像素的理解，比如为图中属于不同的目标主体的像素打上不一样的标记。

图 5.1　输入图像（左）及对应的语义分割（中）和实例分割（右）结果，图片摘自 COCO[17]

在深度学习流行之前，基于概率图模型的图像分割方法取得了不错的分割效果，但是由于每次处理一张图像都需要解决一个优化问题，因此模型推理速度并不快，处理一张图像大约需要 200 ms。近年来，随着深度学习的发展，图像分割技术也取得了长足的进步，尤其在语义分割和实例分割这两个主流方向。基于卷积神经网络的算法模型的各类精度指标获得了显著提升，这极大地推动了分割技术在实际应用中的落地。另外，卷积神经网络在刷新分割算法精度指标的同时，也积淀了一些影响很大的其他视觉领域的重要概念。比如全卷积神经网络（见 5.2.2 节），将 CNN 从固定分辨率图像输入的限制中解放出来；又如空洞卷积（Dilated Convolution）（见 5.2.3 节），可以解决 CNN 输入分辨率过低的问题；再如“自上而下的多层特征融合”（见 5.2.4 节），已经是所有卷积神经网络特征融合的标准手段。

基于以上两点，本章以分割技术为切入点，来解释一些重要技术概念。内容按照应用方向分成两部分：语义分割和实例分割。

## 5.2 语义分割

### 5.2.1 概述

语义分割是计算机视觉领域中的一个非常重要的基础分支，其目标是将输入图片的像素进行分类。如图 5.2 所示，左图和右图分别为语义分割模型的输入和输出，右图中不同的颜色表示不同的类别。语义分割有很多重要的实际应用，比如自动驾驶领域中的道路及交通线检测、医学图像领域中的肿瘤检测、土地使用率检测等。该任务是计算机视觉领域一个活跃的研究方向，例如视觉领域中最著名的 ILSVRC 也包含了该任务[1]。同时很多工作也提出了与该任务对应的公开数据集，如 PASCAL VOC[2]和 Microsoft COCO[17]。以 PASCAL VOC 为例，常用的语义分割训练集包含了来自 20 个前景类别的 10 582 张训练图片、1449 张验证图片和 1456 张测试图片。而 Microsoft COCO 由于标注数据中的掩膜边缘不够精细，一般只用来进行模型预训练，常用的训练集包括约 6 万张图片。

语义分割常用的评价指标是 mean IU，有时也称作 mean IoU，IoU 是 Intersection over Union 的缩写，即交集除以并集，中文简称“交并比”：

$$\text{mean IU} = \frac{1}{n_{\text{cl}}}\sum_i \frac{n_{ii}}{t_i + \sum_j n_{ji} - n_{ii}}$$

其中，$n_{\text{cl}}$是类别总数，$n_{ij}$是将第 $i$ 类的像素预测为第 $j$ 类的次数，$t_i$是标注数据中所有第 $i$ 类像素点的个数。上式中$n_{ii}$表示“人工标注为第 $i$ 类的像素集合”与“模型预测为第 $i$ 类的像素集合”的交集，$t_i + \sum_j n_{ji} - n_{ii}$则代表了两者的并集，这就是“交并比”名称的由来。

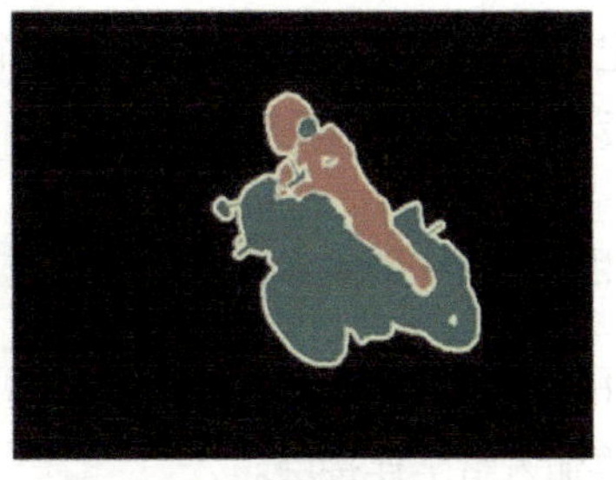

图 5.2　左图和右图分别为语义分割模型的输入和输出，右图用不同的颜色表示不同的类别

从本质上讲，语义分割任务是一个像素级的分类任务，但是由于任务本身的特点，在分类的同时，还要考虑其他因素，比如分割模型输出的标记个数要与原图的像素个数一致。基于深度学习的图像语义分割模型存在两个问题：

- 图像中的像素数量是巨大的。比如一张 648 像素×480 像素的图像（这个分辨率在如今已经是非常低了），共有约 3.1 万个像素。因此一般基于卷积神经网络的图像语义分割模型，都会对图像或者特征图进行下采样，但是这又带来另一个问题，经过下采样所得的图像、特征图，其分辨率也是非常低的，丢失了很多局部细节，即使放大到原图分辨率，结果也是非常“模糊”的。因此有不少人着手解决语义分割后分辨率低的问题，相关工作参考 5.2.3、5.2.4 节。
- 像素点的分类彼此之间并不是独立的。图片中任意一个像素，其本身并不具备足够的“语义信息”，将单独一个像素拿出来，很难甚至无法确定该像素是来自一个人，还是一辆摩托车，需要综合考虑该像素点周边像素信息来共同判断。在目前最优的图像语义分割模型中，有相关模块负责建模像素的上下文信息，并且实验证明该模块对分割结果有着非常显著的提升。相关工作参考本章 5.2.5~5.2.8 节。

接下来，先介绍全卷积神经网络，这是目前所有基于深度学习的语义分割模型的基础结构。之后，针对上文提到的两个问题，分别分析现有工作是如何解决的。最后，为了方便读者能够快速上手，也在本章末尾提供了一个经典语义分割模型 DeepLab v3 的结构代码。

### 5.2.2　全卷积神经网络

目前几乎所有的神经网络都是由几个常见的模块组件成的：卷积层、池化层、全连接层、非线性层等。其中全连接层是对输入特征向量做矩阵乘法，由于参数矩阵的维度是固定的，因此全连接层要求输入特征维度也是固定的。为了满足这个要求，一般在网络设计时会采用两种手段：

- 使用固定尺寸的图像输入，如常见的224 像素 × 224 像素。
- 使用全局平均池化等全局特征表示手段，将 CNN 的特征图映射到固定维度之后再输入给全连接层。

上述两种做法对于语义分割任务来说都是不可取的。首先224 像素 × 224 像素的分辨率是非常低的，会丢失很多细节信息，导致对边缘区域预测不准，当然也可以专门设计一个大分辨率输入，但是这样全连接层的参数会增加许多。然后，语义分割是针对每个像素点（或局部区域）进行分类的，需要对不同的像素点（或局部区域）进行单独的特征表示，而使用全局平均池化操作得到的全局特征无法满足此要求。

全卷积神经网络（FCN）[4]提出去掉网络中的全连接层，改用卷积层实现，使得模型能够接受不同大小的图像作为输入，在语义分割数据集上取得了最优的效果。

如图 5.3 所示，全卷积神经网络由卷积层、非线性层、池化层构成，没有全连接层。在计算特征图的过程中，虽然输入图像会被下采样，但是可以通过双线性插值，得到和原始图像输入大小一致的输出。

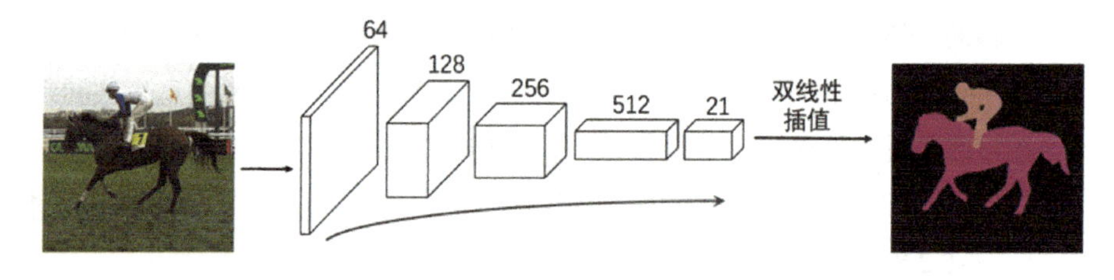


图 5.3 全卷积神经网络

值得注意的是，常用的预训练模型，如 VGG16，会有 3 个全连接层，那么在将其转换成全卷积神经网络的过程中，需要将 3 个全连接层转换成卷积层。FCN[4]将预训练模型中的全连接层看作卷积核大小与输入特征大小一样的卷积层，从而完成全连接层到卷积层的参数转换。如 VGG16 的 FC6 层（输入 25 088 维特征，输出 4096 维特征），其可以被看作卷积核长宽为 7、输入通道数为 512、输出通道数为 4096 的卷积层[1]，因此将 FC6 的参数按顺序赋值给全卷积神经网络对应的卷积层即可。

1 可以看到，$25088 \times 4096 = 7 \times 7 \times 512 \times 4096$，转换前后参数量不变。

上文提到，输入图像在前向计算的过程中，会被下采样数倍，导致最终的特征图维度非常低，失去过多的位置信息。为解决该问题，FCN 提出使用低层卷积特征，提供具体的位置信息。具体方式如图 5.4 所示。通过引入分辨率较高的低层特征，能够显著提升全卷积神经网络的分割精度。

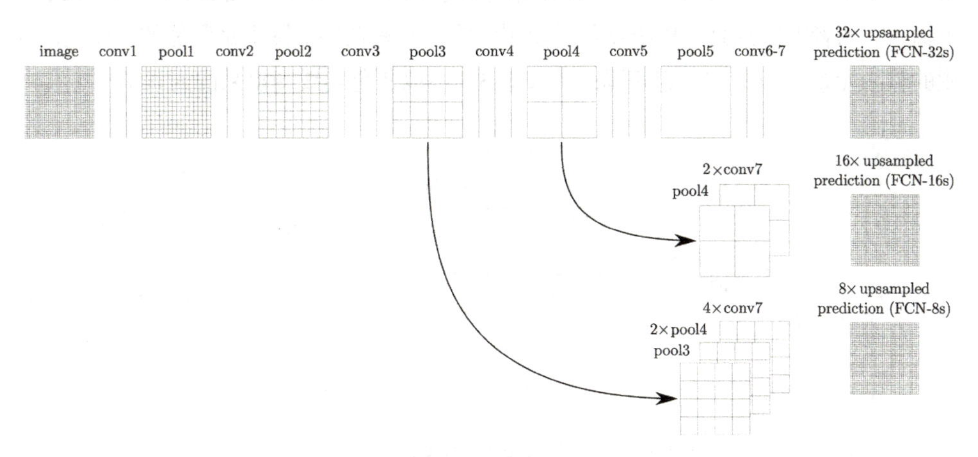


图 5.4　多尺度预测，图片摘自参考资料[4]

### 5.2.3　空洞卷积

上文提到，由于现在常见的 CNN 都存在下采样的操作，导致模型最终输出的分辨率非常低，虽然 FCN 使用多层特征融合的方法缓解了这一问题，但是 CNN 的低层特征并没有足够的语义信息，因此效果有限。那么如何在保证语义信息的同时，维持足够高分辨率的特征？DeepLab[5]与 Dilated Convolution[6]（空洞卷积）给出了一个不错的解决方法[1]。

可以发现，在常见 CNN 中之所以特征分辨率会下降，主要是由于池化层以及卷积层中的 stride 参数的存在，如图 5.5（左）所示，输入一个$6\times6$的特征图，经过一个 stride=2 的池化层，输出分辨率变为$3\times3$。为了避免分辨率降低，最直接的方法当然是将 stride 设置为 1。如图 5.5（右）所示，输入一个$7\times7$的特征图（这里为了方便后续说明，比之前的$6\times6$输入多了 1 行和 1 列，但是相同下标的元素值是一样的），输出一个$6\times6$的特征图。但是这样会带来两个问题：大幅减小 CNN 的感受野，同时

1　两篇文章思路基本一致，且文章[5]发表在先，不过在主流深度学习框架中使用的是文章[6]中的命名方式。为了方便读者结合实际代码，本书使用文章[6]中的命名方式。

打乱原始预训练模型的函数映射关系。空洞卷积就是为了解决上述两个问题而被提出的。

具体如图 5.5（右图）所示，为了保证感受野和计算一致性，空洞卷积使用蓝色实线圈出来的元素作为第一组输入，而非传统卷积那样使用完全相邻的3 × 3个元素作为输入。两者的区别是，传统卷积层使用的输入元素在特征图上是紧邻的，而空洞卷积的输入元素之间是有一定间隔的（如图 5.5 中以蓝色实线圈出来的元素）。

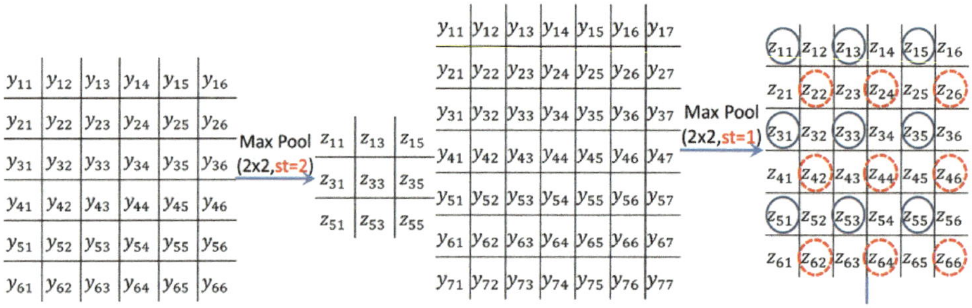

图 5.5 stride=2 的池化（左）与 stride=1 的池化（右），图片摘自参考资料[7]

空洞卷积首先在图像语义分割领域取得了显著的效果，随后也被广泛应用于图像目标检测、实例分割等领域，因为这些领域都面临着小目标定位困难的问题。

### 5.2.4 U-Net 结构

空洞卷积虽然显著缓解了 CNN 的高层语义特征分辨率低的问题，但是带来了另一个问题，就是计算量过大。一般而言，CNN 高层特征图的通道数量一般都非常多，而使用空洞卷积将特征图的长宽各扩大 2 倍之后，整体计算量就会是原来的 4 倍。虽然提高了分辨率，但是也使计算量显著提升，因此在使用中一般仅使用 1 ~ 2 次空洞卷积。

U-Net[8]试图从特征重用的角度，解决 CNN 最终输出特征分辨率较低的问题。具体就是，CNN 浅层输出的特征图分辨率一般较高，但是缺乏高层语义信息，而 CNN 高层输出的特征图分辨率一般较低，但是富含语义信息。U-Net 从特征融合的角度，将浅层信息与高层信息融合，在分割任务上取得了显著的效果提升。如图 5.6 所示，左上角特征图代表图像输入，按照“U”型的路线进行计算后，得到右上角的分割结果，水平高度相同的特征图的长、宽都相等，但是左边的特征图感受野较小，局部细节丰富，而右边的特征图感受野较大，语义信息丰富，因此 U-Net 将两者拼接或相加进行特征融合，得到兼具局部细节信息和语义信息的特征。

U-Net 背后的自上而下结构设计思想在目前多个任务的最优模型中都有体现。例如在目标检测领域，同样面临着小物体检测困难的问题，参考资料[9]中提出的特征金字塔网络（Feature Pyramid Network）也是利用高层特征与底层特征融合的方法，获得高分辨率的特征图的。

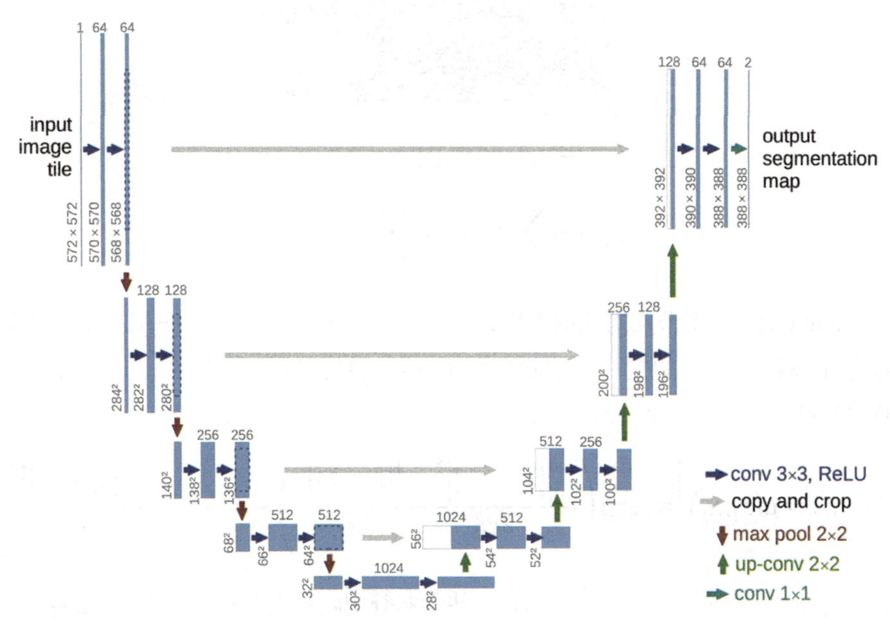


图 5.6 U-Net 结构示意图，图片摘自参考资料[8]

### 5.2.5 条件随机场关系建模

对于图像语义分割任务来说，图像中每一个像素都会对应一个预测结果，不同位置的预测结果之间显然是存在关系的，比如，如果部分像素被预测为“飞机”，那么图中出现“天空”类别像素的概率肯定是比较高的，而出现“鱼”类别像素的概率肯定是比较低的，这是因为根据正常的先验概率，“飞机”和“鱼”两类物体很难出现在一起。为了显式地对这种关系之间的先验知识进行建模，一些人在图像语义分割任务中引入条件随机场模型。

条件随机场（Conditional Random Field，CRF）是概率图模型的一种，全连接条件随机场（Fully Connected CRF）是图像语义分割中一种常用的 CRF 模型。全连接指的是，模型考虑了任意两个变量之间的共存关系。如图 5.7 所示，每个点表示一个像素对应的预测变量。模型通过最小化能量函数$E(x)$，来最大化所有像素点预测结果组合的似然概率：

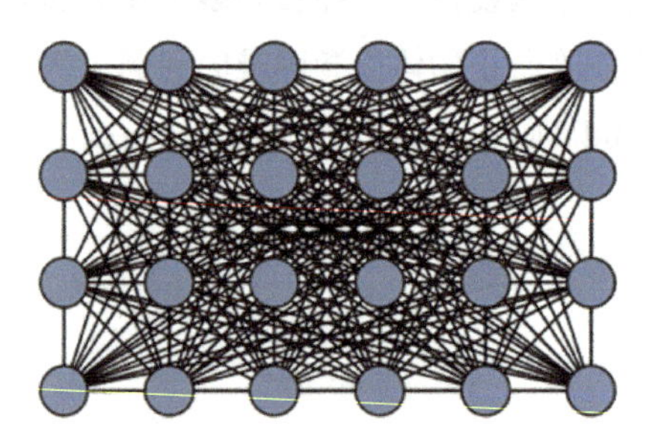

图 5.7　全连接条件随机场

$$E(x)=\sum_i \theta_i(x_i)+\sum_{ij}\theta_{ij}(x_i,x_j)$$

其中，变量$x_i$是第 $i$ 个节点对应的类别，$\theta_i(x_i)=-\log(P(x_i))$，而$P(x_i)$是 FCN 分割模型的输出，表示节点 $i$ 的类别为$x_i$的概率。$\theta_{ij}(x_i,x_j)$其实是根据节点 $i$ 与节点 $j$ 分类结果的“兼容性”来决定是否对模型进行“惩罚”，具体形式如下：

$$\theta_{ij}(x_i,x_j)=\mu(x_i,x_j)\left[w_1\exp\left(-\frac{\left\|p_i-p_j\right\|^2}{2\sigma_\alpha^2}-\frac{\left\|I_i-I_j\right\|^2}{2\sigma_\beta^2}\right)+w_2\exp\left(-\frac{\left\|p_i-p_j\right\|^2}{2\sigma_\gamma^2}\right)\right]$$

其中，$\mu(x_i,x_j)$表示两个节点是否兼容，如果兼容则$\mu(x_i,x_j)=0$，否则$\mu(x_i,x_j)=1$，中括号内的内容表示不兼容时对应的“惩罚”。

当$x_i=x_j$时，$\mu(x_i,x_j)=0$。此时$\theta_{ij}(x_i,x_j)=0$，可以理解为，当节点 $i$ 和节点 $j$ 被赋予相同的类别时，它们一定是“兼容的”，不应该被惩罚。

而当$x_i\neq x_j$时，$\mu(x_i,x_j)=1$。此时如果两个节点相距很近（即$\left\|p_i-p_j\right\|^2$值很小），或者两个节点对应的像素值很像（即$\left\|I_i-I_j\right\|^2$很小），则此时$\theta_{ij}(x_i,x_j)$的值会很大，即“惩罚”很大。因为这种情况违反了一个直观先验知识：距离近且像素值相似的两个像素大概率来自同一个物体，对应同一个类别。

DeepLab v1[5]将全连接条件随机场作为一个后处理工具，当 FCN 得到语义分割的结果之后，将每个位置的分割结果、概率值作为全连接条件随机场的输入，然后最小化上述能量值，得到一个考虑全局预测结果似然概率的最终输出。

条件随机场在一定程度上为全图预测结果之间的关系建模提供了一个可行的方

法，但是该方法存在明显的弊端，比如参考资料[5]中仅仅将条件随机场作为一个后处理工具，与 FCN 的网络参数学习是两个独立的阶段，这一点与现在深度学习中端到端训练的共识相违背，因此参考资料[11]中提出将 CRF 嵌入神经网络参数学习的过程中，并且把 CRF 迭代的过程形式化成一个 RNN 推理的过程，做到端到端训练。

### 5.2.6 Look Wider to See Better

条件随机场虽然在一定程度上为全图预测结果之间的关系建模提供了一个可行的方法，但是计算量大，每次预测其实是通过迭代解决一个优化问题。因此在流行一段时间之后，并没有成为通用的解决手段。同时，研究人员发现其实可以通过增大神经网络的感受野，由网络来学习不同位置预测结果的“兼容性”。

对于一般的全卷积神经网络，为了将$H \times W \times C$的特征图映射到$H \times W \times K$，其中$K$是语义分割对应的类别个数（包括背景），最后一层分类器一般是一个卷积核长宽为$1 \times 1$或$3 \times 3$、输入通道数为 $C$、输出通道数为 $K$ 的卷积层。尽管对于现在最优的 CNN 模型来说，理论上感受野一般有一百多甚至数百个像素，但是相关研究发现实际的感受野可能远比理论感受野要小。因此为了增大网络的感受野，一些研究在网络中加入上下文信息模块，以提高特征的感受野。

ParseNet[12]使用一个简单有效的全局信息构建模型，极大地提升了特征的感受野（即 ParseNet[12]所提出的 look wider）。如图 5.8 所示，由于网络最终输出特征的感受野受限，FCN 将输入图片中猫的一部分像素识别为其他物体。这样的错误其实也比较好理解，因为即使对于人类来说，在很多情况下，如果不能看到物体的全部，也难免会做出错误的判断，如“盲人摸象”之类的错误。ParseNet 基于此思想，将网络输出的特征图进行全局池化（即图中的步骤(1)），并对全局池化得到的向量进行归一化（即图中的步骤(2)），然后用最近邻插值法将该向量上采样到原始特征图尺寸（即图中的步骤(3)），与原始特征图拼接。这样每个特征描述子不仅对局部有了较好的描述，还对图像的全局信息有了表示，从而帮助模型做出正确的判断。

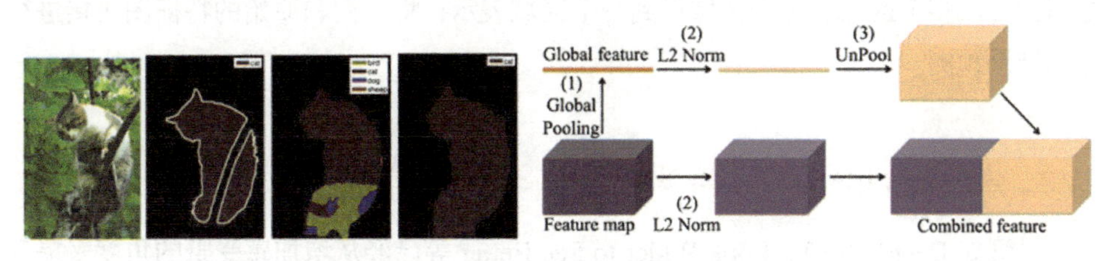


图 5.8　ParseNet，图片摘自参考资料[12]

## 5.2.7 Atrous Spatial Pyramid Pooling 算法

ParseNet 在扩大网络感受野、增加特征全局信息方面有比较好的效果，但是经过全局池化之后，特征仅仅提供最粗粒度的全局信息。参考资料[5]中提出的 Atrous Spatial Pyramid Pooling（ASPP）算法则是从多个尺度上挖掘上下文信息。

如图 5.9 所示，Atrous Spatial Pyramid Pooling[5]算法的主要思想是，每个$3 \times 3$卷积的输入是在原始的特征图之上，聚合多个尺度的特征，这一方面引入多尺度的特征，另一方面极大地增加了分割模型的感受野。具体来说，给定一个$H \times W \times C$的特征图，ASPP 分别使用 dilation（空洞间隔）为 6、12、18、24 的四个$3 \times 3$卷积，在原始的特征图上进行计算，然后将输出相加（拼接也可以），再经过一些卷积映射之后，得到最终的分割输出。这里最核心的操作是四个不同 dilation 的$3 \times 3$卷积，它们各自输入的数据不同。比如 dilation=24 的卷积，对应到输入特征图中，覆盖了$49 \times 49$（$49 = 24 \times 2 + 1$）这么大块的范围，表示的是较全局的信息；而 dilation=6 的卷积，覆盖的范围是$13 \times 13$，相对较小，表示的是较局部的信息。相比于 ParseNet 使用全局池化之后的特征，ASPP 从 4 个尺度上入手，增加不同尺度的上下文信息。

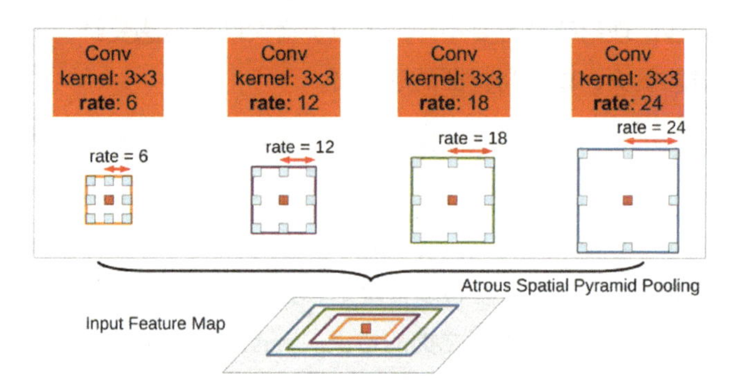


图 5.9 Atrous Spatial Pyramid Pooling 算法，图片摘自参考资料[5]

目前还有很多关于最优模型的工作，其核心的思想就是从增加特征上下文信息的角度入手，比如 Pyramid Scene Parsing Network[13]，将 ParseNet 中的思想加以推广，把图像分成多个区域，每个区域得到一个区域表示，将它们和原始的特征图拼接进行分割结果预测。

## 5.2.8 Context Encoding for Semantic Segmentation

尽管如 DeepLab v3、Look Wider to See Better 等已经从增加感受野的角度来提升

网络的语义分割性能。以 Look Wider to See Better 为例，使用简单的全局平均池化操作对全局信息进行刻画显然会丢掉过多的细节，因此如何更好地对上下文信息进行特征表示，如何使用上下文信息对语义分割进行指导，仍是一个值得深入探讨的问题。Context Encoding for Semantic Segmentation[14]从这两个角度进行了比较深入的探讨。

### 1. 全局平均池化之外的方法

目前在深度学习中，常用的全局信息编码方式主要是全局平均池化。但是，对图像进行全局特征表示并不是一个很新的话题，在深度学习流行之前，手工设计的特征描述子是每个计算机视觉系统必不可少的部分。以 SIFT 描述子为例，每张图片可能会输出几百甚至上千个 SIFT 描述子，假设我们要对图像进行分类，那么如何使用这么多描述子？简单的方法是把所有的描述子拼接起来，但是这样存在两个非常严重的问题：

- 由于每张图片的关键点个数并不一致，因此每张图片的描述子个数也不同，直接拼接会导致不同图片的特征维度不同。
- 即使可以通过 dense SIFT 等手段，采取固定的步长对固定大小的图片（可以通过缩放将图片的尺寸统一）进行特征处理，得到维度一致的特征向量，但是这样拼接起来的特征并不具备平移不变、翻转不变等特性，因此并不是好的全局特征池化方式。

为了解决上述问题，为图像找到合适的全局特征表示方法，有不少工作研究如何对图像的局部描述子进行无序的池化，得到一个固定长度的特征向量。比较有代表性的是 BoW[25]、VLAD[23]、Fisher Vector[24]系列方法。比如 BoW 方法，可以理解为一种直方图统计信息方法，先将训练集中的所有局部特征进行聚类，得到 $K$ 个簇中心，相当于直方图中的 $K$ 个桶，然后对于每个测试图像，提取完所有的局部特征之后，对于每一个局部特征向量，找出它与哪个簇中心最近，然后该簇中心对应的直方图桶就计数加 1，最后将得到的直方图信息作为该测试图片的全局特征。

### 2. EncNet 结构

本节介绍的 EncNet，与之前几个工作不同，它并不是使用简单的全局平均池化方法，而是在 VLAD 的思路上，做了些改进，来编码图像的上下文信息。全局特征的编码方式并不是本章的重点，因此这部分不再赘述，只介绍 EncNet 如何使用得到的全局特征向量。

如图 5.10 所示，输入一张图片，EncNet 首先使用 CNN 对其进行特征提取，得到一个$H \times W \times C$的特征张量。一般在全局特征编码时会将特征张量$H \times W \times C$看作$H \times W = N$个$C$维特征向量，记作：

$$X = \{\boldsymbol{x}_1, \boldsymbol{x}_2, \boldsymbol{x}_3, \cdots, \boldsymbol{x}_N\}$$

然后对于训练集中所有的图片，计算每张图片的$X$，再使用聚类方法将所有特征向量聚成 $K$ 个簇，每个簇中心记作：

$$D = \{\boldsymbol{d}_1, \boldsymbol{d}_2, \boldsymbol{d}_3, \cdots, \boldsymbol{d}_K\}$$

然后对于每张测试图片，在特征编码时，首先计算其对应的$X$。$X$对应的全局特征表示是：

$$\boldsymbol{e} = \sum_{k=1}^{K} \emptyset(\boldsymbol{e}_k) = \sum_{k=1}^{K} \emptyset(\sum_{i=1}^{N} \boldsymbol{e}_{ik})$$

其中，

$$\boldsymbol{e}_{ik} = \frac{\exp(-s_k||\boldsymbol{r}_{ik}||^2)}{\sum_{j=1}^{K} \exp(-s_j||\boldsymbol{r}_{ij}||^2)} \boldsymbol{r}_{ik}$$

式中，$\boldsymbol{r}_{ik}$表示第 $i$ 个特征向量$\boldsymbol{x}_i$与第 $k$ 个簇中心的残差，$\boldsymbol{r}_{ik}=\boldsymbol{x}_i - \boldsymbol{d}_k$。$s_k$表示第 $k$ 个簇中心的“光滑系数”，通俗来说表示特征属于不同簇中心的先验值。$\emptyset$表示批归一化+relu 操作。

Context Encoding[14]对全局信息进行编码之后，将全局信息再做两层非线性映射，得到一个通道维度的注意力（见图 5.10 中 $C$×1×1 的彩色向量）。利用该注意力对原特征张量进行加权。实际训练中，为了帮助学习全局信息，上下文编码模块除了参与分割损失函数的梯度传播，还会单独使用一个分类损失函数（如图 5.10 中的 SE 损失函数）来辅助训练。

回顾 EncNet 之前的语义分割模型，上下文特征的引入主要依靠“拼接”操作，而 EncNet 使用的通道注意力则可以在不增加特征维度和模型复杂度的情况下，为特征张量提供上下文信息。

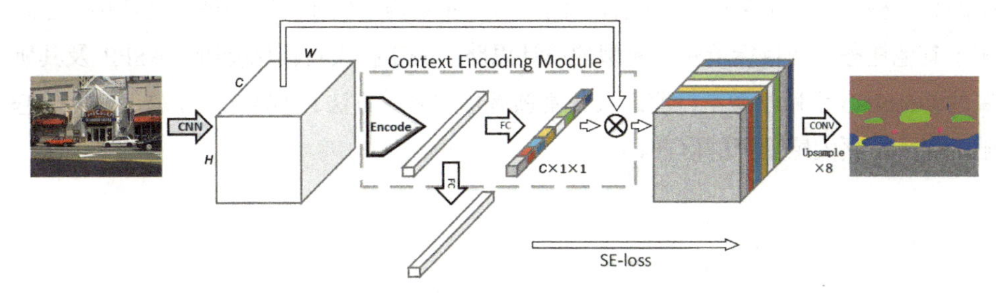


图 5.10 EncNet 模型结构，图片摘自参考资料[14]

## 5.2.9 多卡同步批归一化

批归一化层已经成为目前所有主流 CNN 模型的标配。在训练过程中，批归一化会利用当前批量内所有样本来计算每个通道的均值、标准差。对于语义分割模型来说，由于一般输入图片的分辨率较大（如512 像素 × 512 像素），所以当网络较深时，由于显存大小的限制，一块 GPU 上很可能只能放不到 10 张训练样本。这给批归一化层带来了限制，因为当单块 GPU 上样本数量较少时，得到的均值、标准差波动比较大，并不能很好地近似期望值，很多论文都选择在训练的时候固定住批归一化层的参数，这让批归一化失去了原本归一化的作用，因此这些论文都使用较小的学习率进行微调。这样不仅训练周期长，还会有训练不充分的问题。

为了解决该问题，参考资料[13]中提出一种多卡同步批归一化的操作。在训练过程中，每当批归一化层需要计算均值、标准差的时候，会将所有卡上的样本考虑进来，计算整批数据（而非单张卡上的均值、标准差）。实践证明，该方法使语义分割模型有较明显的提升，具体请阅读参考资料[13]。

值得注意的是，在图像目标检测任务中，多卡同步批归一化操作也能够显著地提高模型精度，著名的目标检测学术竞赛 Microsoft COCO 2017 年的比赛冠军队伍就使用了多卡同步批归一化的思想，获得了明显的精度提升，详情请阅读参考资料[15]。

## 5.2.10 小结

总结来说，语义分割模型大多从两个思路来提升分割精度：提升特征分辨率和扩大特征感受野。提升特征分辨率最直接的方法是减小模型 stride 参数和使用空洞卷积来实现，但是由于该操作带来的计算量巨大，在实际中使用的并不多。提升特征分辨率的另一种方法就是多层特征融合，比如 U-Net 结构不仅在分割中被广泛使用，还影响了其他任务（如目标检测）模型的设计思路。关于扩大特征感受野，ASPP 及其所属的 DeepLab 系列模型是目前语义分割领域最知名的方法，这类方法在局部信息的基础上引入了更大感受野的信息。

## 5.3 实例分割

### 5.3.1 概述

语义分割是对图像中每个像素进行类别预测。对于图片中存在的多个同种物体，如图 5.1 中左图的绵羊，其并不区分像素来自于图中哪一个主体。但是很多应用需要对图中每一个主体分别进行分割，即所谓的实例分割。如图 5.1 中右图所示，对于图中所有属于“绵羊”类别的像素，语义分割的输出都一样，但是实例分割却能够区分每个主体。

实例分割常用的数据集是 Microsoft COCO[17]，其中 COCO 2017 数据集包含了 11.8 万张训练图片，5 千张验证图片和 4.1 万张测试图片，是一个数据量相对较大的公开数据集。实例分割任务的评测指标与目标检测类似，也是平均准确率，区别在于，目标检测在判断一个预测结果是否正确时，用的是两个检测框之间的 IoU，而实例分割用的是两个掩膜（mask）之间的 IoU。它们的相同之处在于，都要计算如下指标：

$$\mathrm{IoU} = \frac{s_1 \cap s_2}{s_1 \cup s_2}$$

不同之处在于，对于检测来说，$s_1$、$s_2$是检测框对应的矩形区域，而对于分割来说，$s_1$、$s_2$是分割模型对应的掩膜。

由上述可见，语义分割的模型往往都比较简洁，基本都是一个“全卷积网络”结构，这对于模型训练和部署来说都是非常方便的。而本节介绍的实例分割，从当前主流的解决方案来看，则非常接近于两阶段的目标检测模型。

在实例分割方面，FCIS[20]较早地提出一个比较巧妙的框架，将检测和分割两个任务的模型尽可能地融合到一起，取得了非常不错的结果。之后 Mask R-CNN[18]在两阶段检测模型的基础上，加入掩膜预测分支，构建了一个简捷但是非常高效的实例分割框架，目前其成为了实例分割的通用框架。本节首先回顾这两种分割框架，然后对目前 Mask R-CNN 的主要改进之一：Hybrid Task Cascade[22]做一个简单的介绍。

### 5.3.2 FCIS

#### 1. 位置敏感得分张量（Position Sensitive Score Map）

在语义分割模型中，强调的是模型的平移不变性。简单来说，图像中的每一个像素，无论将它放在哪一个 ROI（此处 ROI 指每个主体的边界框）中考虑，其类别都是不变的。但是在实例分割任务中却不是这样，例如图 5.11 右图中所示绵羊身上使用红色三角形标记出来的像素，当将其放在该绵羊对应的边界框内考虑时，类别应该是前景。但是如果放在人对应的边界框内考虑时，应该是背景。

为了处理上述问题，FCIS 沿用了参考资料[21]中提出的位置敏感得分张量技术，并结合对应的 ROI 对像素进行特征表示。如图 5.11 所示，模型总共预测了 3×3 个得分张量。当我们需要知道图中最右边的 ROI 区域（即检测候选区，详见本书 4.2.1 节中有关候选框生成的相关内容）的预测结果时，模型首先会把该 ROI 区域划分成 9 个子区域，图中 1 号区域预测值为 9 个得分张量中最左上角那个得分张量的 1 号区域，右图 5 号区域预测值就使用中心的得分张量的 5 号区域，以此类推。

这个思想的实质是将二维的预测结果推广到三维。可以拿立交桥来打个比方，在没有立交桥的情况下，地面上每个位置只能放置 1 辆车，但是使用立交桥之后，就有效地利用了三维空间，所以在每个平面坐标点上，可以放置多辆车。

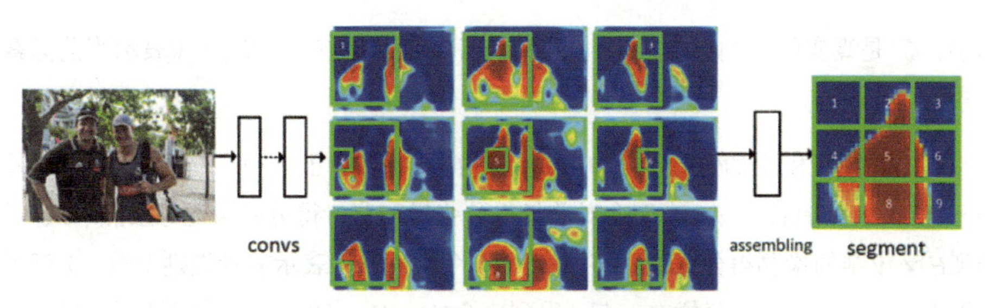


图 5.11　位置敏感得分张量示意图，图片摘自参考资料[21]

#### 2. FCIS 实例分割

回顾 FCN 语义分割模型，在模型的最后会预测一个维度为$H \times W \times (C+1)$的特征图，其中 $H$ 和 $W$ 代表图片的高和宽，$C$ 表示前景类别的个数。类似地，FCIS 针对每个类在分割前景主体时，也需要计算一个$H \times W \times 2$的特征图。特征图中第一个$H \times W$矩阵代表前景分割结果，第二个$H \times W$矩阵代表背景分割结果。为方便说明，将两者分别称为前景得分张量（Inside Score Map）和背景得分张量（Outside Score Map）。

因为在实例分割中，同一个像素点，对于一个主体可能是前景，但是对于另外一个主体则可能是背景，因此前景得分张量和背景得分张量应该采用的计算方式如图5.12所示。

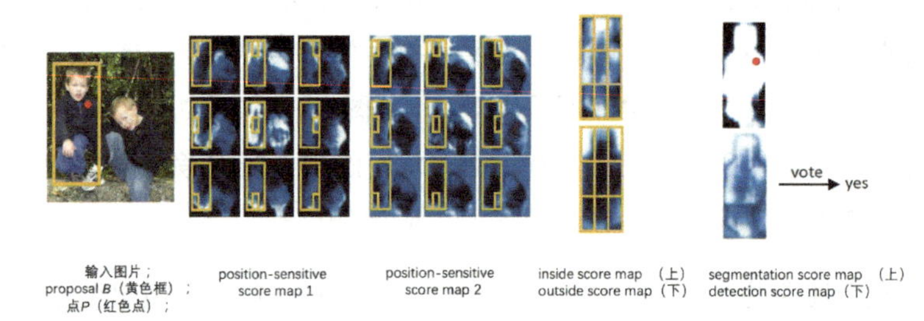


图 5.12 FCIS 实例分割示意图，图片摘自参考资料[20]

这里有一个问题，即前景得分张量和背景得分张量是根据同样的输入、同样的计算方式产生的，那么模型是如何确定两者哪个属于前景、哪个属于背景的呢？答案是通过损失函数计算来区分。在训练过程中，模型会对前景得分张量和背景得分张量组成的$H \times W \times 2$维特征图沿着通道维度做 Softmax 操作，然后将特征图对应的结果作为最终的前景概率值矩阵，记为$\boldsymbol{F}$，并计算分割损失函数：

$$\text{分割损失函数} = \sum_{\mathrm{i},j} -G_{i,j}\log\left(F_{ij}\right)$$

其中，$G$ 是真实的分割标注，$G_{i,j} = 1$表示当前像素是前景，$G_{i,j} = 0$表示当前像素是背景。

以上介绍了模型如何针对分割任务来进行训练。除了分割，FCIS 还会针对检测任务进行训练。具体来说，模型会对前景得分张量和背景得分张量逐像素点求最大值，得到$H \times W$维的检测得分张量。将所有 $C$+1 个类别（$C$ 表示前景类别个数，1 表示背景类别）的检测得分张量拼在一起，得到一个$H \times W \times (C+1)$维度的张量，再进行全局平均池化，得到一个 $C$+1 维的向量$\boldsymbol{p}$，作为检测框分类的结果。

模型在前向预测时，会结合上述分割、检测两个过程。先根据上文提到的 $C$+1 维向量 $\boldsymbol{p}$ 判断检测框属于哪个类别，再将该类别的前景分割结果（即上文的$\boldsymbol{F}$）作为该检测框的分割结果[1]。

1 在 FCIS 原文中，为提高分割效果，在预测每个检测框对应的分割结果时，将 IoU 大于 0.5 的所有其他检测框的分割结果都拿过来，然后用检测阶段的分类分数作为权重进行加权平均。这其实是一种模型集成（ensemble）的思想。

### 5.3.3 Mask R-CNN

#### 1. 分割框架

分割框架如图 5.13 所示。

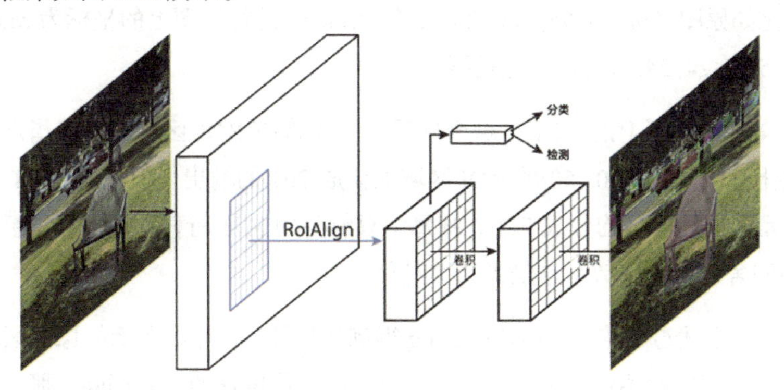


图 5.13　Mask R-CNN 示意图

Mask R-CNN 是当前几乎所有最优分割模型的框架，其采用了与目标检测领域中 Faster R-CNN 同样的两阶段框架。在此简单回顾一下两阶段模型的流程。

第一阶段：利用神经网络的特征输出，对预先定义好的锚点框进行调整，得到第一阶段的边界框作为候选框。

第二阶段：对第一阶段产生的每一个候选框进行特征表示，常使用 ROI Pooling 操作将候选框对应图像区域的特征图进行池化得到固定大小（如 7×7）的特征张量，输入分类器、坐标回归器。

Mask R-CNN 对经典的两阶段检测模型进行了简单、直接的改进。在上述第二阶段预测边界框类别、坐标的同时，预测该边界框对应类别的前景掩膜。在训练过程中，除了原来检测模型中的分类损失函数、坐标框回归损失函数，再加上一个分割损失函数。具体来说，根据每一个边界框对应的特征张量，利用两个卷积层（如图 5.13 所示），预测 $K$ 个 $m \times m$ 的掩膜矩阵，它们对应 $K$ 个类别的分割结果。然后根据检测分支预测的分类类别，从 $K$ 个掩膜中选择对应的结果作为最终的输出。根据标记信息，计算 $m \times m$ 个 Sigmoid 交叉熵损失函数，求平均后得到最后的分割损失函数。

#### 2. ROI Align 操作

在之前 Fast R-CNN 或者 Faster R-CNN 中，为了给予每个边界框一个固定长、宽的特征表示，通常使用 ROI Pooling 将不同大小 ROI 对应的特征图采样到固定长度，如 7×7。一般来说，将原图分辨率下的 ROI 区域映射到特征图分辨率上，很难得到整数坐标，因此实现中会涉及两次浮点数量化操作：

（1）将原图坐标映射到特征图坐标时，需要对$(x_1, y_1, x_2, y_2)$这样的倍数进行换算，并取整。比如原图坐标(95, 95, 200, 200)，在 stride=4 的特征图上的坐标为 round(23.75, 23.75, 50, 50)=(24, 24, 50, 50)，这是第一次量化。

（2）得到特征图上的 ROI 区域坐标后，需要将该 ROI 区域池化成指定大小。比如需要将上述(24, 24, 50, 50)的 ROI 区域池化成 7×7 的输出。但是对于 24 ~ 50 这 26 行（列）元素如果要平均分成 7 组，则每组只能分到 3.71 行，所以计算每组的起始坐标时需要四舍五入到整数。这是第二次量化。

显然，从上述过程来看，ROI Pooling 得到的特征，与原始图像的像素区域并没有完全对齐。其实仅就不对齐本身而言，只要每次迭代偏移的误差相同，那么对结果影响也并不大。但是 ROI Pooling 的每次偏移并不固定，造成了特征学习的噪声。

为了解决该问题，Mask R-CNN 使用了一种称为 ROI Align 的特征池化操作。顾名思义，ROI Align 希望在池化的同时，能够与原图坐标保持对齐。具体地，如图 5.14 所示，蓝色网格表示 CNN 的特征图，黑色实线框表示投影到该特征图上的 ROI 区域（注意这里 ROI 的起始位置都不是整数），为了得到固定长、宽的特征图，需要在 ROI 内部的指定点（即黑色点）进行采样，作为输出特征。但是显然黑色点并不能对应到蓝色网格中的某个元素，因此 ROI Align 将黑色点的值设置为周围 4 个蓝色网格点的加权平均，加权系数通过双线性插值的方式得到。实验证明，ROI Align 与 ROI Pooling 相比，在分割上有 3 个点以上的提升。

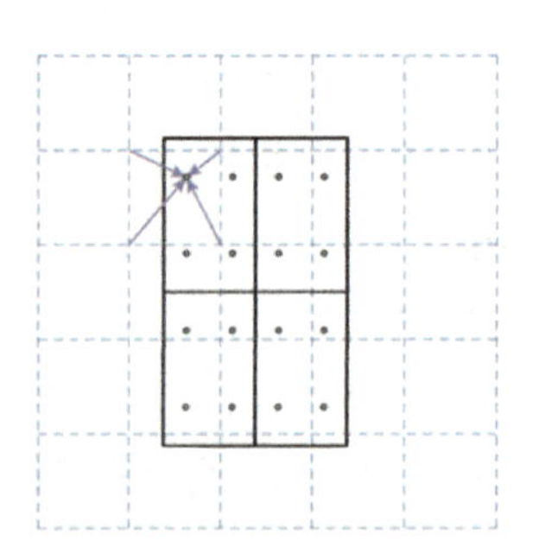

图 5.14 ROI Align 示意图，图片摘自参考资料[18]

### 3. 掩膜预测

在检测模型里，每个目标的检测框都可以被编码成一个固定大小的向量。比如对于 COCO 检测任务，检测框的坐标可以被编码成 1 个 4 维向量（左上、右下各两个点的坐标），检测框的类别可以被编码成 1 个 81 维向量（COCO 加上背景类别总共有 81 类）。同样的，对于分割任务，也需要定义一套输出的编码方式。从之前的工作来看，主要有 2 个选择：

- 全卷积形式的预测。这是借鉴语义分割模型的输出方式，使用卷积层预测最终的分割结果，为每一个像素点预测一个类别。其优势在于参数少、输入与输出有严格的空间位置对应关系。
- 全连接形式的预测。这是借鉴较早的实例分割的思路，将输入缩放或者池化到固定大小（因为全连接层需要固定大小的输入），然后使用全连接网络，预测一个固定大小的掩膜。其优势如参考资料[19]中所述，能够有效利用输入特征的全局信息来预测局部的掩膜。

Mask R-CNN 中采用了第一种方式。

### 5.3.4 Hybrid Task Cascade 框架

在检测任务中，级联的思路已经在 Cascade R-CNN[26]中获得成功应用，有效的原因主要是：

- 首先是参考资料[26]中提到的，一般检测模型需要根据候选框与标注框的 IoU 来定义正负样本（见本书第 4 章），比如使用 IoU=0.5 作为阈值来划分正负样本。但到了测试阶段，一般会根据多组 IoU 标准来评估检测效果，此时如果 IoU 标准明显高于 0.5，则检测的评测结果会较差。Cascade R-CNN[26]通过级联的思路，在网络不同阶段，使用不同的 IoU 指标来定义正负样本，提升了高 IoU 标准下的检测效果。
- 其次，通过级联的结构，后一个阶段的头部网络得到的输入特征是要明显强于之前头部网络的，因为后一阶段在进行 ROI Pooling/Align 操作时，使用的坐标框经过了多一次的微调。
- 最后，检测模型中边界框的预测，其实是一个回归的过程。对于一阶段检测模型，其实是在预先定义的锚点框的基础上，做了 1 次残差逼近，而两阶段检测模型在一阶段的基础上，又多了一次近似，显然 Cascade R-CNN 使用了更加高阶的残差逼近。

继 Mask R-CNN 之后，Hybrid Task Cascade[22]将目标检测中 Cascade R-CNN 的思想引入实例分割，并结合分割任务的性质做了推广，大幅提升了 Mask R-CNN 的精度。Hybrid Task Cascade[22]在文章开头也实现了一种直接基于级联思想的 Cascade Mask R-CNN（如图 5.15 所示），对比 Mask R-CNN 有一定的提升。具体就是，输入一张图像对应的卷积特征（图 5.15 中的 F），首先利用 RPN（RPN 请参考本书第 4 章）获得潜在的检测框，然后提取每个潜在检测框内的特征（图中 pool 所示），再利用一个检测子网络（图中 B1、B2、B3）和分割子网络（图中 M1、M2、M3）进行检测、分割的预测。

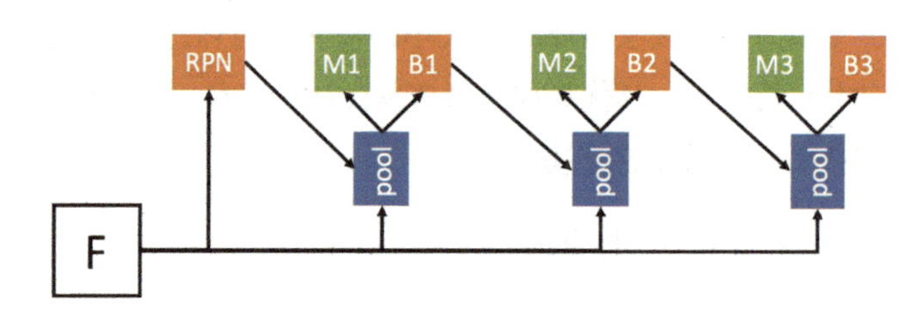


图 5.15 Cascade Mask R-CNN 结构示意图，图片摘自参考资料[22]

尽管 Cascade Mask R-CNN 确实有效，但是 Hybrid Task Cascade 的作者发现，对于实例分割任务来说，上述结构存在着一些问题：

- 掩膜分支的预测，是预测检测分支输出的 ROI 内，哪些像素是前景，哪些像素是背景，因此从原理上讲，需要利用检测分支输出的 ROI 进行特征池化（如 ROI Pooling），而不是和检测分支并行地利用 RPN 输出的结果进行特征池化。
- 在 Cascade Mask R-CNN 的实现中，不同层级的掩膜之间并无交互，比如图 5.15 中 M2 的预测并未考虑 M1 的结果，这样后一阶段的输出不能复用前一阶段的分割结果，所以 Hybrid Task Cascade 使用如图 5.16 中所示的多个 M 级联的方式对上一阶段的分割结果进行复用。

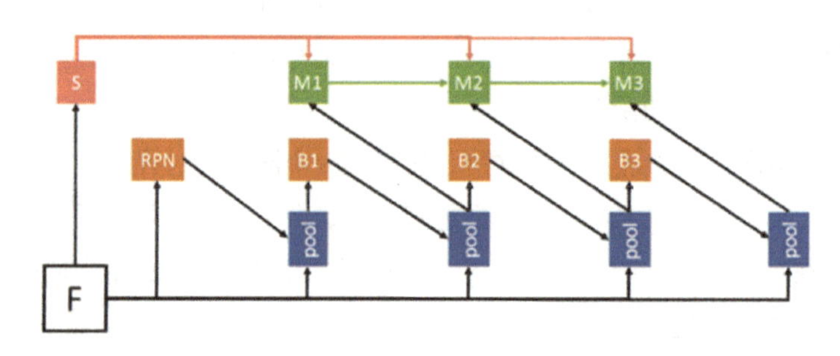


图 5.16 Hybrid Task Cascade 结构示意图，图片摘自参考资料[22]

基于以上这 3 点，参考资料[22]中提出了一个新的实例分割框架 Hybrid Task Cascade，如图 5.16 所示。对于输入图片，首先使用 CNN 得到图像的卷积特征（即图中的 F），并使用 RPN（参考本书第 4 章）获得多个潜在的抠图区域，再对每个潜在抠图区域进行特征表示（图中 pool 所示），在此特征基础上进行检测预测，得到第一阶段的检测预测结果（B1）。之后，对 B1 代表的图像区域再进行特征表示，用于预测第二阶段的检测输出以及第一阶段的分割结果，以此类推。需要说明的是，对于图 5.16 中所示的结构，每预测一个分割结果（如 M2），最多需要 3 个输入：

- 同一阶段的检测框对应的特征。比如 M2 需要 B2 对应的 ROI 特征。这个好理解，因为分割就是对检测框内部的像素进行分类。
- 上一阶段的分割结果（如 M1 之于 M2）。该结果会通过 1×1 的卷积层，将通道维度映射到与第一步中的特征一致，再通过相加来进行特征融合。
- 全局分割特征（图中的 S）。这个特征是用来表示图像全局分割信息的。在训练过程中，通过引入一个语义分割任务损失函数，训练出一个全局分割特征，然后与第二步一样，通过卷积映射到合适的通道维度，并将其与第一步和第二步中的特征进行相加融合，以此引入上下文信息。

将上述 3 部分特征相加融合之后，预测 $K$ 个类别对应的分割掩膜，计算损失函数，这一步与 Mask R-CNN 基本一致。

### 5.3.5 小结

实例分割虽然属于分割任务，但是从目前主流的算法框架来看，其实和目标检测思路非常相似。对于目标检测来说，每一个潜在有主体的区域，模型会预测其属于哪个类别（包括是否属于背景），并对潜在区域的坐标框进行精调。而基于 Mask R-CNN 的实例分割框架，主要是在上述检测思路的基础上，引入一个“掩膜”预测分支，预测当前候选框对应主体的掩膜。

## 5.4 代码实践

DeepLab 系列是基于深度学习模型的语义分割方法中最经典的工作之一。本章提到的许多语义分割技术都是从 DeepLab 系列工作中发展出来的，比如 Atrous 卷积操作、ASPP 上下文关系建模。因此，为了方便读者实际操作，本节给出一个使用 PyTorch

实现的 DeepLab v3 代码示例：

```
1.   import torch.nn as nn
2.   import torch
3.
4.   # 封装 3x3 卷积
5.   affine_par = True
6.   def conv3x3(in_planes, out_planes, stride=1):
7.       return nn.Conv2d(in_planes, out_planes, kernel_size=3, stride=stride,
8.                        padding=1, bias=False)
9.
10.  # resnet 常用的 bottleneck 结构
11.  class Bottleneck(nn.Module):
12.      expansion = 4
13.      def __init__(self, inplanes, planes, stride=1, dilation=1, downsam
ple=None):
14.          super(Bottleneck, self).__init__()
15.          self.conv1 = nn.Conv2d(inplanes, planes, kernel_size=1, stride
=stride, bias=False)
16.          self.bn1 = nn.BatchNorm2d(planes, momentum=0.05, affine=affine
_par)
17.
18.          padding = dilation
19.          self.conv2 = nn.Conv2d(planes, planes, kernel_size=3, stride=1,
20.                                 padding=padding, bias=False, dilation=d
ilation)
21.          self.bn2 = nn.BatchNorm2d(planes, momentum=0.05, affine=affine
_par)
22.
23.          self.conv3 = nn.Conv2d(planes, planes * 4, kernel_size=1, bias
=False)
24.          self.bn3 = nn.BatchNorm2d(planes * 4, momentum=0.05, affine=af
fine_par)
25.          self.relu = nn.ReLU(inplace=True)
26.          self.downsample = downsample
27.          self.stride = stride
28.
29.      def forward(self, x):
30.          residual = x
31.          out = self.conv1(x)
32.          out = self.bn1(out)
33.          out = self.relu(out)
34.          out = self.conv2(out)
35.          out = self.bn2(out)
36.          out = self.relu(out)
37.          out = self.conv3(out)
```

```
38.         out = self.bn3(out)
39.         if self.downsample is not None:
40.             residual = self.downsample(x)
41.         out += residual
42.         out = self.relu(out)
43.         return out
44.
45. # deeplab v3用于输出分割结果的结构
46. class Classifier_Module(nn.Module):
47.
48.     def __init__(self, num_classes):
49.         super(Classifier_Module, self).__init__()
50.
51.         # deeplab v3的ASPP结构
52.         self.aspp1 = nn.Conv2d(2048, 256, kernel_size=1, stride=1, pad
ding=0, dilation=1, bias=False)
53.         self.aspp1.weight.data.normal_(0, 0.01)
54.         self.aspp1_bn = nn.BatchNorm2d(256, momentum=0.05, affine=affi
ne_par)
55.         self.aspp1_relu = nn.ReLU(inplace=True)
56.         self.aspp6 = nn.Conv2d(2048, 256, kernel_size=3, stride=1, pad
ding=12, dilation=12, bias=False)
57.         self.aspp6.weight.data.normal_(0, 0.01)
58.         self.aspp6_bn = nn.BatchNorm2d(256, momentum=0.05, affine=affi
ne_par)
59.         self.aspp6_relu = nn.ReLU(inplace=True)
60.         self.aspp12 = nn.Conv2d(2048, 256, kernel_size=3, stride=1, pa
dding=24, dilation=24, bias=False)
61.         self.aspp12.weight.data.normal_(0, 0.01)
62.         self.aspp12_bn = nn.BatchNorm2d(256, momentum=0.05, affine=aff
ine_par)
63.         self.aspp12_relu = nn.ReLU(inplace=True)
64.         self.aspp18 = nn.Conv2d(2048, 256, kernel_size=3, stride=1, pa
dding=36, dilation=36, bias=False)
65.         self.aspp18.weight.data.normal_(0, 0.01)
66.         self.aspp18_bn = nn.BatchNorm2d(256, momentum=0.05, affine=aff
ine_par)
67.         self.aspp18_relu = nn.ReLU(inplace=True)
68.         self.gap_pool = nn.AdaptiveAvgPool2d(1)
69.         self.gap_conv = nn.Conv2d(2048, 256, kernel_size=1, stride=1,
bias=False)
70.         self.gap_bn = nn.BatchNorm2d(256, momentum=0.05, affine=affine
_par)
71.         self.gap_relu = nn.ReLU(inplace=True)
72.         self.aggregate_layer = nn.Conv2d(1280, 256, kernel_size=1, str
ide=1, bias=False)
```

```
73.             self.aggregate_layer_bn = nn.BatchNorm2d(256, momentum=0.05, a
ffine=affine_par)
74.             self.aggregate_layer_relu = nn.ReLU(inplace=True)
75.             self.aggregate_layer_dropout = nn.Dropout2d(p=0.1, inplace=Fal
se)
76.             self.classifier = nn.Conv2d(256, num_classes, kernel_size=1, s
tride=1, bias=True)
77. 
78.         def forward(self, x):
79.             out = torch.cat([self.aspp1_relu(self.aspp1_bn(self.aspp1(x))),
80.                              self.aspp6_relu(self.aspp6_bn(self.aspp6(x))),
81.                              self.aspp12_relu(self.aspp12_bn(self.aspp12(x))),
82.                              self.aspp18_relu(self.aspp18_bn(self.aspp18(x))),
83.                              F.upsample(self.gap_relu(self.gap_bn(self.gap
_conv(self.gap_pool(x)))), size=(65, 65),
84.                                         mode='bilinear', align_corners=Tru
e)],
85.                              dim=1)
86.             out = self.aggregate_layer(out)
87.             out = self.aggregate_layer_bn(out)
88.             out = self.aggregate_layer_relu(out)
89.             out = self.aggregate_layer_dropout(out)
90.             out = self.classifier(out)
91.             return out
92. 
93. # deeplab v3 主干架构，包括一个 ReSnet 基础网络，一个分割模块（即上面的
Classifier_Module）
94. class DeepLabv3(nn.Module):
95.         def __init__(self, block, layers, num_classes):
96.             self.inplanes = 64
97.             super(DeepLabv3, self).__init__()
98.             self.conv1 = nn.Conv2d(3, 64, kernel_size=7, stride=2, padding=3,
99.                                    bias=False)
100.            self.bn1 = nn.BatchNorm2d(64, momentum=0.05, affine=affine_par)
101.            self.relu = nn.ReLU(inplace=True)
102.            self.maxpool = nn.MaxPool2d(kernel_size=3, stride=2, padding=1,
ceil_mode=True)
103.            self.layer1 = self._make_layer(block, 64, layers[0])
104.            self.layer2 = self._make_layer(block, 128, layers[1], stride=2)
105.            self.layer3 = self._make_layer(block, 256, layers[2], stride=1,
dilation=2)
106.            self.layer4 = self._make_layer_multi_grid(block, 512, layers[3
], grid_list=[1, 2, 4], stride=1, dilation=4)
107.            self.layer5 = self._make_pred_layer(Classifier_Module, num_cla
sses)
108.            for m in self.modules():
```

```
109.            if isinstance(m, nn.Conv2d):
110.                n = m.kernel_size[0] * m.kernel_size[1] * m.out_channels
111.                m.weight.data.normal_(0, 0.01)
112.            elif isinstance(m, nn.BatchNorm2d):
113.                m.weight.data.fill_(1)
114.                m.bias.data.zero_()
115.
116.    def _make_layer(self, block, planes, blocks, stride=1, dilation=1):
117.        downsample = None
118.        if stride != 1 or self.inplanes != planes * block.expansion or
 dilation == 2 or dilation == 4:
119.            downsample = nn.Sequential(
120.                nn.Conv2d(self.inplanes, planes * block.expansion,
121.                          kernel_size=1, stride=stride, bias=False),
122.                nn.BatchNorm2d(planes * block.expansion, momentum=0.05,
affine=affine_par))
123.        layers = []
124.        layers.append(block(self.inplanes, planes, stride, dilation=di
lation, downsample=downsample))
125.        self.inplanes = planes * block.expansion
126.        for i in range(1, blocks):
127.            layers.append(block(self.inplanes, planes, dilation=dilation))
128.        return nn.Sequential(*layers)
129.
130.    def _make_layer_multi_grid(self, block, planes, blocks, grid_list,
 stride=1, dilation=1):
131.        assert blocks == len(grid_list), 'multi grid list must as long
 as blocks'
132.        downsample = None
133.        if stride != 1 or self.inplanes != planes * block.expansion or
 dilation == 2 or dilation == 4:
134.            downsample = nn.Sequential(
135.                nn.Conv2d(self.inplanes, planes * block.expansion,
136.                          kernel_size=1, stride=stride, bias=False),
137.                nn.BatchNorm2d(planes * block.expansion, momentum=0.05,
affine=affine_par))
138.        layers = []
139.        layers.append(block(self.inplanes, planes, stride, dilation=di
lation * grid_list[0], downsample=downsample))
140.        self.inplanes = planes * block.expansion
141.        for i in range(1, blocks):
142.            layers.append(block(self.inplanes, planes, dilation=dilati
on * grid_list[i]))
143.        return nn.Sequential(*layers)
144.
145.    def _make_pred_layer(self, block, num_classes):
```

```
146.            return block(num_classes)
147.
148.        def forward(self, x):
149.            x = self.conv1(x)
150.            x = self.bn1(x)
151.            x = self.relu(x)
152.            x = self.maxpool(x)
153.            x = self.layer1(x)
154.            x = self.layer2(x)
155.            x = self.layer3(x)
156.            x = self.layer4(x)
157.            x = self.layer5(x)
158.            return x
```

## 5.5 本章总结

本章介绍了目前主流的两种分割任务：语义分割和实例分割。语义分割在目前的算法中被建模成一个“逐像素点分类”的任务，重点在于提升卷积神经网络的特征分辨率，以及扩大卷积神经网络的感受野。而实例分割领域的模型，如最经典的 Mask R-CNN[18]，基本使用和二阶段目标检测模型一样的思路，在原来目标检测的两个子任务“检测框分类”、“检测框坐标回归”上，增加了检测框前景掩模预测的任务。

## 5.6 参考资料


[1] ZHOU BOLEI, HANG ZHAO, XAVIER PUIG, et al. Scene parsing through ade20k dataset. In Proceedings of the IEEE conference on computer vision and pattern recognition, 2017:633-641.

[2] EVERINGHAM, MARK, LUC VAN GOOL, et al. The pascal visual object classes (voc) challenge. International journal of computer vision 88, 2010, 2: 303-338.

[3] CORDTS, MARIUS, MOHAMED OMRAN, et al. The cityscapes dataset for semantic urban scene understanding. In Proceedings of the IEEE conference on computer vision and pattern recognition, 2016:3213-3223.

[4] LONG, JONATHAN, EVAN SHELHAMER,et al. Fully convolutional networks for semantic segmentation. In Proceedings of the IEEE conference on computer vision

and pattern recognition, 2015:3431-3440.

[5] CHEN, LIANG-CHIEH, GEORGE PAPANDREOU, et al. Deeplab: Semantic image segmentation with deep convolutional nets, atrous convolution, and fully connected crfs. IEEE transactions on pattern analysis and machine intelligence 40, 2017,4: 834-848.

[6] YU FISHER, VLADLEN KOLTUN. Multi-scale context aggregation by dilated convolutions. arXiv preprint arXiv:1511.07122.

[7] WU JIANXIN, CHENWEI XIE, JIANHAO LUO. Dense CNN learning with equivalent mappings. arXiv preprint arXiv:1605.07251.

[8] RONNEBERGER OLAF, PHILIPP FISCHER, THOMAS BROX. U-net: Convolutional networks for biomedical image segmentation. In International Conference on Medical image computing and computer-assisted intervention. Cham:Springer, 2015:234-241.

[9] LIN TSUNG-YI, PIOTR DOLLÁR, ROSS GIRSHICK, et al. Feature pyramid networks for object detection. In Proceedings of the IEEE conference on computer vision and pattern recognition, 2017: 2117-2125..

[10] KRÄHENBÜHL, PHILIPP, VLADLEN KOLTUN. Efficient inference in fully connected crfs with gaussian edge potentials. In Advances in neural information processing systems, 2011:109-117.

[11] ZHENG SHUAI, SADEEP JAYASUMANA, BERNARDINO ROMERA-PAREDES, et al. Conditional random fields as recurrent neural networks. In Proceedings of the IEEE international conference on computer vision, 2015:1529-1537.

[12] LIU WEI, ANDREW RABINOVICH, ALEXANDER C BERG. Parsenet: Looking wider to see better. arXiv preprint arXiv:1506.04579.

[13] ZHAO HENGSHUANG, JIANPING SHI, XIAOJUAN QI, et al. Pyramid scene parsing network. In Proceedings of the IEEE conference on computer vision and pattern recognition, 2017:2881-2890.

[14] ZHANG HANG, KRISTIN DANA, JIANPING SHI, et al. Context encoding for semantic segmentation. In Proceedings of the IEEE Conference on Computer Vision and Pattern Recognition, 2018:7151-7160.

[15] PENG CHAO, TETE XIAO, ZEMING LI, et al. Megdet: A large mini-batch object detector. In Proceedings of the IEEE Conference on Computer Vision and Pattern Recognition, 2018: 6181-6189.

[16] LOWE, DAVID G. Distinctive image features from scale-invariant keypoints. International journal of computer vision 60, 2004,2: 91-110.

[17] LIN TSUNGYI, MICHAEL MAIRE, SERGE BELONGIE, et al. Microsoft coco: Common objects in context. In European conference on computer vision. Cham:Springer, 2014:740-755.

[18] HE KAIMING, GEORGIA GKIOXARI, PIOTR DOLLÁR, et al. Mask r-cnn. In Proceedings of the IEEE international conference on computer vision, 2017:2961-2969.

[19] PINHEIRO PEDRO O, RONAN COLLOBERT, PIOTR DOLLÁR. Learning to segment object candidates. In Advances in Neural Information Processing Systems, 2015:1990-1998.

[20] LI YI, HAOZHI QI, JIFENG DAI, et al. Fully convolutional instance-aware semantic segmentation. In Proceedings of the IEEE Conference on Computer Vision and Pattern Recognition, 2017: 2359-2367.

[21] DAI JIFENG, KAIMING HE, YI LI, et al. Instance-sensitive fully convolutional networks. In European Conference on Computer Vision. Cham:Springer, 2016:534-549.

[22] CHEN KAI, JIANGMIAO PANG, JIAQI WANG, et al. Hybrid task cascade for instance segmentation. In Proceedings of the IEEE Conference on Computer Vision and Pattern Recognition, 2019:4974-4983.

[23] JEGOU, HERVE, FLORENT PERRONNIN, et al. Aggregating local image descriptors into compact codes. IEEE transactions on pattern analysis and machine intelligence 34, 2011,9:1704-1716.

[24] SÁNCHEZ, JORGE, FLORENT PERRONNIN, et al. Image classification with the fisher vector: Theory and practice. International journal of computer vision 105, 2013,3: 222-245.

[25] ARANDJELOVIĆ, RELJA, ANDREW ZISSERMAN. Three things everyone should know to improve object retrieval. In 2012 IEEE Conference on Computer Vision and Pattern Recognition. IEEE, 2012:2911-2918.

[26] CAI ZHAOWEI, NUNO VASCONCELOS. Cascade r-cnn: Delving into high quality object detection. In Proceedings of the IEEE conference on computer vision and pattern recognition, 2018:6154-6162.

# 6 特征学习

## 6.1 概述

在理解视觉语义信息时，关键是如何对非结构化的图像和视频数据进行特征表达。根据学术界的研究一般分为两大阶段：人工设计阶段和特征学习阶段。

在传统人工设计阶段，一般是基于人工规则设计图像特征表达，如基于颜色直方图、轮廓和纹理等的全局图像特征；基于局部关键区域提取特征描述子的 SIFT[1]、SURF[2]等的局部图像特征。为了提取图像中具有代表性的特征，一般需要根据丰富的专家经验设计复杂的先验规则。

在特征学习阶段，是从数据当中学习图像的特征表达。近几年使用深度卷积神经网络模型从大量训练图像数据中学习特征表达，在计算机视觉各个任务中都取得了突破性的进展，大幅度超越传统人工设计特征方法的性能。一般深度卷积神经网络模型学习图像特征的框架如图 6.1 所示。

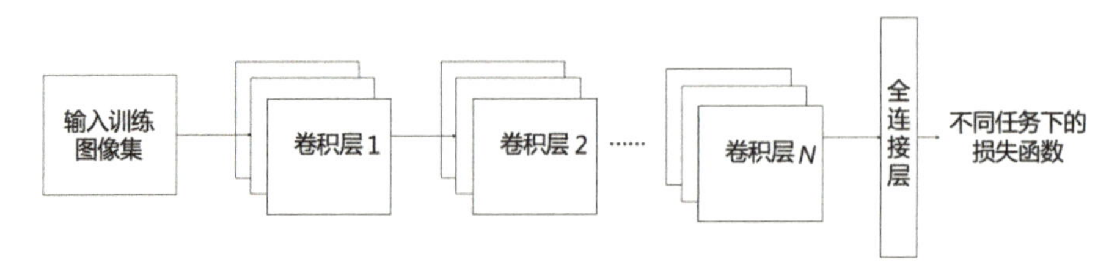


图 6.1 深度卷积神经网络特征学习的一般框架

在如图 6.1 所示的深度卷积神经网络中，将最后一层卷积层的输出向量作为图像特征向量使用，该层是经过多层卷积操作后学习到的深度特征，是对原始图像的高度抽象，包含了丰富的语义信息。也就是说图像内目标物体在不同的大小、位置、角度和光照变化等情况下，虽然其像素和纹理等低层特征变化剧烈，但通常深度特征变化不明显。当然，深度卷积神经网络的卷积层输出也是可以作为图像特征使用的，比如图 6.1 中全连接层前面的一层卷积层。如果使用第一层或第二次卷积输出作为图像特征，则通常其特征抽象程度不高，一般是基于颜色纹理的低层次特征。经过卷积操作次数越多，其输出特征也就越抽象，越能代表语义层面的信息。

在开始算法介绍之前，我们先介绍一下特征学习的评测方法。在图像检索的任务中，给定查询图像，从图像库中检索并返回相关的图像结果。一般的检索流程包括以下几个步骤：对图像库中的所有图像使用深度卷积神经网络提取图像特征向量$\boldsymbol{t}_i$作为检索库；然后对于用户输入的查询图像，使用同样的深度卷积神经网络提取图像特征向量$\boldsymbol{q}$；紧接着计算特征向量$\boldsymbol{q}$与任一检索库中图像的特征向量$\boldsymbol{t}_i$之间的特征距离，如欧氏距离$d_i = ||\boldsymbol{q} - \boldsymbol{t}_i||_2$或余弦相似度$s_i = \frac{\boldsymbol{q} \cdot \boldsymbol{t}_i}{||\boldsymbol{q}||||\boldsymbol{t}_i||}$。最后按照距离最小或相似度最大排序输出检索结果。

在特征学习的过程中可以使用不同的训练方法，但最终学习到的图像特征在检索任务中可以使用如下几个指标进行评测：

- 准确率和召回率。假定返回 $K$ 个检索结果，其中 $C$ 个是相关的正确图像，检索库中实际共有 $N$ 个相关的图像，那么该检索结果的准确率为 Precision@Top-$K$，记为$P@K = \frac{C}{K}$，召回率为 Recall@Top$K$，记为$R@K = \frac{C}{N}$。

  通常会使用不同 $K$ 的取值来计算结果，如$P@1$指仅计算返回结果 Top-1 的准确率。通常会计算一组准确率和召回率数据，如$(P@1, R@1)$, $(P@2, R@2), \cdots, (P@K, R@K)$，然后将它们画成曲线作为检索结果的评价结果。值得注意的是，在大规模检索系统中由于检索库数目较大，库中实际相关图像的数目 $N$ 很难获得，因此在很多种情况下只使用$P@K$作为评价指标。
- 平均检索精度均值（mAP）。在检索图像时，平均检索精度（AP）代表不同召回率下准确率的平均值，是一种同时考虑召回率和准确率的评价指标。平均检索精度的定义为$\text{AP} = \frac{1}{C}\sum_{k \in S} P@k$，其中 $C$ 为相关的正确图像数目，$k$ 为正确图像所在的排序位置，$S$ 为所有正确图像排序位置的集合。如返回 5 个检索结果，则其中 3 张相关的正确图像分别在 1、3、5 的排序位置。那么根据定义 $\text{AP}=\frac{1}{3}\times\left(\frac{1}{1}+\frac{2}{3}+\frac{3}{5}\right)=0.76$。平均检索精度均值（mAP）是查询多张图像的检索结果 AP 的平均取值。如 $Q$ 张查询图像的检索结果 AP 分别为$\text{AP}_1,\text{AP}_2,\cdots,\text{AP}_Q$，那么平均检索精度均值的定义为$\text{mAP}=\frac{1}{Q}\sum_i^Q\text{AP}_i$。通常 mAP 得分越高，说明检索结果越好，也就是说学习到的特征越有效。

在深度卷积神经网络的特征学习中，最重要的就是要有大量的训练数据。训练数据决定目标任务的形式，然后让神经网络学习适应该任务的图像特征。从图像特征的学习任务类型划分，目前主流的特征学习方法可以分为两种：分类识别和度量学习。本章将从两种不同的深度特征训练和学习方法入手，介绍如何根据具体任务的定义设计不同的目标函数对深度卷积神经网络进行训练。

## 6.2 基于分类识别的特征训练

本节介绍深度卷积神经网络的特征训练方法，最常见的是基于图像分类识别网络进行特征学习和训练（参见图 6.2）。图像分类任务是最基础的计算机视觉任务，深度卷积神经网络可以判断图片内是什么物体，如判断是狗或者猫等。如给定一张狗的照片，经过特征训练后需要输出该图片是狗的概率，然后根据真实的标签 Ground-Truth（GT）与网络输出概率的对比来指导特征训练过程，期望通过不断的训练使得学到的特征能够判断出该图像的语义内容，完成正确分类识别的任务，最终使得网络输出概率与真实标签一致。

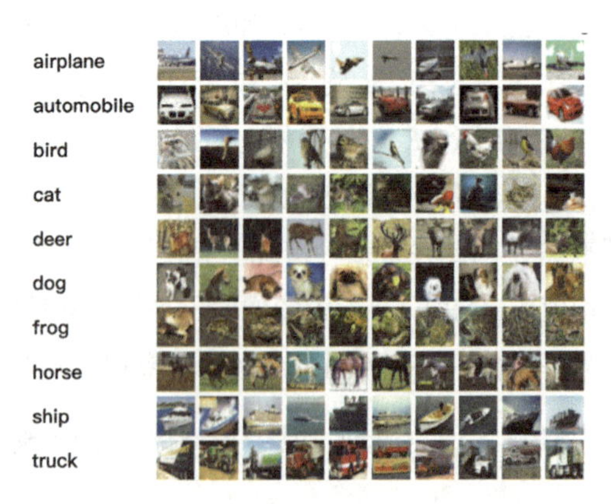


图 6.2　图像分类识别任务：给定图像预测目标类别标签[24]

根据真实标签对比网络输出概率，来指导特征训练的方式就是损失函数的定义。在分类网络中，损失函数一般使用交叉熵损失函数（Cross-Entropy Loss）。该函数的特点是，当输出结果与真实标签趋于一致时，该函数输出结果最小；当输出结果与真实标签不一致时，函数输出结果会很大。因此我们可以最小化该函数，使得分类网络的特征训练尽可能输出逼近真实标签的结果。使用交叉熵损失函数进行分类任务的特征学习框架如图 6.3 所示，其中交叉熵损失函数的定义为：

$$\text{loss} = -\sum_{i}^{C} t_i \log(p_i)$$

该交叉熵损失函数公式中的真实标签$t_i$代表该样本是不是第 $i$ 类，取值为 0 或 1。其中$p_i$代表深度卷积神经网络输出预测输入图像是第 $i$ 类的概率大小。因此当样本为第 $c$ 类时，交叉熵损失函数计算的就是$-\log(p_c)$的数值，所以随着$p_c$值增大该交叉熵损失函数取值逐渐变小，这也代表神经网络模型输出结果与真实标签越一致。

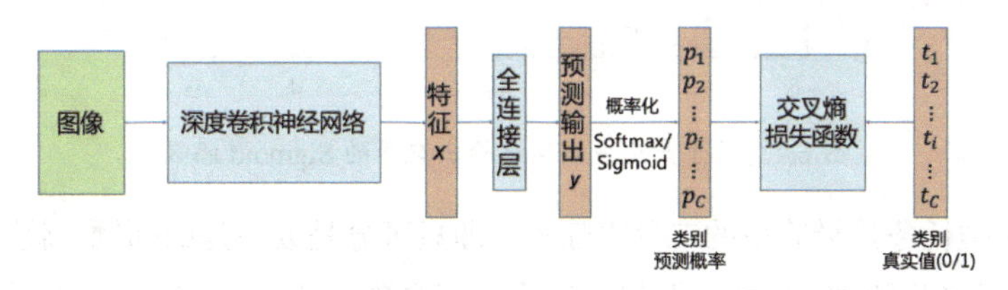


图 6.3　基于分类网络的特征学习目标

输入图像经过深度卷积神经网络后，被提取出特征$\boldsymbol{x}$，然后一般需要使用一层全连接层输出 $C$ 类的类别预测输出向量$\boldsymbol{y}$，经过概率化函数 $\boldsymbol{f}$ 再变换为概率向量 $\boldsymbol{p} = [p_0, p_1, \cdots, p_i, \cdots, p_C]$。这里在全连接层中进行的操作是线性变换，可以写作：

$$\boldsymbol{y} = \boldsymbol{W}^{\mathrm{T}}\boldsymbol{x} + \boldsymbol{b}$$

$$\boldsymbol{p} = f(\boldsymbol{y})$$

其中，$\boldsymbol{W}$ 是全连接层的权重参数矩阵，$\boldsymbol{b}$ 是偏置向量。概率化函数 $f$ 常见的有用于二分类的 Sigmoid 函数和多分类的 Softmax 函数。下面分别介绍这两种概率化函数和对应的损失函数。

### 6.2.1　Sigmoid 函数

分类网络所用的概率化函数 $f$ 输出概率需要满足两个条件：第一，输出的结果值在[0, 1]区间内；第二，所有类别的概率之和等于 1。第一个条件容易满足，有很多函数可以将任意实数映射到 0～1 之间，如最常用的 Sigmoid 函数：

$$p_i = f(x_i) = \frac{1}{1 + \mathrm{e}^{-x_i}}$$

该函数将任意实数映射到 0～1 之间，当输入$x_i$大于 0 时，输出结果大于 0.5，当输入$x_i$小于 0 时，输出结果小于 0.5。如图 6.4 所示该函数还具有中心对称、对于特别大的数值不敏感等特性。

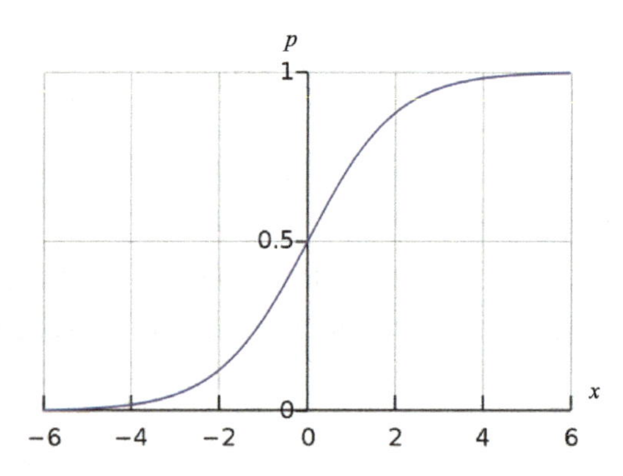


图 6.4　用于产生分类网络输出概率的 Sigmoid 函数

如果分类任务是最简单的二分类任务，即只区分是或不是的问题，就可以使用该 Sigmoid 函数产生概率。比如区分输入图像是不是狗的照片，我们就可以利用 Sigmoid 函数输出是狗的概率$p_1$，不是狗的概率$p_0$就是$1 - p_1$。如果给定一个样本，根据交叉熵损失函数，就可以计算该样本下网络输出的目标函数：

$$\text{loss} = \begin{cases} -\log(p_1) & \text{如果该样本真实标签为“1”} \\ -\log(1 - p_1) & \text{如果该样本真实标签为“0”} \end{cases}$$

除了二分类任务就是多分类任务，这时就不能使用 Sigmoid 函数输出概率了。一般使用 Softmax 函数来输出多类别的概率，下一节介绍 Softmax 函数如何进行概率化以及如何结合交叉熵损失函数定义 Softmax 函数。

### 6.2.2　Softmax 函数

上一节我们说可以选用 Sigmoid 函数将输出结果概率化，当遇到多分类问题时，常使用 Softmax 函数进行概率化计算：

$$p_i = f(x_i) = \frac{\mathrm{e}^{x_i}}{\sum_j^C \mathrm{e}^{x_j}}$$

在有 $C$ 个类别的分类任务里，使用 Softmax 函数对每个类别 $i$ 进行计算，可以推导 $C$ 个类别的概率$f(x_i)$之和等于 1，而且每个概率值在 0 ~ 1 之间。多分类的分类任务可以使用 Softmax 函数得到每个类别的概率输出，深度卷积神经网络输出 0 ~ 1 之间的概率值后，就可以使用损失函数进行特征训练了。上文提到最常用的损失函数是交叉熵损失函数，那么 Softmax 函数与交叉熵损失函数结合在一起，就是 Softmax with Cross-Entropy 函数，通常简称 Softmax 函数。在信息论和计算机科学中，熵代表信息量的多少，信息量越多，熵越大。交叉熵一般用来衡量在给定真实标签值分布情况下，消除系统的不确定性所需要付出成本的大小。在分类任务中，在已知真实标签值的情况下，深度卷积神经网络输出的结果越随机，一般熵就越小，网络输出结果与真实标签值分布一致时，熵较大。我们将损失函数定义为负熵，这样就可以最小化损失函数来增大熵的取值。

通常大部分深度学习框架会把计算概率的 Softmax 函数与交叉熵损失函数这个常用的组合放在一起组成一个 loss 层，具体的代码实现和使用方法可以参考本书第 3 章对交叉熵损失函数的介绍。

原始的 Softmax 函数非常优雅，简洁，被广泛用于分类问题。它的特点就是优化类间的距离能力比较强，但是优化类内距离的能力比较弱。因此就有了很多对 Softmax 函数的改进建议，下面将逐一进行介绍。

### 6.2.3 Weighted Softmax 函数

假如有一个二分类问题，两类的样本数目差距非常大。比如图像任务中的边缘检测问题，可以看作一个逐像素的分类问题。此时两类的样本数目差距非常大，明显边缘像素的重要性比非边缘像素大，此时可以有针对性地对样本进行加权。

在原始的 Softmax 基础上可以加上一个权重，构成 Weighted Softmax 函数：

$$\text{loss} = -\sum_{i}^{C} w_i t_i \log(p_i)$$

其中，$w_i$就是每个样本的权重，$t_i$依然是该样本的真实标签，$p_i$是深度神经网络输出的该样本被识别为第 $i$ 类别的概率值。就像前面分析的，$w_i$可以对不同的样本进行加权，这样我们可以有针对性地给重要的样本赋予更大的权重。

下面的 PyTorch 代码在原有 Softmax 函数的基础上，额外增加了一个权重值。

```
1.  import torch
2.  import torch.nn.functional as F
3.
4.  class WeightedSoftmaxLoss(nn.Module):
5.      def forward(self, inputs, targets, weights):
6.          probs = F.softmax(inputs, dim=1)
7.          log_probs = F.log(probs)
8.          t = torch.zeros(log_probs.size()).cuda()
9.          t.scatter_(1, targets.unsqueeze(1), 1.0)
10.         loss = (- weights * t * log_probs).mean(0).sum()
11.         return loss
```

权重一般根据先验知识设定，当然也可以动态地计算其值。比如在每一张图中，按照像素的比例进行加权。应用在检测领域的 Focal 函数[22]其实就是一种 Weighted Softmax 函数。

### 6.2.4 Large-Margin Softmax 函数

Softmax 函数擅长于学习类间的信息，因为它采用了类间竞争机制，它只关心对于正确标签预测概率的准确性，忽略其他非正确标签的影响，导致学习到的特征比较散。参考资料[16]中提出了 Large-Margin Softmax 函数，简称为 L-Softmax 函数，图 6.5 所示为该函数与 Softmax 函数的对比图。

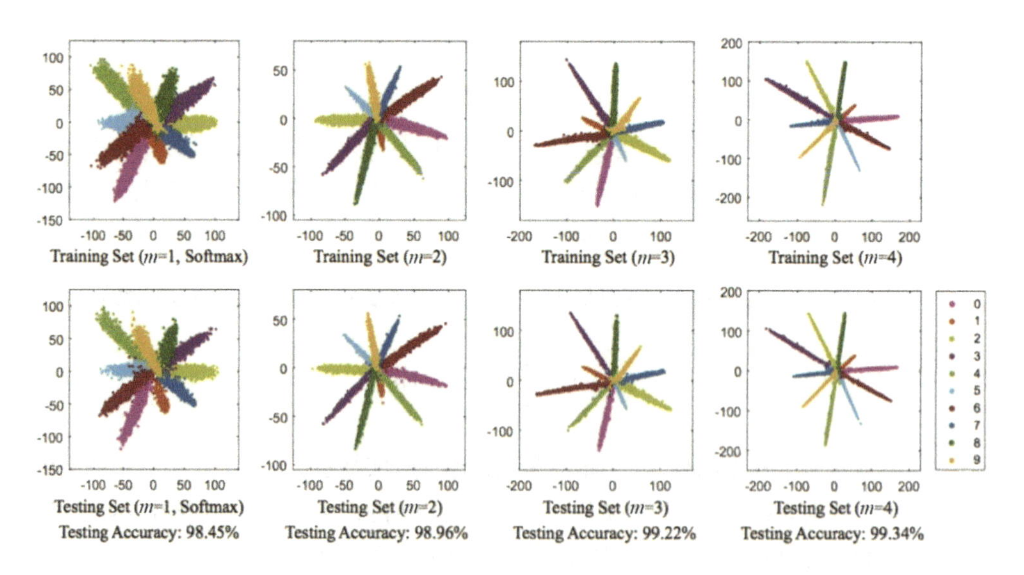


图 6.5　Large-Margin Softmax 函数与 Softmax 函数的对比示意图，摘自参考资料[16]

图 6.5 所示是不同 Softmax 函数和 L-Softmax 函数学习到的特征分布。第一列就是 Softmax 函数学到的特征，后面三列是 L-Softmax 函数在参数 $m$ 取不同值时所学到的特征分布。通过图 6.5 可以看出，L-Softmax 函数学习到的类间特征区分比较明显，类内区分不大。

要做到这样鲁棒的特征学习，主要看 Large-Margin Softmax 函数的目标，其在 Softmax 函数的基础上又额外增加了区分类间特征和紧凑类内特征的目标：

$$L_i = -\log \frac{\mathrm{e}^{||\boldsymbol{W}_{y_i}||\,||\boldsymbol{x}_i||\psi(\theta_{y_i})}}{\mathrm{e}^{||\boldsymbol{W}_{y_i}||\,||\boldsymbol{x}_i||\psi(\theta_{y_i})} + \sum_{j \neq y_i}^{n} \mathrm{e}^{||\boldsymbol{W}_j||\,||\boldsymbol{x}_i||\psi(\theta_j)}}$$

Large-Margin Softmax 函数与普通 Softmax 函数的区别是，它将输出概率的取值进行了更改，由原来的 $||\boldsymbol{W}||||\boldsymbol{x}||\cos(\theta)$变为$||\boldsymbol{W}||||\boldsymbol{x}||\psi(\theta)$，其中$\theta$是特征$\boldsymbol{x}$与分类器（最后全连接层）参数 $\boldsymbol{W}$ 的向量夹角。从另外一个角度讲，对于该公式，如果$\psi(\theta) = \cos(\theta)$，则其就退化为普通的 Softmax 函数的定义。

其中，ψ函数的数学定义如下：

$$\psi(\theta_{y_i}) = (-1)^k \cos(m\theta) - 2k,\ \ \theta \in [\frac{k\pi}{m}, \frac{(k+1)\pi}{m}]$$

该公式中 $k$ 的取值为[0, $m$]区间内的整数。在 Large-Margin Softmax 函数中，$\psi(\theta)$函数的图像如图 6.6 所示。由 Large-Margin Softmax 函数的定义可见，$\psi(\theta)$值越大，损失函数越小，从而 Large-Margin Softmax 函数中的$\psi(\theta)$函数图像越陡峭。所以只有$\theta$取值越小，$\psi(\theta)$函数值越大，最终损失函数才能越小。所以设计一个单调递减的陡峭$\psi(\theta)$函数即可让目标任务更难。$\theta$角度足够小，才能让损失函数足够小，其学到的特征离真实类别的分类器参数 $\boldsymbol{W}$ 越接近，与其他类别的参数向量夹角越大，而且两者的差就是间隔（Margin），这样学到的特征就更具有区分性。

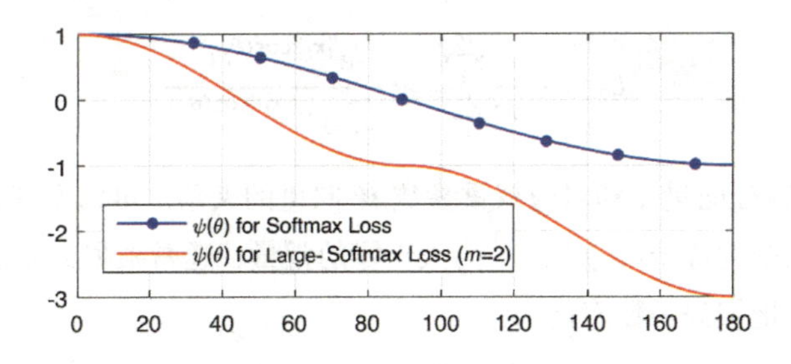


图 6.6　在 Large-Margin Softmax 函数中定义的$\psi(\theta)$函数的示意图，摘自参考资料[16]

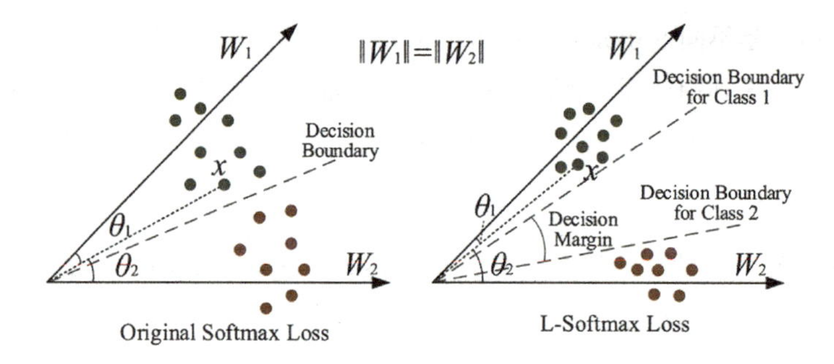


图 6.7　Large-Margin Softmax 函数的目标可视化，摘自参考资料[16]

由图 6.7 可以看到，当损失函数是原始的 Softmax 函数时，特征$x$与真正类别 1 的向量$\boldsymbol{W}_1$的夹角$\theta_1$就比较大，且没有拉近类内距离，同时与$\boldsymbol{W}_2$的距离也不远。而当切换为 L-Softmax 函数时，该特征就不符合当下目标函数的要求，需要继续优化使其学习到更加紧凑的特征表达。

## 6.2.5　ArcFace 函数

在参考资料 ArcFace[25]中提出了另外一个 Softmax 函数的变种，称为 ArcFace 函数或者 ArcLoss。首先我们回顾 Softmax 函数在深度神经网络模型的输出上的定义:

$$L_1 = -\frac{1}{m}\sum_{i=1}^{m}\log\frac{\mathrm{e}^{\boldsymbol{W}_{y_i}^{\mathrm{T}}\boldsymbol{x}_i+b_{y_i}}}{\sum_{j=1}^{n}\mathrm{e}^{\boldsymbol{W}_j^{\mathrm{T}}\boldsymbol{x}_i+b_j}}$$

其中，$\boldsymbol{x}$ 是特征，$\boldsymbol{W}$ 和 $\boldsymbol{b}$ 分别是全连接层的权重参数矩阵和偏置参数向量。该方法将全连接层的偏置参数向量置为 0，即 $\boldsymbol{b}$=0，此时全连接层的输出变为：$\boldsymbol{W}_j^{\mathrm{T}}\boldsymbol{x}_i = \|\boldsymbol{W}_j\|\|\boldsymbol{x}_i\|\cos(\theta_j)$

ArcFace 方法通过进一步限制$\|\boldsymbol{W}\| = 1$将 Softmax 函数退化为如下形式:

$$L_2 = -\frac{1}{m}\sum_{i=1}^{m}\log\frac{\mathrm{e}^{\|\boldsymbol{x}_i\|\cos(\theta_{y_i})}}{\sum_{j=1}^{n}\mathrm{e}^{\|\boldsymbol{x}_i\|\cos(\theta_j)}}$$

这里的$\theta$为特征向量 $\boldsymbol{x}$ 和对应权重参数 $\boldsymbol{W}$ 向量的夹角。可以发现，公式里$\|\boldsymbol{x}\|$也可以被进一步限制为等于$s$，其中 $s$ 为大于零的常量，通常根据经验设置其大小。然后就可以进一步把损失函数简化为:

$$L_3 = -\frac{1}{m}\sum_{i=1}^{m}\log\frac{\mathrm{e}^{s\cos(\theta_{y_i})}}{\sum_{j=1}^{n}\mathrm{e}^{s\cos(\theta_j)}}$$

ArcFace 函数在特征向量$\boldsymbol{x}_i$与其真实标签对应的参数向量$\boldsymbol{W}_{y_i}$的向量夹角$\theta_{y_i}$上增加了间隔（Margin），使得$\theta_{y_i}$的取值变小，只有这样才能得到与不加 Margin 时同样的函数大小。最终 ArcFace 函数的形式为：

$$L=-\frac{1}{m}\sum_{i=1}^{m}\log\frac{\mathrm{e}^{s\cos(\theta_{y_i}+m)}}{\mathrm{e}^{s\cos(\theta_{y_i}+m)}+\sum_{j=1,j\neq y_i}^{n}\mathrm{e}^{s\cos(\theta_j)}}$$

公式中的 $m$ 就是向量夹角的 Margin 值，在 ArcFace 函数中取值为 0.35。

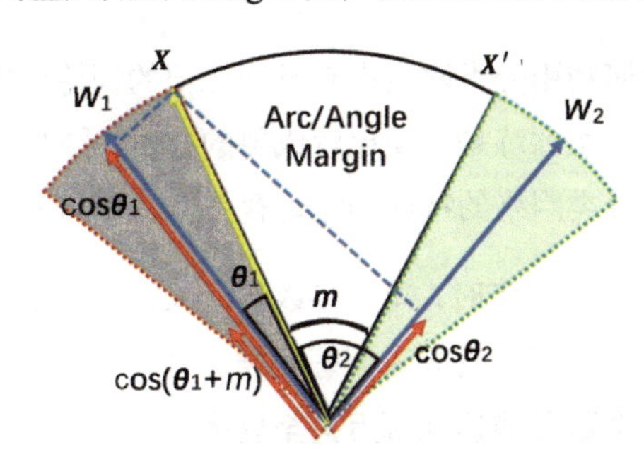


图 6.8　ArcFace 函数的夹角与 Margin 值 $m$ 的关系，摘自参考资料[25]

图 6.8 显示了 ArcFace 函数的夹角与 Margin 值 $m$ 的关系。这里显示了两个类别对应的权重参数向量$\boldsymbol{W}_1$和$\boldsymbol{W}_2$，一般认为它们是类别中心。给定特征向量 $\boldsymbol{x}$ 和其真实类别标签 1，训练特征使得特征 $\boldsymbol{x}$ 与其对应的类别中心$\boldsymbol{W}_1$接近，并拉远与其他类别中心的距离。

如图 6.8 所示，在没有 Margin 的情况下，特征向量 $\boldsymbol{x}$ 的位置已经距离其正确的类别中心$\boldsymbol{W}_1$较近了，其距离$\cos(\theta_1)$远远大于特征向量 $\boldsymbol{x}$ 与$\boldsymbol{W}_2$的距离$\cos(\theta_2)$。因此通过该距离已经能够计算得到足够小的损失函数值,那么该特征向量 $\boldsymbol{x}$ 被认为已经足够好。如果在损失函数中增加 Margin，那么特征向量 $\boldsymbol{x}$ 与其类别中心$\boldsymbol{W}_1$的距离将会变为$\cos(\theta_1+m)$，该距离相当于图中$\boldsymbol{x}'$与类别中心$\boldsymbol{W}_1$的距离。可以发现该距离没有远大于$\cos(\theta_2)$，因此损失函数值依然很大，模型会继续更新使得特征向量 $\boldsymbol{x}$ 与$\boldsymbol{W}_1$的夹角变小，与其他类别的权重参数向量（如$\boldsymbol{W}_2$）的夹角变大。最终模型学习到的特征向量将会集中在各自的类别中心，从而使其具备更强的判别能力。

### 6.2.6　小结

本节介绍了通过图像分类识别任务进行深度卷积神经网络特征学习的方法。主要介绍了在给定训练图像的情况下，经过卷积神经网络学习特征后，如何使用 Sigmoid

或 Softmax 函数进行类别预测概率的计算。如何定义损失函数来度量真实标签与预测概率之间的差距，从而使得卷积神经网络不断地去调整特征以达到更好的预测结果。本节介绍了常见的 Softmax 交叉熵损失函数及其不同的改进版本，读者可以根据其定义和改进的方向去理解更多不同的分类识别损失函数。

## 6.3 基于度量学习的特征训练

本章前面介绍了如何利用分类网络在有类别标记的训练数据上进行特征训练。基于卷积神经网络的分类模型训练是一项比较成熟的技术，同时分类网络本身收敛速度也较快。但是同样基于分类网络的特征训练也存在着一些限制：

- 当训练数据类别个数过多时，模型参数量巨大，每次分布式并行更新参数需要同步大量数据，网络通信会成为训练瓶颈。对于工业级的人脸识别、商品识别数据来说，类别个数可能达到百万甚至更多，以一百万个类别来算，那么对于 ResNet 50 模型来说，最后全连接层的参数量是$2048 \times 1000000 \times 4 \approx 7.6\text{G}$。在训练过程中，每次迭代同步梯度需要大量的数据传输，导致网络通信成为训练速度的瓶颈。为解决该问题，只能设计更复杂的并行训练系统，比如对全连接层单独使用并行模型。
- 训练数据缺乏类别标记。在部分工业场景中，可以根据用户点击反馈数据得到图片之间的相似度信息。这些数据没有类别标记，难以直接使用分类模型进行特征训练。

针对上述问题，本节介绍基于度量学习的特征训练算法。度量学习是指学习一个距离度量，使得两个样本之间的距离满足对应的任务需求。比如对于图像检索任务，理想的距离度量是，内容相似的图像间距离应该近，否则应该远。基于度量学习的特征训练算法通过学习一个特征映射函数，将样本映射到指定特征空间（常见的如欧式空间）。在该特征空间内，样本之间的距离满足预先设定的任务需求。基于度量学习的特征训练算法使用的监督信息大多是样本之间的相似度信息，比如对于 Contrastive 函数来说，监督信息是“两个样本是否相似”，这是一种绝对的相似度信息；对于三元组损失函数来说，监督信息是样本之间的相似度排序，这是一种相对的相似度信息。不同的度量学习方法之间，最大的差异体现在训练过程中损失函数的计算。因此，本章接下来的部分，会从损失函数的角度介绍不同的度量学习方法。

### 6.3.1 Contrastive 损失函数

Contrastive 损失函数（比较损失函数）[3]根据样本之间的距离关系，学习一个函数映射，将高维输入（图像）映射成一个较低维的向量，使得在输入空间相近的样本，在映射空间也相近，而在输入空间较远的样本，在映射空间也较远。同时，该函数还要满足以下条件：

- 该映射函数能够近似复杂的距离关系，比如两张图片之间的内容是否相似。这要求模型能对图片的内容进行表示，具有较强的函数拟合能力。
- 对于输出的特征向量，能够通过简单的度量（如欧氏距离）来计算样本之间的距离。
- 该函数具有一定的泛化性能，能够处理训练过程中从未见过的样本。

设$X_1, X_2$是一对输入图片，$Y$表示两个样本是否相似，$Y=0$表示两个样本相似，$Y=1$表示两个样本不相似。Contrastive 损失函数的目的是学习一个特征映射函数$G_w$，使得样本之间的相似度可以通过欧氏距离来度量：

$$D_w(X_1, X_2) = ||G_w(X_1) - G_w(X_2)||_2$$

为了使上述度量能够满足我们的要求，比如能够衡量两张图片的内容是否相似，我们需要对模型参数进行学习。对于 Contrastive 损失函数来说，我们根据样本对是否相似，定义两种损失函数:

- 对于相似样本，我们希望经过$G_w$的映射之后，两者之间的距离足够小。这可以通过最小化两者之间的距离$D_w$来实现，因此对于相似样本对，其损失函数定义为：

$$L_s(W, X_1, X_2) = \frac{1}{2}(D_w)^2$$

- 对于不相似的样本，我们希望经过$G_w$的映射之后，两者之间的距离足够大。实际中，我们希望不相似样本对之间的距离能够大于给定阈值 $m$，因此损失函数$L_D$的定义为：

$$L_D(W, X_1, X_2) = \frac{1}{2}(\max\{0, m - D_w\})^2$$

综合考虑上述两种情况，损失函数可以统一成：

$$L(W, Y, X_1, X_2) = (1-Y)L_s(W, X_1, X_2) + Y L_D(W, X_1, X_2)$$

对训练集或者批量中的所有样本对计算上述损失函数，即得到整体的损失函数。

参考资料[3]中的做法是从弹簧模型出发，为 Contrastive 损失函数提供了一种物理解释。根据胡克定律，弹簧在发生形变时，弹簧的弹力 $F$ 与弹簧的伸缩量 $X$ 成正比，即：

$$F = -KX$$

为了理解 Contrastive 损失函数，我们定义两种弹簧模型，一种是“引力弹簧”模型，该弹簧的原始长度为 0，只会被拉伸，不会被压缩。同样地再定义一种“推力弹簧”模型，当弹簧的长度小于 $m$ 时，会产生推力。则对于相似样本，Contrastive 损失函数其实是一种“引力弹簧”模型，而对于不相似的样本，Contrastive 损失函数则是一种“推力弹簧”模型。为理解该结论，需要对模型参数的梯度进行分析。

对于相似样本，损失函数为：

$$L_{\mathrm{s}}(W, X_1, X_2) = \frac{1}{2}(D_w)^2$$

使用 Contrastive 损失函数训练的过程其实是通过更新模型参数，拉近相似样本之间的距离（$D_w$），此过程可类比上述“引力弹簧”模型。对于弹簧来说，拉力越大，弹簧两端物体靠近的速度也越大。在使用 Contrastive 损失函数训练模型参数的过程中，两个样本靠近的速度由参数对应的梯度决定：

$$\frac{\partial L_s}{\partial W} = D_w \frac{\partial D_w}{\partial W}$$

可见，如果将参数的梯度$\frac{\partial L_s}{\partial W}$比作两个样本之间的“引力”，则两个样本之间的引力与两个样本之间的距离$D_w$成正比，比例系数为$\frac{\partial D_w}{\partial W}$。这一性质与弹簧模型的拉伸原理一致，其中$D_w$就表示弹簧的拉伸量（$X$），$\frac{\partial D_w}{\partial W}$就表示弹簧的弹性系数（$K$）。

同理，当两个不相似的样本距离小于 $m$ 的时候，会受到大小为$\frac{\partial L_D}{\partial W}$的推力，将两个样本“推开”，$\frac{\partial L_D}{\partial W}$具体为

$$\frac{\partial L_D}{\partial W} = -(m - D_w)\frac{\partial D_w}{\partial W}$$

综上，基于 Contrastive 损失函数训练的模型，在训练过程中，会将相似样本对“拉近”，并将不相似样本对“推开”。

为了验证 Contrastive 损失函数学习的效果，参考资料[3]在 MNIST 数据集上，使用 Contrastive 损失函数作为损失函数，训练了一个神经网络。该网络的输入是 MNIST

图像，输出是二维特征向量（因为二维方便可视化）。训练完成之后，将 MNIST 测试集图片映射到二维空间，由图 6.9 可以看到，尽管将图片从高维（MNIST 原始图片为 28×28 维）映射到了二维，但是映射后的特征向量还是保留了图片之间的近邻关系。图中红色的点代表数字 4，蓝色的点代表数字 9。

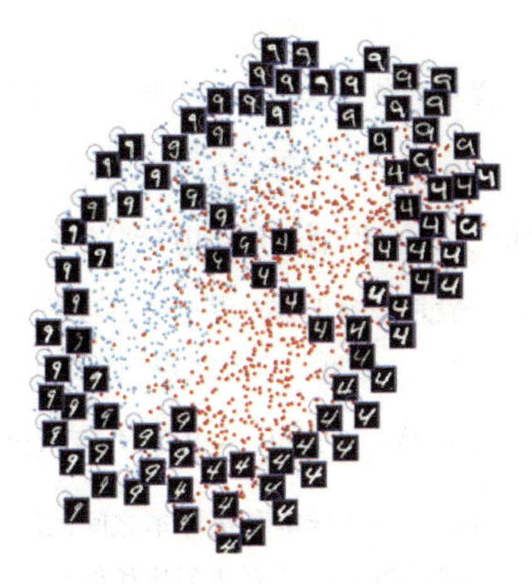

图 6.9　降维效果，图片摘自参考资料[3]

### 6.3.2　Triplet 损失函数

基于 Contrastive 损失函数的度量学习方法被应用于多个领域，比如人脸特征学习[5]。但是，基于 Contrastive 损失函数的学习方法存在一个问题[4]：在特征学习的过程中，网络试图通过最小化相似样本之间的欧氏距离，把同一个人的脸部照片映射到特征空间的一个“点”上，但对于人脸验证等问题来说，模型只需要保证同一个人的人脸照片间的距离，比不同人的人脸照片之间的距离小于一个指定的阈值即可。因此参考资料[4]提出了 FaceNet，其通过最小化 Triplet 损失函数（三元组损失函数）的方式，对每一张图片直接学习一个 128 维的特征（embedding），其在精度上超越了当时的最优模型。

FaceNet 使用了两种在当时最优的 backbone 网络：Zeiler&Fergus Net 和 GoogLenet V1。FaceNet 工作的重点并不在于对基础模型做了多少改进，而是从特征训练的角度入手。具体为，给定一张输入图片$x$，FaceNet 希望学习一个 CNN 模型$f(x)$，将$x$映射到特征空间$\mathbb{R}^d$，在该空间内，两张图片的相似度可以直接用特征（embedding）向量的欧氏距离来度量，欧氏距离近的两个 embedding，图片也相似，很可能是同一个人的脸部照片，欧氏距离远的两个 embedding，图片不相似。

三元组损失函数的计算至少需要 3 个训练样本：锚点样本$x^{\mathrm{a}}$、正样本$x^{\mathrm{p}}$和负样本$x^{\mathrm{n}}$。其中$x^{\mathrm{a}}$可以是随机选取的任意一张图片。确定$x^{\mathrm{a}}$之后，可以在同一个人的其他照片中，挑选$x^{\mathrm{p}}$。$x^{\mathrm{a}}$和$x^{\mathrm{p}}$属于同一个人，可以看作是相似的。$x^{\mathrm{n}}$的选取在实际操作中需要一些技巧，我们将在下节介绍。这里可以先简单理解为，可直接从所有其他人的照片中选择一张图。

确定好锚点样本、正样本和负样本之后，按照人脸验证的需求，好的特征模型应该满足如下公式：

$$||f(x^{\mathrm{a}})-f(x^{\mathrm{p}})||_2^2+\alpha<||f(x^{\mathrm{a}})-f(x^{\mathrm{n}})||_2^2$$

其中，$\alpha$称为 Margin 值，一般是一个正数，表示锚点与正样本之间的距离，应该至少比锚点与负样本之间的距离小$\alpha$。因此，三元组损失函数可以写成：

$$\text{loss}=\max(\left\|f(x^{\mathrm{a}})-f(x^{\mathrm{p}})\right\|_2^2-\left\|f(x^{\mathrm{a}})-f(x^{\mathrm{n}})\right\|_2^2+\alpha,0)$$

通过最小化上述损失函数，锚点样本和正样本之间的距离会变得非常小，锚点样本与负样本之间的距离会变得足够大，从而达到将相似样本拉近，将不同类样本推开的目的，如图 6.10 所示。

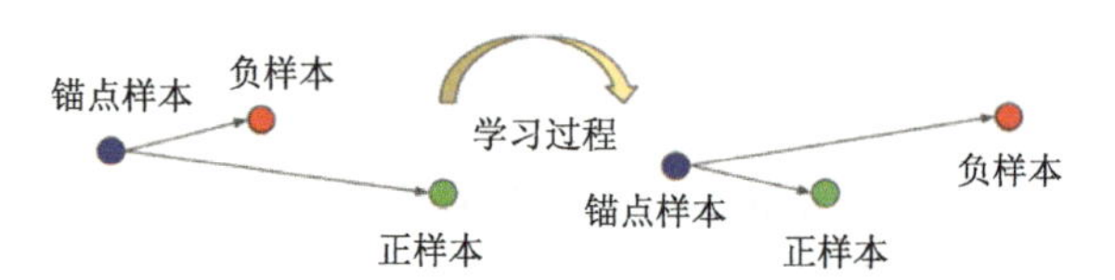


图 6.10　三元组损失函数的训练效果，图片摘自参考资料[4]

具体在训练过程中，锚点-正样本-负样本的三元组选取是非常重要的。设想数据集有 $K$ 个类别 id，每个类别 id 有 $N$ 张图片，那么总的三元组数量为 $KN\times(N-1)\times(KN-N)$。如果将所有三元组都拿来训练，那么会碰到两个问题：

- 只要数据集稍有规模，那么对这么多的三元组全部进行前向计算、反向梯度传播、参数更新是不可能的。
- 很多三元组对训练的帮助其实并不大，因为在大部分三元组中，锚点样本与正样本的距离加上$\alpha$都小于锚点样本与负样本间的距离，对于这种三元组，其三元组损失函数已经是 0，在训练过程中对参数更新没有帮助。

从上述两点可以看到，三元组的采样对提升训练效率、效果都很有帮助。比如针对上述第 2 点，一个最直接的三元组采样方式是，确定了锚点样本之后，可以通过$\arg\max_{x^{\mathrm{p}}}||f(x^{\mathrm{a}})-f(x^{\mathrm{p}})||_2^2$的准则来选择正样本，因为通过这种方式选择的正样本是

最难的。同理负样本的选择也可以按照$\arg\min_{x^n}||f(x^a)-f(x^n)||_2^2$的准则来选取，即选择与锚点最相似的负样本。这种采样方式简单直接，但是存在两个问题：

- 每次进行三元组采样时，都要在整个数据集上计算与锚点最相似的负样本，这是不可行的，需要巨大的计算量。
- 数据集中如果有标注噪声，那么按照上述方法采样的样本很可能是噪声数据。

上述问题可以有两个解决方法：第一，训练开始前，将整个数据集随机划分成多个子集。根据当前模型输出的特征，在该子集上选择最难的正样本、负样本。由于每个子集数据量小，因此选择最难的正负样本的计算量也可以接受，该方法需要模型每迭代一定次数后，重新对子集划分进行调整，以便不同子集的样本有机会参与构建三元组。第二，训练过程中，在一个批量内的所有图片中，挖掘正、负样本。FaceNet[4]在训练过程中就使用了第二种方式进行三元组采样。

值得注意的是，在训练初期选择负样本的时候，应避免选择过分难的负样本。假设选择的负样本过难，使得锚点与正样本之间的距离大于锚点与负样本之间的距离，损失函数的值大于 Margin 的值，那么模型很容易得到一个无意义的解：$f(x)=\boldsymbol{c}$。其中向量$\boldsymbol{c}$是常量，即对于所有的输入图片，模型输出的特征都一样，此时损失函数的值能够快速地从大于 Margin 下降到等于 Margin，这样虽然尽管损失函数值降低了，但是结果却是毫无意义的。为了防止这一现象发生，可以在训练过程中采用一种半困难负样本采样的方法。确定好锚点和正样本之后，选择的负样本需要满足以下条件：

$$||f(x^{\mathrm{a}})-f(x^{\mathrm{p}})||_2^2<||f(x^{\mathrm{a}})-f(x^{\mathrm{n}})||_2^2$$

直观来说，就是选择的负样本必须满足到锚点的距离大于锚点到正样本的距离。这样在训练的开始阶段，损失函数也是比 Margin 要小的，从而能够避免出现上述损失函数值等于 Margin 的情况。

### 6.3.3 三元组损失函数在行人再识别中的应用

行人再识别的目的是把不同摄像头拍摄的同一个人的照片关联到一起。基于三元组损失函数的特征学习在该领域取得了非常好的效果[6]，但是需要选择合适的三元组进行训练，否则很容易得到不如分类模型的效果。如果选择容易的样本组合进行训练，则损失函数基本为 0，对正确更新模型参数没有帮助；如果选择困难的样本组合，则会使得模型不稳定，得到无意义的训练结果，尤其对于标注噪声比较大的数据，其中的困难样本几乎全是噪声样本，这种情况下，模型很难得到有效的训练。为了解决这个问题，参考资料[6]尝试了多种三元组采样方式：

- Batch-Hard 方式。采样批量内的图片时，首先随机采样 $P$ 个类别（对于行人再识别问题，就是 $P$ 个行人），然后对于每个类别，都采样 $K$ 张图片，总共得到 $P\times K$ 张图片。每张图片都可以作为一个锚点。对于每个锚点，选择距离其最远的同类图片作为难正样本，然后从所有其他类别的图片中，选择距离锚点最近的图片作为难负样本。这种方案一共会采样 $P\times K$ 个三元组。
- Batch-All 方式。采样批量内的图片时，同 Batch-Hard 方式一样，首先采样 $P$ 个类别，每个类别采样 $K$ 张图片，总共得到 $P\times K$ 张图片。每张图片也一样可以作为一个锚点。对于每个锚点，把同类其他图片当成正样本，即可以有 $K-1$ 个正样本选择，共计 $P\times K\times(K-1)$ 个锚点-正样本对。对于每一个锚点-正样本对，把非他类作为负样本，都有 $(P-1)\times K$ 个负样本选择。因此三元组共有 $P\times K\times(K-1)\times(P\times K-K)$ 种。虽然三元组非常多，但是在实际计算中，只需要对输入的 $P\times K$ 张图进行一遍特征提取，然后得到 $P\times K$ 张图的特征向量，计算两两之间的欧氏距离，得到一个距离矩阵。三元组损失函数的值可以根据这个距离矩阵查表得到。

对于行人再识别数据集，如 MARS[7]，标注噪声并不多，因此使用 Batch-Hard 方式得到的结果并不比 Batch-All 差，在某些超参数设置下甚至还要更好。

### 6.3.4 Quadruplet 损失函数

对于三元组损失函数来说，在训练过程中，只要锚点与正样本之间的距离小于锚点与负样本之间的距离减去 Margin 即可，并不要求锚点与正样本之间的绝对距离有多小。这对于训练过程可能并没有什么问题，即使某对锚点与正样本之间的距离比较大，但是只要锚点和训练集中的其他负样本距离更远，依旧可以满足三元组的距离约束。不过相关工作表明，减小同类样本之间的距离，增加不同类别样本之间的距离，能够提升模型的泛化性能[8]。为了达到该目的，参考资料[9]中提出 Quadruplet 损失函数，其在优化锚点-正样本-负样本之间排序关系的同时，也减小了同类样本之间的类内间距，增加不同类样本的类间间距。

给定样本$x_i, x_j, x_k, x_l$，其中$x_i, x_j$ 属于同一类别，$x_k, x_l$ 属于另外两个类别，则 Quadruplet 损失函数的定义如下：

$$L_{\text{quad}} = \sum_{i,j,k}^{N}\left[g\left(x_i, x_j\right)^2 - g(x_i, x_k)^2 + \alpha_1\right]_+ + \sum_{i,j,k,l}^{N}\left[g\left(x_i, x_j\right)^2 - g(x_l, x_k)^2 + \alpha_2\right]_+$$

可以看到，Quadruplet 损失函数的第 1 项与三元组损失函数相同，都是对于一个指定的锚点样本$x_i$，使得正样本$x_j$与锚点的距离加上$\alpha_1$，小于负样本$x_k$与锚点样本的距离。但是 Quadruplet 损失函数多了第 2 项，即$\sum_{i,j,k,l}^{N}\left[g\left(x_i, x_j\right)^2 - g(x_l, x_k)^2 + \alpha_2\right]_+$，这一项使锚点样本$x_i$与正样本$x_j$之间的距离加上$\alpha_2$，小于另外一个锚点样本$x_l$与负样本$x_k$之间的距离。这一项的主要目的是进一步减小锚点与正样本间的类内间距，提高模型的泛化能力。

### 6.3.5 Listwise Learning

上文提到的 Contrastive 损失函数、三元组损失函数与 Quadruplet 损失函数，都是利用锚点与极少数样本的相关性信息进行特征学习，比如三元组损失函数仅利用了锚点与另外两个样本之间的相似度信息。在实际应用中，往往可以知道锚点与很多个样本之间的相关性程度，比如用户使用搜索引擎时，输入一个查询，搜索引擎返回 10 个检索结果。相关性高、质量好的结果，用户们点击的次数也多，这样就得到了该查询与这 10 个样本（可以看作一个列表）之间的相似度信息。对于这一类查询与列表之间的相似度信息，可以利用 Listwise Learning[11]技术进行特征学习。

为方便理解，假设有一个查询样本$q$，和三个检索结果$d_1, d_2, d_3$，可以对这些样本分别提取特征，并计算$q$与$d_1, d_2, d_3$的相似度分数，记为$s_1, s_2, s_3$。令$\pi = <\pi(1), \pi(2), \pi(3)>$表示三个检索结果相关性的真实排序，例如$\pi = <3,2,1>$即表示，三个检索结果按照与$q$的相关性从高到低依次是$d_3, d_2, d_1$。给定相似度分数$s_1, s_2, s_3$，则$\pi$发生的概率$P_\pi$被参考资料[10]定义为：

$$P_\pi = \prod_{j=1}^{3} \frac{\exp(s_{\pi(j)})}{\sum_{k=j}^{3} \exp(s_{\pi(k)})}$$

举例来说，当$\pi = <3,2,1>$时，对应的$P_\pi = \frac{\exp(s_3)}{\exp(s_3)+\exp(s_2)+\exp(s_1)} \cdot \frac{\exp(s_2)}{\exp(s_2)+\exp(s_1)} \cdot \frac{\exp(s_1)}{\exp(s_1)}$。

在模型训练的过程中，我们知道真实的排序信息π，则根据极大似然估计的思想，通过最大化真实排序对应的对数似然（或等价的最小化负对数似然），可以得到最优的模型参数，该过程使用的损失函数为：

$$\text{loss}=-\log(P_\pi)=-\log\left(\prod_{j=1}^{3}\frac{\exp(s_{\pi(j)})}{\sum_{k=j}^{3}\exp(s_{\pi(k)})}\right)$$

### 6.3.6 组合损失函数

对于使用分类损失函数训练的特征模型来说，其优势在于，能够有效地将不同类别的样本“拉开”，扩大类间间距。但是也存在不足，即对于同一类的样本，分类损失函数并没有加很强的约束，这可能导致同一类别的特征间距较大，不利于将特征泛化到新类别上。而对于度量学习损失函数来说，以 Contrastive 损失函数为例，在特征学习过程中，加入了同类别样本距离的限制，从而能够有效地减小类内方差。两种方法各有侧重，本小节以 Deep ID2[13]为例，介绍如何将分类损失函数和度量学习损失函数结合，进行特征训练。

Deep ID2 在训练过程中，使用了两个损失函数：Identification 损失函数和 Verification 损失函数。对于输入图片$x_i$及其对应的类别$t_i$，Deep ID2 使用常用的 Softmax 损失函数作为 Identification 损失函数：

$$\text{Ident}(x_i,t_i)=-\log(p_{t_i})$$

其中，$p_{t_i}$表示模型预测的$x_i$属于类别$t_i$的概率。如上文所述，分类损失函数通过使不同类别的样本映射到对应的类中心，从而将不同类别的样本拉开。但是分类损失函数并没有对同类样本的特征做足够的约束，为了减小类内方差，提高特征泛化能力，Deep ID2 在 Identification 损失函数的基础上，增加了如下 Verification 损失函数：

$$\text{Verif}(x_i,x_j,t_i,t_j)=\begin{cases}\frac{1}{2}||f(x_i)-f(x_j)||_2^2 & t_i=t_j\\ \frac{1}{2}\max(0,m-||f(x_i)-f(x_j)||_2)^2 & t_i\neq t_j\end{cases}$$

可以看到，Verification 损失函数其实就是前面提到的 Contrastive 损失函数，Verification 损失函数显式地对同类别样本之间的距离进行约束，这样能够有效地提升模型的泛化能力。

### 6.3.7 小结

本节介绍了基于度量学习的特征训练方法，总的来说，这些方法都是通过参数更新，使模型输出的特征满足给定的二元组约束、三元组约束、四元组约束甚至列表级的约束。相比基于分类训练的特征学习方法，本节介绍的方法，其模型的参数量与类别个数无关，更适用于类别数多的应用场景，但是在实际使用中，其收敛速度不如基于分类方法的特征训练，同时需要采样合适的数据组合，否则模型容易发散或者学习不到有用信息。

## 6.4 代码实践

为了方便读者实际操作，本节提供了一个使用 PyTorch 实现的三元组损失函数，代码如下：

```
1.  import torch
2.  import torch.nn as nn
3.  import torch.nn.functional as F
4.
5.  class TripletLoss(nn.Module):
6.      def __init__(self, margin=0.3):
7.          super(TripletLoss, self).__init__()
8.          self.margin = margin
9.
10.     def forward(self, embeddings, triplets):
11.         # embeddings 是预先 L2 归一化之后的特征向量
12.         # triplets 是采样得到的 triplet 信息，是 n×3 的矩阵，每一行分别为 anchor、
            positive、negative
13.         sim = torch.matmul(embeddings, embeddings.t())
14.
15.         ap_sim = sim[triplets[:, 0], triplets[:, 1]]
16.         an_sim = sim[triplets[:, 0], triplets[:, 2]]
17.
18.         losses = F.relu(an_sim - ap_sim + self.margin)  # triplet loss
19.         num_valid = float(torch.sum(losses > 1e-5).detach())
20.         loss = losses.sum() / (num_valid if num_valid > 1.0 else 1.0)
21.         return loss
```

## 6.5 本章总结

本章从分类训练、度量学习训练两个角度介绍了常用的特征学习方法。一般来说，分类训练更加容易收敛，有非常多的公开数据集可以用于预训练，同时特征模型能够很好地迁移到其他任务上，比如检测、分割。其缺点是，当分类数据中类别过多时，需要对训练系统做有针对性的优化，比如设计专门的“数据并行+模型并行”[26]训练

系统。而基于度量学习的特征训练方法则不受类别个数的影响，但是缺点是收敛缓慢，并且需要精心设计采样策略来保证模型的正常训练。

## 6.6 参考资料


[1] LOWE, DAVID G. Object recognition from local scale-invariant features." In Proceedings of the seventh IEEE international conference on computer vision. IEEE, 1999, 2:1150-1157.

[2] BAY, HERBERT, ANDREAS ESS, et al. Speeded-up robust features (SURF). Computer vision and image understanding 110, 2008, 3: 346-359.

[3] HADSELL, RAIA, SUMIT CHOPRA, et al. Dimensionality reduction by learning an invariant mapping. In 2006 IEEE Computer Society Conference on Computer Vision and Pattern Recognition (CVPR'06). IEEE, 2006,2:1735-1742

[4] SCHROFF, FLORIAN, DMITRY KALENICHENKO, et al. Facenet: A unified embedding for face recognition and clustering. In Proceedings of the IEEE conference on computer vision and pattern recognition, 2015:815-823.

[5] Deep Learning Face Representation by Joint Identification-Verification.

[6] HERMANS, ALEXANDER, LUCAS BEYER, et al. In defense of the triplet loss for person re-identification. arXiv preprint arXiv:1703.07737.

[7] ZHENG, LIANG, ZHI BIE, et al. Mars: A video benchmark for large-scale person re-identification. In European Conference on Computer Vision. Cham:Springer, 2016 :868-884..

[8] CORTES, CORINNA, VLADIMIR VAPNIK. Support-vector networks. Machine learning 20, 1995,3: 273-297.

[9] CHEN WEIHUA, XIAOTANG CHEN, JIANGUO ZHANG,et al. Beyond triplet loss: a deep quadruplet network for person re-identification. In Proceedings of the IEEE Conference on Computer Vision and Pattern Recognition, 2017:403-412.

[10] CAO ZHE, TAO QIN, TIE-YAN LIU, et al. Learning to rank: from pairwise approach to listwise approach. In Proceedings of the 24th international conference on Machine

learning. ACM, 2007:129-136.

[11] XIA FEN, TIE-YAN LIU, JUE WANG, et al. Listwise approach to learning to rank: theory and algorithm. In Proceedings of the 25th international conference on Machine learning. ACM, 2008:1192-1199.

[12] WEN YANDONG, KAIPENG ZHANG, ZHIFENG LI,et al. A discriminative feature learning approach for deep face recognition. In European conference on computer vision. Cham :Springer, 2016:499-515.

[13] SUN YI, YUHENG CHEN, XIAOGANG WANG,et al. Deep learning face representation by joint identification-verification. In Advances in neural information processing systems, 2014:1988-1996.

[14] XIE SAINING, ZHUOWEN TU. Holistically-nested edge detection. In Proceedings of the IEEE international conference on computer vision, 2015:1395-1403.

[15] HINTON, GEOFFREY, ORIOL VINYALS, et al. Distilling the knowledge in a neural network. arXiv preprint arXiv:1503.02531.

[16] LIU WEIYANG, YANDONG WEN, ZHIDING YU, et al. Large-margin softmax loss for convolutional neural networks. In ICML, 2016,2(3):7.

[17] LIU WEIYANG, YANDONG WEN, ZHIDING YU, et al. Sphereface: Deep hypersphere embedding for face recognition. In Proceedings of the IEEE conference on computer vision and pattern recognition, 2017:212-220.

[18] RANJAN, RAJEEV, CARLOS D CASTILLO, et al. L2-constrained softmax loss for discriminative face verification. arXiv preprint arXiv:1703.09507 .

[19] WANG FENG, XIANG XIANG, JIAN CHENG, et al. Normface: L2 hypersphere embedding for face verification. In Proceedings of the 25th ACM international conference on Multimedia, 2017:1041-1049.

[20] WANG HAO, WANG YITONG, ZHENG ZHOU, et al. Cosface: Large margin cosine loss for deep face recognition. In Proceedings of the IEEE Conference on Computer Vision and Pattern Recognition, 2018:5265-5274.

[21] WANG FENG, JIAN CHENG, WEIYANG LIU, et al. Additive margin softmax for face verification. IEEE Signal Processing Letters 25, 2018 (7): 926-930.

[22] LIN TSUNG-YI, PRIYA GOYAL, ROSS GIRSHICK, et al. Focal loss for dense object detection. In Proceedings of the IEEE international conference on computer vision, 2017: 2980-2988..

[23] DENG JIANKANG, JIA GUO, NIANNAN XUE, et al. Arcface: Additive angular margin loss for deep face recognition. In Proceedings of the IEEE Conference on Computer Vision and Pattern Recognition, 2019:4690-4699.

[24] KRIZHEVSKY, ALEX, GEOFFREY HINTON. Learning multiple layers of features from tiny images, 2009: 7.

[25] DENG JIANKANG, JIA GUO, NIANNAN XUE, et al. Arcface: Additive angular margin loss for deep face recognition. In Proceedings of the IEEE Conference on Computer Vision and Pattern Recognition, 2019: 4690-4699.

[26] LIUYIHAN SONG, PAN PAN, KANG ZHAO, et al. Large-Scale Training System for 100-Million Classification at Alibaba. In Proceedings of the 26th International Conference on Knowledge Discovery and Data Mining (SIGKDD), 2020: 2909-2930..

# 7 向量检索

## 7.1 概述

向量检索，顾名思义，是指在海量的向量数据库中，检索与查询向量最近的若干结果返回给用户（图 7.1）。随着深度学习技术的日益成熟，图片、视频、文本、语音等多媒体数据输入通过神经网络进行特征学习后被表征为向量。无论是搜索还是关系挖掘，都需要在这些特征层面进行运算和操作。而向量检索是其中一个非常基础且重要的操作。如何在这些海量的多媒体向量中进行高效的向量检索，正是向量检索算法需要解决的问题。

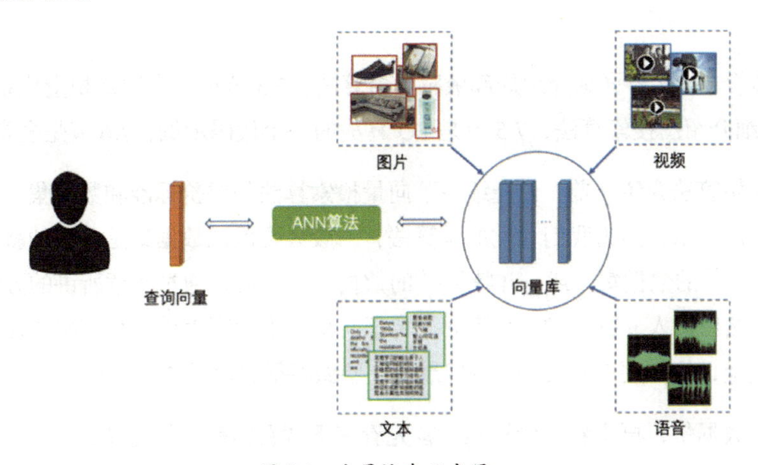


图 7.1　向量检索示意图

向量检索一般分为最近邻检索和近似最近邻检索两类方法。最近邻检索需要对数据库中的所有向量进行遍历，逐一地进行特征对比。但随着数据库容量的快速增长（假设数据量是 $n$），这种时间复杂度是 $O(n)$的算法效率非常低下，在实际操作中不具有可行性。除此以外，高维向量也给系统储存带来了非常大的压力。为了解决这个问题，第二类方法近似最近邻检索（ANN）应运而生，它可以有效地将搜索时间复杂度降低，同时可以压缩存储。ANN 算法的核心思想可以概括为两点：第一，迅速地缩小搜索范围，而不再局限于搜索全库返回最可能的结果；第二，通过牺牲可接受范围内的搜索精度来提高整体的检索效率。本章重点介绍向量检索中的 ANN 算法。

按照算法的检索性能，我们把 ANN 算法分为三大类：局部敏感哈希算法[21]、乘积量化系列算法[11]和图搜索算法[13]。

局部敏感哈希算法将高维空间中相邻的数据投影到低维空间后，使它们落入同一个哈希桶的概率变大，而不相邻的数据投影到同一个哈希桶的概率则很小。检索时将全局检索转换为在一个或若干个哈希桶中进行数据检索，缩小检索范围，提高检索效率。

乘积量化（PQ）系列算法，它的主要思想是将数据向量进行分段量化，用统一的量化中心（可以理解成是一种聚类中心）来代表向量本身，因此可以降低数据存储空间。同时距离计算可以被查表操作代替，从而大大提高计算效率。

图搜索算法首先会对全部数据集进行建图操作，这一过程相对比较耗时，一般会构建一个 $K$ 近邻（KNN）图。算法在检索时，会在这个构建好的图上进行快速跳动，迅速移动到查询向量的附近。这种基于图方式的检索，检索效率和检索准确度都非常不错。

本章会在 7.2 节详细介绍局部敏感哈希算法，7.3 节详细介绍乘积量化系列算法，7.4 节详细介绍图搜索算法，7.5 节是 PQ 算法的一个代码示例，7.6 节是全章总结。

在开始算法介绍之前，先介绍一下向量检索算法的评价标准和数据集。对于数据集没有特殊要求，因为我们对比的是算法，一般只要保证数据集是一样的就可以。比如 sift 特征[22]的数据集，或 gist 特征[23]的数据集。也可以通过本章所讲的方法训练特征模型，然后输入 $n$ 张图像，得到 $n$ 个特征，特征维度则由模型和模型要提取特征的那一层决定，比如用 ResNet-50 模型最后一层做特征，就是 2048 维。

有了数据集，再来看评价标准，首先看一下“召回率”的定义：

$$\text{Recall}(N) = \frac{|B_{\text{anns}}(\boldsymbol{q}) \cap B_{\text{linear}}(\boldsymbol{q})|}{N}$$

其中 $\boldsymbol{q}$ 表示查询向量，$B_{\text{anns}}(\boldsymbol{q})$表示基于 ANN 算法召回的 Top-$N$ 结果；$B_{\text{linear}}(\boldsymbol{q})$表示基于暴力遍历召回的 Top-$N$ 结果；$\cap$表示求两个集合的交集；$|*|$表示统计集合中元素个数。召回率中的 $N$ 一般是固定的，假设是 60。通过调整各个 ANN 算法内部的参数，我们可以绘出 Recall(60)和查询时间之间的一条曲线，见图 7.2。

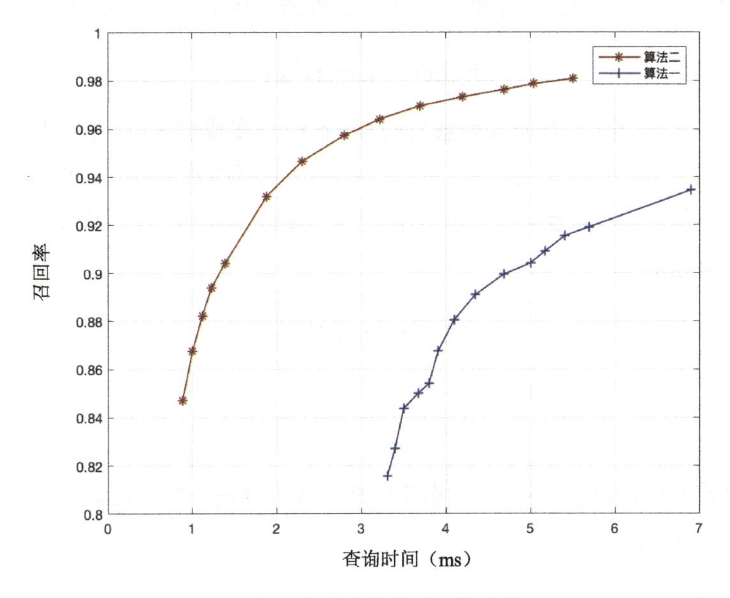


图 7.2　召回率和查询时间曲线

不同的算法会绘出不同的曲线，曲线越靠“上”，表示相同的时间内召回率越高，性能越好（图 7.2 中，算法二优于算法一）。

## 7.2　局部敏感哈希算法

局部敏感哈希算法（LSH）[4,9,15,16,18,21]的思想是，在原始数据空间中的两个相邻数据点通过相同的映射或投影变换后，在新的变换空间中仍然相邻的概率非常大，而非相邻数据点被映射后大概率还是非近邻。换句话说，我们希望可以将近邻数据哈希到同一个哈希桶中，不相邻的哈希到不同哈希桶中。当我们对所有数据都进行了这个预处理之后，可以得到一个/多个哈希表。哈希表中的每一个哈希桶则存储着整个数据集的一个子集。同一哈希桶的数据相邻的概率比不相邻的概率要大很多。有了这些哈希表，我们可以很容易地在数据集中找到邻居。

什么样的哈希函数能够使得原本相邻的数据点经过变换后落入相同的桶内呢？有很多满足这个条件的哈希函数，所以 LSH 其实是一个系列算法，每个算法的哈希函数不同。其中，参考资料[21]中是一个非常经典的算法。我们接下来介绍参考资料[21]中的做法。

假设数据库中的数据维度是 $d$，我们随机生成一个向量$\boldsymbol{w}\sim\mathcal{N}(0,1)$（$\mathcal{N}(0,1)$表示均值是 0、标准差是 1 的正态分布），$\boldsymbol{w}$也是 $d$ 维的。接下来，定义如下哈希函数：

$$h_{\boldsymbol{w}}(\boldsymbol{x}) = \mathrm{sign}(\boldsymbol{w}^{\mathrm{T}}\boldsymbol{x})$$

其中，sign()是符号函数。该哈希函数把向量$\boldsymbol{x}\in\mathbf{R}^{d\times1}$变成了 1 位。在实际应用中，把一个向量变成 1 位，信息损失太大，一般会把一个向量变成若干位，假设是 $b$ 位。方法就是，不再借助向量$\boldsymbol{w}\in\mathbf{R}^{d\times1}$，而是借助一个矩阵 $\boldsymbol{W}\in\mathbf{R}^{b\times d}$（可以随机生成 $b$ 个向量，然后拼起来），于是有：

$$h(x) = \mathrm{sign}(\boldsymbol{W}\boldsymbol{x})$$

## 7.2.1 预处理

有了哈希函数，我们就可以把数据库中所有数据存进一个哈希表了。具体做法（如图 7.3 所示）如下：

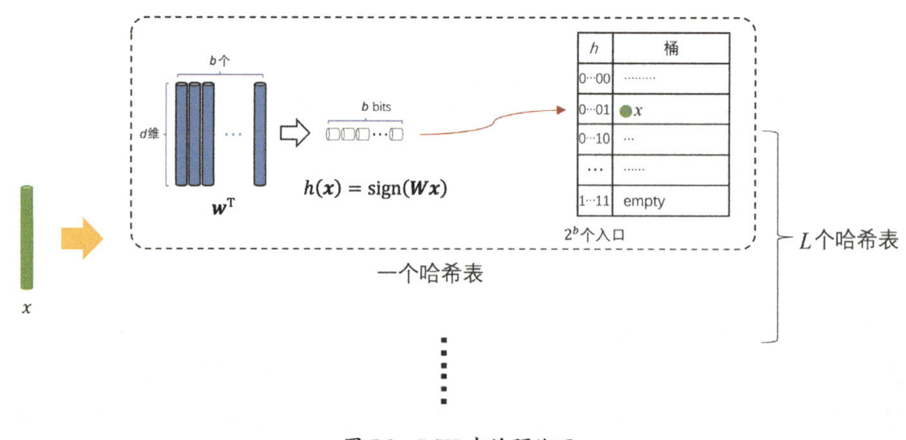


图 7.3 LSH 中的预处理

（1）首先对数据库中的 $n$ 个数据（对应 $n$ 个特征）执行一遍哈希函数，得到 $n$ 个二值表示（每个二值表示有 $b$ 位）。

（2）然后申请$2^b$个桶内存（在 C++里面可以用链表或者 vector 存储，比如一个大小是$2^b$的 vector），数据的每个二值表示对应一个桶。

（3）遍历数据库，将数据放入它对应的桶中，从而将所有数据都存入这个哈希表中。

上述过程我们称为预处理，在实际使用时，我们会用不同哈希函数产生多个哈希表来增加召回率（因为不同哈希表的哈希函数不一样，有一个互补的作用）。完整的预处理过程如下：

**算法[1] LSH 预处理**

输入：数据集（假设有 $n$ 个数据），$L$（哈希表个数），$b$（二值表示的位数）

输出：哈希表$T_i$，$i = 1,\cdots,L$

对每个 $i = 1,\cdots,L$

  随机产生一个矩阵$\boldsymbol{W}_i \in \mathbf{R}^{b\times d}$ → 哈希表$T_i$的哈希函数：$h_i(\boldsymbol{x}) = \mathrm{sign}(\boldsymbol{W}_i\boldsymbol{x})$

对每个 $i = 1,\cdots,L$

  对每个 $j = 1,\cdots,n$

    将点$\boldsymbol{x}_j$ 存到表$T_i$中$h_i(\boldsymbol{x}_j)$对应的桶中

### 7.2.2 搜索

预处理完成之后，一般采用下述方法来查询向量：

（1）将查询向量先二值化。$h(\boldsymbol{q}) = \mathrm{sign}(\boldsymbol{W}\boldsymbol{q})$（$\boldsymbol{q}$ 表示查询向量）。注意，因为有 $L$ 个哈希表，所以有 $L$ 个哈希函数，查询向量会产生 $L$ 个二值表示。

（2）使用查询向量的 $L$ 个二值表示去对应的哈希表中，访问对应的哈希桶。将全部哈希桶（对于每个哈希表只会访问其中一个哈希桶，共计 $L$ 个）中的数据取出，求并集，记为候选集。

（3）计算查询向量与候选集之间的相似度或距离，返回若干个最近邻的数据。

1 引用自参考资料[18]中的 Algorithm: Preprocessing。

**算法[1] 基于 LSH 的搜索**

输入：查询向量 $\boldsymbol{q}$ 和 $k$（近似最近邻个数），预处理过程产生的哈希表 $T_i, i = 1, \cdots, L$

输出：$k$ 个近似最近邻点

1. $S \leftarrow \emptyset$ // $S$ 是候选集，此处置空
2. 对每个 $i = 1, \cdots, L$

   $h_i(\boldsymbol{q}) = \mathrm{sign}(\boldsymbol{W}_i \boldsymbol{q})$ // 计算查询向量的二值表示

   $S \leftarrow S \cup \{$表$T_i$中与$h_i(\boldsymbol{q})$对应的桶中的数据$\}$ // 依次从 $L$ 个哈希桶中取数据，然后求并集
3. 计算 $\boldsymbol{q}$ 与 $S$ 中所有数据的相似度
4. 排序后返回 $k$ 个最近邻

### 7.2.3 小结

本节介绍了 LSH 算法的原理和预处理及搜索的方法。LSH 算法原理简单且容易实现，因为是哈希表结构，访问非常高效，所以查询效率非常不错。但是缺点也很明显，LSH 方法将高维向量投影到低维的海明空间（在深度学习领域，向量都是高维的，少则 512 维，多则 4096 维甚至上万维），信息损失是不可避免的，所以一般召回率不好。为了提高召回率，会让 $L$（哈希表个数）尽量大一些，但这样又比较损耗内存，而且召回率的提升也非常有限。

除此以外，在实际应用中，为了保证精度，LSH 中的 $b$ 值不能太小，假设需要 512 位，这种情况会导致哈希表非常大：$2^{512}$个桶，令内存难以承受。Multi-Index Hashing (MIH)[20]和 Fast Matching of Binary Features[19]就是对 LSH 的优化算法，以试图解决位数太大的问题，有兴趣的读者可以详细阅读。

## 7.3 乘积量化系列算法

本节重点介绍乘积量化系列算法[1,2,6,7,8,10,11]，与 LSH 算法相比，它们的召回率更高，在业界被广泛应用。这里我们主要介绍 Product Quantization（PQ）[11]、PQ 和倒排链的结合（IVFPQ）[11]以及 Optimized Product Quantization（OPQ）[8]这 3 个算法。

1 引用自参考资料[18]中的 Algorithm: Approximate Nearest Neighbor Query。

### 7.3.1 PQ 算法

PQ 算法[11]作为一个检索算法，它的核心思想就是空间切分。假设有 $n$ 个 $d$ 维的向量，PQ 算法首先会把 $d$ 维的空间切成 $M$ 份，然后在每个 $d/M$ 维的子空间里进行聚类操作。图 7.4 显示了这个过程，其中，$d$=512，$M$=8。

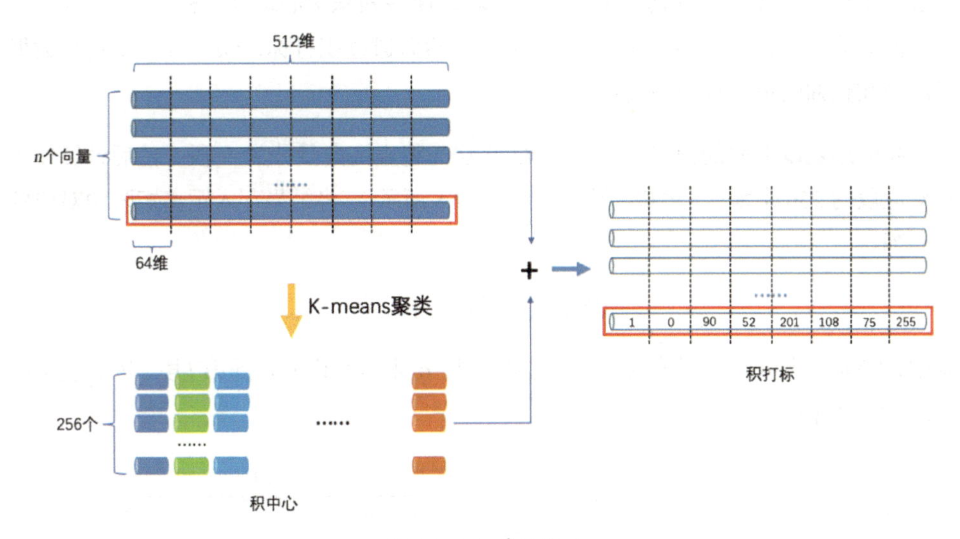


图 7.4 PQ 算法原理

可以看到，切分之后，每个子向量的维度变成了 64 维。对于每一个子空间（子向量所在的空间），PQ 算法采用标准的 K-means 运算来对它们进行聚类操作。假设中心数目是 256（所有子空间的中心数目都是 256），于是得到 8×256 个积聚类的中心（简称积中心）。同时，积聚类结束之后，还产生了每个向量在各个子空间里的一个“积打标”，用来标记距离哪个积中心最近。图 7.4 中的红框示例了一个向量的积打标，共有 8 个数字，从左向右第一个数字“1”表示该向量的第 0 个子空间距离第一个积中心最近（下标均从 0 开始）。

下面我们介绍如何对查询向量进行检索。假设要检索 $n$ 个 $d$ 维的向量，查询向量记为 $\boldsymbol{q}$（也是 $d$ 维的）。暴力的方法是计算 $\boldsymbol{q}$ 和 $n$ 个向量的欧氏距离，然后进行排序，如前所述，这种方法效率非常低下。效率低下的根本原因在于高维向量的欧氏距离计算太过耗时。为了提高检索效率，PQ 算法使用了“查表”操作来加速欧氏距离的计算。

要理解“查表”方法，首先要理解 PQ 为什么要积聚类。积聚类的本质是用积中心去近似表达数据库中要查询的向量，这也是积打标的目的。以图 7.4 中的红框向量为例，它有 8 个积打标，每一个积打标对应一个子空间里的积中心，将这 8 个积中心按顺序拼起来（64×8=512 维），就是这个向量的近似表达。不难发现，数据库中所有向量都可以被这 8×256 个积中心近似表达出来（基于各自的积打标）。既然所有的向量都可以被有限的积中心来近似表达，那么 PQ 算法便可以计算出查询向量和所有积中心的距离（计算时，查询向量也需要分段，保持和积中心维度一样），提前存入一个距离矩阵（就是“查表”中的“表”）中。然后通过积打标，快速查询出每个数据库向量和查询向量的近似距离。

我们还是以上面的积中心举例。PQ 算法先将查询向量分成 8 段，然后计算每段与对应段的 256 个积中心的欧氏距离（如图 7.5 所示），将结果存入距离矩阵中对应的行和列。

$$\mathrm{DM}(i,j) = \|\boldsymbol{q}_i - \mathrm{PC}_{i,j}\|$$

其中，DM(*i*,*j*)表示距离矩阵的第 *i* 行的第 *j* 列，$\boldsymbol{q}_i$表示查询向量的第 *i* 段，$\mathrm{PC}_{i,j}$表示第 *i* 段的第 *j* 个积中心。

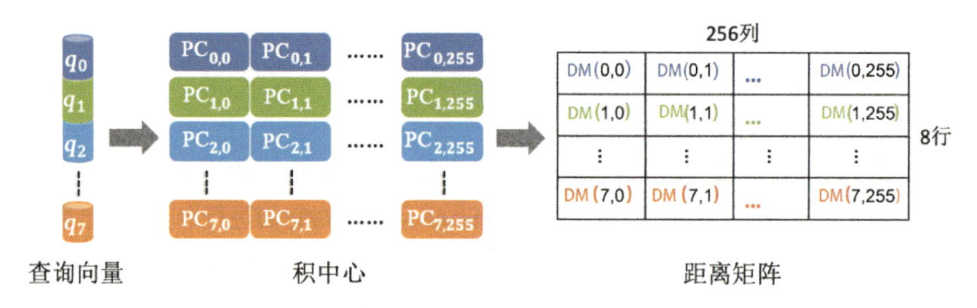


图 7.5　PQ 算法中距离矩阵的获取

有了距离矩阵，便可以通过查表操作，找到查询向量和数据库中向量的每一段的近似距离，然后将这些近似距离相加，就可以得出查询向量和数据库中向量之间的最终距离。我们记数据库中一个向量为 $\boldsymbol{X}$，它的积打标见图 7.6。

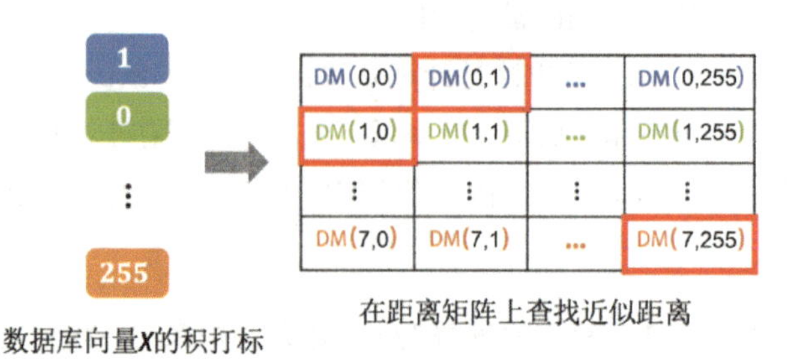


图 7.6　PQ 算法中的查表操作

其中，积打标最上面的“1”对应距离矩阵第 0 行第 1 个距离（行和列均从 0 开始）。用类似方法，可以获取 8 个距离，然后累加出查询向量 $\boldsymbol{q}$ 和 $\boldsymbol{X}$ 的最终距离：

$$\mathrm{dist}(\boldsymbol{q},\boldsymbol{X})=\mathrm{DM}(0,1)+\mathrm{DM}(1,0)+\cdots+\mathrm{DM}(7,255)$$

用类似的方法，可以计算出 $\boldsymbol{q}$ 和数据库中所有向量的距离，然后排序出距离查询向量最近的 $k$ 个结果，返回给用户。

### 7.3.2 IVFPQ 算法

PQ 算法虽然加速了欧氏距离的计算，但仍需要对数据库中的 $n$ 个数据进行遍历，当 $n$ 非常大时，效率依然是个问题。于是 PQ[11]在参考资料的后半部分，提出了 IVFPQ 算法，该算法将倒排结构和 PQ 算法结合，从而可以把对全库的搜索转到对某一个子集的搜索，以提高搜索效率。

IVFPQ 算法首先对数据库中的向量做 K-means 聚类（注意，此处不需要对向量切分，就是传统的聚类，简称粗聚类），聚出来的中心我们称为粗中心。假设粗中心是 1024 个。因为每个向量必然属于这 1024 个粗中心中的一个，所以这 1024 个粗中心把数据库划分成了 1024 个子集。IVFPQ 算法用一个倒排结构[1]来表示这种子集的划分。倒排结构有 1024 个入口，对应 1024 个粗中心。每个入口里面存放归属这个粗中心的数据 id（id 表示数据在内存中的位置，通过 id 就可以访问到数据），见图 7.7。

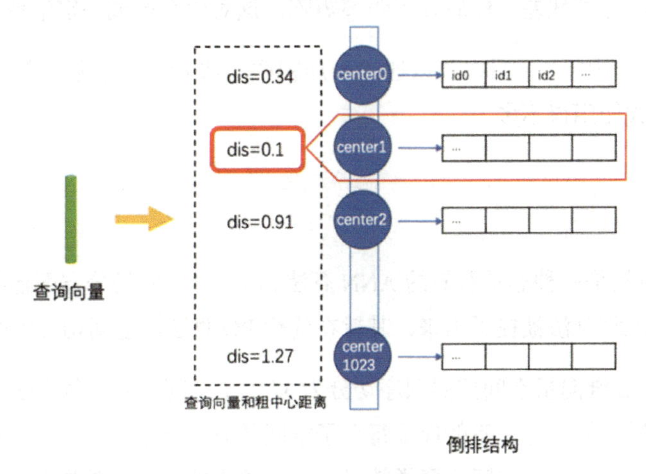


图 7.7 IVFPQ 算法中的倒排结构

1 倒排结构是相对于正排结构的概念。正排结构是通过 key 找 value，倒排则是通过 value 找 key。

下面我们来看 IVFPQ 是怎么检索的。同样，我们有一个查询向量 $\boldsymbol{q}$。IVFPQ 首先计算查询向量 $\boldsymbol{q}$ 和 1024 个粗中心的距离，然后根据这个距离进行升序排序，与向量 $\boldsymbol{q}$ 距离最近的粗中心排在第一个。一般我们会访问 $m$ 个粗中心，$m$ 至少是 1（图 7.7 所示就是这种情况），$m$ 越大，访问的数据越多，计算量越大，但是召回率越高，可以根据实际应用选择 $m$ 的值。因为前 $m$ 个粗中心相比其他粗中心，距离查询向量 $\boldsymbol{q}$ 更近，因此它们内部的数据相比较而言也距离 $\boldsymbol{q}$ 更近。可以看到，IVFPQ 将原先对全部数据的遍历（等价于访问 1024 个入口）转变为访问 $m$ 个入口，大大降低了搜索的范围，效率自然比 PQ 更高。确定 $m$ 个粗中心后，对于倒排结构里面的数据，PQ 算法就采用查表方式来计算它们和查询向量的距离。

另外补充一点，上述介绍的 IVFPQ 在积聚类阶段是对数据库中所有向量进行积聚类。而 IVFPQ[11]原文中是针对每个入口的向量进行残差（残差=原始向量–粗聚类中心）处理后再进行积聚类。残差的优势在于，同一粗中心里的数据都减去一个偏移，这样向量的数值范围会变小（比如一个 10 维的向量，每个维度的值都在 100 左右，如果大家都减去 100，那么每个维度的值就在 0 附近）。向量的数值范围越小，量化误差（粗中心代替数据的误差）就会越小，最后的召回率就会提高。但它也有缺点。首先，粗聚类和积聚类必须串行执行，不能并行执行。因为需要先有粗中心做残差，再进行积聚类。这导致整体聚类不能做并行优化，效率不高。其次采用残差，检索时就需要多个距离矩阵（有多少个粗中心，就需要多少个距离矩阵）。因为需要对查询向量和每个粗中心计算残差，然后计算距离矩阵，这对内存造成一定浪费。

在实际的应用中，召回率可以通过增加粗中心或者积中心数目等多种方式来提升，残差的方式使用得不多。

### 7.3.3 OPQ 算法

PQ 算法虽然是一种非常有效的 ANN 算法，但它在空间切分方面还有很大的优化空间。于是 OPQ[8]算法被提了出来，其旨在优化 PQ 算法的空间切分策略。

PQ 算法将 $d$ 维向量空间按照顺序切分为 $M$ 个子空间，并对每个子空间进行聚类操作。这种按顺序的切分，不能保证每个子空间的方差是平均大小的。有些方差大，有些方差小。方差大的子空间，聚类效果好，方差小的则聚类效果差。因此 OPQ 算法提出构造一个正交矩阵 $\boldsymbol{R}$（$d \times d$ 维），使数据库中所有向量都和这个正交矩阵相乘，再将它们投影到一个新的 $d$ 维空间中，在这个空间中，让切分的子空间的方差尽量均衡。

OPQ[8]中提出了两种方法来构造 ***R***，一种是非参数的方法：将 ***R*** 的构造转化成一个优化问题，然后通过迭代的方式来求解 ***R***。另一种是带参数的方法：将求解 ***R*** 的过程简化为向量经过 PCA 分解后，特征值如何分组的问题。有兴趣的读者可以详细阅读论文，此处就不展开了。因为 OPQ 是对 PQ 的优化，所以 OPQ 也可以和倒排结构结合，那就是 IVFOPQ，其效果自然比 IVFPQ 要更优。

如上所述，OPQ 的优势是空间切分更合理，积聚类效果更好。但是在实际使用中（假设所用数据集中的向量均是通过深度学习模型提取的），数据在不同子空间的方差差别不会很大。而且，随机初始化一个正交矩阵作为 ***R***，也不会比 OPQ 中的 ***R*** 相差多少。因此，OPQ 在实际中的使用并不广泛。

### 7.3.4 小结

本节我们详细介绍了 PQ 算法和 IVFPQ 算法，并简述了 PQ 算法的一个改进版本：OPQ 算法。PQ 算法因为召回率非常不错，在工业界大放异彩。Facebook 开源的向量检索库 faiss 中有 PQ 算法详细的实现代码，包括 CPU 和 GPU 版本，有兴趣的读者可以去研究一下。

除了 OPQ 算法，PQ 算法其实还有很多改进的版本：DPQ[10]、IMI[1]和 Polysemous Code 等[6]。DPQ 在积聚类过程中引入距离的概念来优化积聚类；IMI 则是把积聚类的思想用到了粗聚类中；Polysemous Code 也是 Facebook 的一篇论文，它将 PQ 和二值特征进行了结合。细节我们就不一一展开了，有兴趣的读者可以阅读相关参考资料。

虽然 PQ 系列算法比 LSH 在召回率上更高，但是对那些分布较难的数据集（比如随机噪声，数据在任何维度的分布都比较均匀，没有结构性），它们的数据点之间的距离趋于相同，这时 PQ 算法的召回率下降会非常严重。因为 PQ 算法强依赖粗/积聚类中心对数据的近似表达，这时的近似误差会非常大，召回率会很低。而我们接下来要介绍的图搜索算法就可以很好地缓解这个问题。

## 7.4 图搜索算法

本节会详细介绍 Navigable Small World Graph（NSW）[12]、K-nearest Neighbor Graph（Kgraph）[5]和 Hierarchical Navigable Small World Graph （HNSW）[13]这 3 种图搜索算法，并在最后的实验部分，对比这三种算法的优劣。

## 7.4.1 NSW 算法

在使用图搜索算法时，需要提前构建一个图结构，然后搜索的时候在图上进行快速的遍历。针对 NSW[12]算法，需要离线构建一个图，记为 $G(V,E)$。$V$ 表示数据集中的点（就是一个数据），$E$ 表示点与点之间的边（两个数据之间是否存在边，取决于构图的算法）。如果两个点之间有一条边，则称它们互为“近邻”。点 $V_i$ 所有的“近邻”称为 $V_i$ 的近邻列表。需要注意的是，NSW 算法中有两种不同用途的边：

（1）“short-link”。用于搜索查询向量附近的 $k$ 近邻。

（2）“long-link”。用于搜索初期提高搜索效率。

下面在介绍 NSW 搜索算法时会详细介绍这两种边。因为 NSW 中的构图会用到搜索算法，因此我们先介绍 NSW 的搜索算法。

### 1. NSW 的搜索算法

NSW 有两种搜索算法：一种是基础版本，一种是改进版本。我们先看基础版本。

（1）基础的搜索算法

基础的搜索算法有两个参数：查询向量 $\boldsymbol{q}$ 和搜索的起始点 $V_{\text{entry\_point}}$（图搜索的入口点，一般是从数据库中随机选择一个点）。搜索从这个起始点开始，先计算 $\boldsymbol{q}$ 和该点的近邻列表的距离，并选择一个距离最近的点（记为点 $A$）。如果 $\boldsymbol{q}$ 和点 $A$ 的距离小于 $\boldsymbol{q}$ 和起始点的距离，搜索算法就移动到点 $A$ 上，然后重复上述操作。直到搜索遇到局部最小点停止（局部最小点：$\boldsymbol{q}$ 和某个点（记为点 $B$）的近邻列表距离大于 $\boldsymbol{q}$ 和点 $B$ 的距离），然后返回搜索到的最近邻（注意，基础搜索只返回一个最近邻，相当于 $k$ 近邻搜索中的 $k$=1）。伪代码如下（递归代码）：

**算法[1] 基础搜索($\boldsymbol{q}$：查询向量，$v_{\text{entry\_point}}$：入口点)**

$v_{\text{curr}} \leftarrow v_{\text{entry\_point}}$

$d_{\min} \leftarrow d(\boldsymbol{q}, v_{\text{curr}})$; $v_{\text{next}} = \text{NULL}$

for each $v_{\text{neighbor}} \in v_{\text{curr}}$的近邻列表 do // 遍历$v_{\text{curr}}$的近邻列表

  $d_{\text{nei}} \leftarrow d(\boldsymbol{q}, v_{\text{neighbor}})$

1 引用自 NSW[12]中的 Greedy_ Search。

if $d_{\text{nei}} < d_{\text{min}}$ then

$d_{\text{min}} \leftarrow d_{\text{nei}}$

$v_{\text{next}} \leftarrow v_{\text{neighbor}}$

if $v_{\text{next}}$ = NULL then return $v_{\text{curr}}$

else return 基础搜索($\boldsymbol{q}$, $v_{\text{next}}$)

其中，$d(*)$表示欧氏距离。不难发现，搜索刚开始的时候，因为起始点距离 $\boldsymbol{q}$ 会相对比较远，这时“long-link”就会让搜索快速地到达 $\boldsymbol{q}$ 附近。之后，“short-link”精确定位 query 的最近邻。如图 7.8 所示，其中红色的边就是“long-link”，黑色的边是“short-link”。

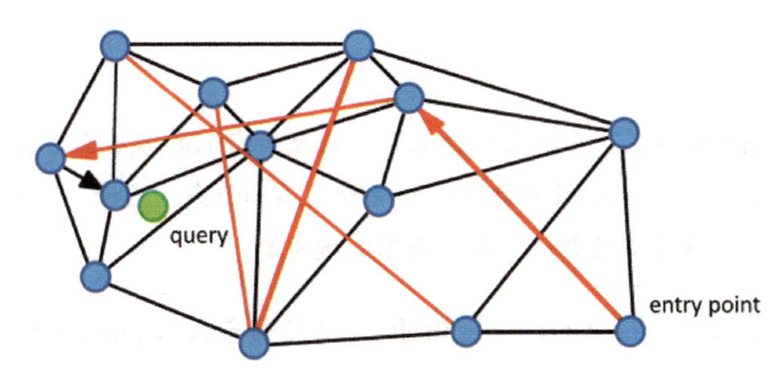


图 7.8 NSW 算法中的“short-link”和“long-link”，图片摘自参考资料[12]

（2）改进的搜索算法

在基础搜索算法之上，NSW 提出了一个改进版本，如图 7.9 所示。

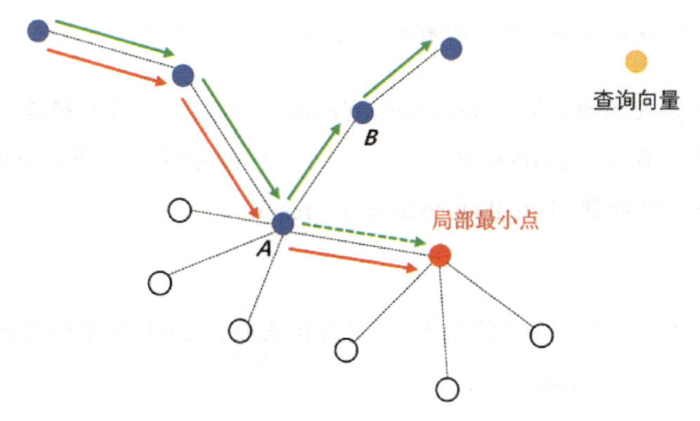


图 7.9 NSW 算法中的基础搜索和改进搜索

- 改进版本采用了不同的停止条件，它在遇到局部最小点后不停止，会继续沿着搜索过程中那些距离 $\boldsymbol{q}$ 很近，同时未被访问过的数据点（被保存下来了）迭代下去。见图 7.9，红线是基础搜索算法的搜索路径，遇到局部最小点就停止；绿线是改进版本的搜索路线，遇到局部最小点后，回退到点 $A$，从点 $B$ 出发继续搜索。当在下一次迭代中，$\boldsymbol{q}$ 的 $k$ 近邻结果没有改变时，它就会停止。简单地说，只要算法能在每次迭代中更新已知的 $k$ 个最近邻，搜索就会一直进行下去。
- 之前被遍历过的数据点会被记录下来，以避免重复的计算。

伪代码如下：

**算法[1]　改进搜索($\boldsymbol{q}$：查询向量，$v_{entry\_point}$：入口点，$k$：返回的最近邻数目)**

```
TreeSet candidates，// 在搜索路径上遇到的点和它们的邻居都会存在这里
visitedSet，// 某个点如果被访问过，就会被添加进来，后面不再访问它
result      // 保存 k 近邻的集合，会不断被更新

将 v_entry_point 放进 candidates 和 result 中 // 将起始点放入 candidates 和 result 中
repeat:
  从 candidates 中获取距离 q 最近的元素 c // c 就是当前正在访问的点
  将 c 从 candidates 中去除                  // 需要从 candidates 里移除 c

  如果 c 比 result 中第 k 个元素(result 中默认升序排序)还远，跳出 repeat // 停止条件：当前节点比 result 里面所有的结果都差，就结束

  for every element e from neighbors of c do: // 访问 c 所有的邻居
    如果 c 不在 visitedSet 中                 // 检查这个邻居是否被访问过
      把 c 添加到 visitedSet, candidates, result
end repeat

从 result 中返回 k 个最好的元素  //迭代停止时，result 里面的数据一般会多于 k 个，所以再排序取 Top-K
```

1　引用自 NSW[12]中的 K-NNSearch。

### 2. NSW 的构图算法

下面我们来介绍一下 NSW 算法中的构图算法。NSW 的构图过程非常简单，就是不断插入数据点，并在每一步的插入过程中，让数据点与 $f$ 个最近的数据点产生边。

怎么找 $f$ 个最近邻呢？可以用上述提到的改进版搜索算法。刚开始插入的时候，可以将构建出来的边看成“short-link”，因为它们都是最近邻关系。随着越来越多的元素被插入，刚开始的“short-link”逐渐变成了“long-link”（因为刚开始时，数据比较少，比如只有数据点 $A$ 和 $B$，那么它们之间肯定有条边。随着插入数据越来越多，点 $A$ 和点 $B$ 可能根本不是近邻，那么它们之间的边就变成了“long-link”）。另外，因为插入的元素是互相独立的，因此插入操作可以并行（单机多进程/线程）执行。

这种构图方式虽然很简单，但是因为每次“插入”都要在全图上搜索，所以很难分布式化，而且，分布式存储图后再进行全图检索效率会非常低下（需要不停地访问不同的机器，因为每台机器上只有部分图结构）。另外，采用这种方式构图，会让数据点的边个数分布非常不均匀（越早插进去的点边越多，越晚插进去的点边越少）。这种情况下会存在很多冗余边，对检索效率影响很大。

## 7.4.2 Kgraph 算法

接下来，我们介绍另外一种算法：Kgraph[5]。与 NSW 类似，它也需要提前构建图。不过 Kgraph 离线构造的是 $K$ 近邻图（边都可以被看作是“short-link”），然后在图上进行搜索。

为了更好地理解 Kgraph 的原理，我们先来认识下面的符号：设$V$是包含$N$个数据的数据集。对于每一个$v \in V$，记$B[v]$是$v$的近似 $K$-NN，即$V$（$v$除外）中的$K$个与$v$比较相似的近邻。记$R[v] = \{u \in V | v \in B[u]\}$是$v$的反向近似 $K$-NN，并让$\bar{B}[v] = B[v] \cup R[v]$。举个例子帮助大家理解$B[v]$和$R[v]$：假设 $a$ 有三个近邻 $b$，$c$，$d$，则有$B[a] = \{b, c, d\}$；同时 $b$，$e$，$g$ 的近邻都包含 $a$，那么$R[a] = \{b, e, g\}$。

因为$B[v]$是我们最后需要的东西，所以一般用堆表示，方便对其更新。有了这些符号之后，我们再来看 Kgraph 的构图算法。

### 1. Kgraph 的构图算法

Kgraph 构图基于以下一个原则：邻居的邻居也可能是邻居。换句话说，如果每个数据点都有一个近似 $K$-NN，那么 Kgraph 会探索每个数据点的这个近似 $K$-NN，从而改进它们，这就是NNDescent算法。该算法首先为每个数据点随机选择 $K$ 个数据作为它的近似 $K$-NN 的初始值，然后通过将每个数据点与其邻居的邻居进行比较（$a$ 有个近邻 $b$，$b$ 有个近邻 $c$，于是看 $c$ 是不是 $a$ 更优的近邻），迭代地改进它当前的邻居，并且在无法改进时停止。

**算法[1]　NNDescent**

函数 Sample$(S, n)$

从集合$S$中采样 $n$ 个样本

函数 Reverse$(B)$

begin

　　$R[v] \leftarrow \{u|v \in B[u]) \ \ \forall v \in V$

返回$R$

函数　UpdateNN$(H, \langle u, l, \dots \rangle)$

更新堆$H$；如果更改则返回 1，否则返回 0

数据：数据集$V$，$K$

结果：$K$-NN 列表 $B$//因为 $B[v]$是 $v$ 的 $K$ 近邻，所以全部数据的 $K$ 近邻就用 $B$ 表示

begin

　　$B[v] \leftarrow$ Sample$(V, K), \forall v \in V$ // 初始化 $K$ 近邻

　　loop

　　　　$R \leftarrow$ Reverse$(B)$ // 求所有数据的反向近似 $K$-NN，就是 $R$

　　　　$\bar{B}[v] \leftarrow B[v] \cup R[v], \forall v \in V$ // 将 $K$ 近邻和反向 $K$ 近邻合并

　　　　$c \leftarrow 0$ // 更新计数器

　　　　对于 $v \in V$ // 对于每个数据，执行如下操作

　　　　　　对于 $u_1 \in \bar{B}[v], u_2 \in \bar{B}[u_1]$ // $u_1$是$v$的近邻，$u_2$是$u_1$的近邻，于是考察$v$和$u_2$的关系

　　　　　　　　$l \leftarrow d(v, u_2)$ // 计算两者距离，看看$u_2$是不是$v$的一个更近的近邻

1　引用自 Kgraph[5]中的 Algorithm1: NNDescent。

$c \leftarrow c + \text{UpdateNN}(B[v], \langle u_2, l \rangle)$ // 根据距离进行更新

$c = 0$时返回 $B$ // $c$=0 表示已经没有需要更新的近邻了

可以将 Kgraph 算法理解为有$N \times K$个函数，每个函数都是一个数据点与其近似$K$-$NN$之间的距离。然后利用类似梯度下降的方法同时最小化这$N \times K$个函数，因此称为NNDescent。

Kgraph[5]对上述算法提出了 4 种改进方式，包括 local join、增量搜索、采样和提前终止四个策略：

（1）局部连接。如果 $a$ 有一个近邻 $b$，$b$ 有一个近邻 $c$，则 NNDescent 基础算法会检查 $c$ 是不是 $a$ 更优的近邻。local join 策略则是观察 $a$ 的两个近邻 $b$ 和 $d$，看 $b$ 是不是 $d$ 的更优近邻（反之亦然）。这避免了再去访问 $b$ 的近邻列表，效率更高。

（2）增量搜索。采用 local join 之后，为了避免对近邻对（上面的 $b$ 和 $d$）重复观察，增加一个标记位将它们标记出来。

（3）采样。还是以 $a$ 为例，它的近邻对肯定有很多，每次迭代时采样部分近邻对观察即可，不需要采样全部的近邻对。

（4）提前终止。上述迭代停止条件是全部的 $K$ 近邻不再变化，实际上到迭代后期，近邻的变化会越来越小，再继续迭代下去收益也不会太大，可以设置固定轮数提前停止迭代。

#### 2. Kgraph 的搜索算法

Kgraph 的搜索算法和 NSW 中的改进版本是一样的，把 Kgraph 构建好的图替换为 NSW 构建的图，设置入口点和 $K$ 近邻的 $K$ 值，就可以查询了。

相比 NSW，Kgraph 中的NNDescent构图算法容易分布式实现。但是它需要大量地交换数据（考察近邻对，更新各自的近邻），通信代价很高，最终的分布式实现效率不会很高。

### 7.4.3 HNSW 算法

最后我们简要介绍一下 HNSW[13]算法，这是图搜索算法中效果最好也是最复杂的一个算法。它是 NSW 的一个升级版，性能更优。我们重点看它和 NSW 的不同。

HNSW 算法是根据“short-link”和“long-link”将图分成不同的层，进行逐层构图。越往上，“long-link”越多，最上层数据点最少；越往下，“short-link”越多，最下面一层则全是“short-link”。

构图的过程如前面所讲的也是一个插入的过程。假设我们要构建一个 5 层的 HNSW（layer4→layer3→···→layer 0），其中 layer 4 是最上层。对于每一个要插入的数据点，HNSW[13]会给它分配一个参数 $m$（比如 2），表示它将由下至上插入 $m$+1 层，即 layer 0、layer 1 和 layer 2。由此可见，高层的一个节点肯定包含在下层中。具体插入过程如下：以上述插入点（记为点 $A$）为例，先自上而下搜索（和下面要讲的搜索类似），于是它会从 layer 4 走到 layer 3，然后走到 layer 2。因为 layer 2 是需要插入的层，所以需要在 layer 2 找到点 $A$ 的若干近邻，然后连接边，这就是插入操作。HNSW 会限制边的个数，也就是说，如果连接边后发现边数超过了限制数，则会在这些边中选择最近的若干条边。而 NSW 中没有这个限制。插入完成后，进入 layer 1，重复上述操作。需要注意的是，当 $m$=2 时，layer 4 和 layer 3 只搜索，不插入。

搜索也是逐层进行的，每一层的搜索算法如 7.4.1 节中所讲的。假设有一个 3 层的 HNSW 结构，首先从最上层（对应图 7.10 中的 layer 2）开始，遍历该层数据点，直到找到当前层的最近邻。之后，利用同一节点与不同层的对应关系，搜索下沉到第二层（对应图 7.10 中的 layer 1）。以最上层的最近邻作为初始点，重复这一过程。直到下沉到最底层（对应下图的 layer 0）。因为越往上的层，“long-link”越多，所以当下沉到最底层时，距离查询向量 $\boldsymbol{q}$ 其实已经很近了。在最底层找到的 $K$ 个近邻就是最终要返回的 $K$ 近邻。

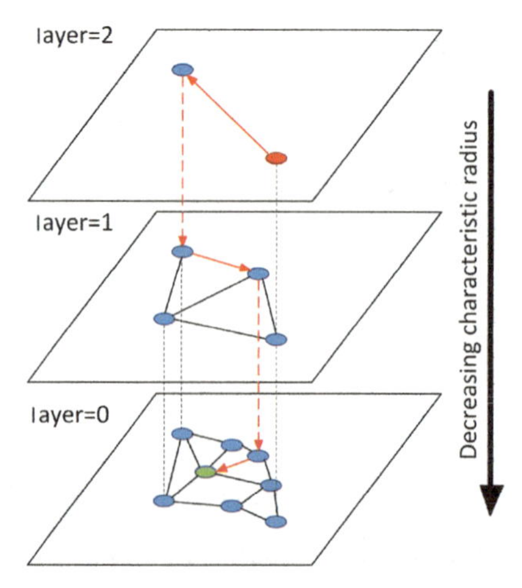


图 7.10　HNSW 查询示意图，图片摘自参考资料[13]

图具有层次结构，并且对每个数据点的边做了限制，所以 HNSW 比 NSW 在搜索性能上要好很多。但它同样面临 NSW 的问题：构图很难分布式化，因为 HNSW 的构图也需要执行全图搜索操作。

### 7.4.4 图搜索算法实验对比

这一节我们来看一下 NSW、Kgraph 和 HNSW 三种算法的性能对比。关于召回率的定义可以参见 7.1 节。

我在商品“家具”（5900 万个 512 维向量）、“数码”（2700 万个 512 维向量）和“零食”（2000 万个 512 维向量）三个类目数据集上做了对比实验，见图 7.11（从左往右，依次是家具、数码和零食）。

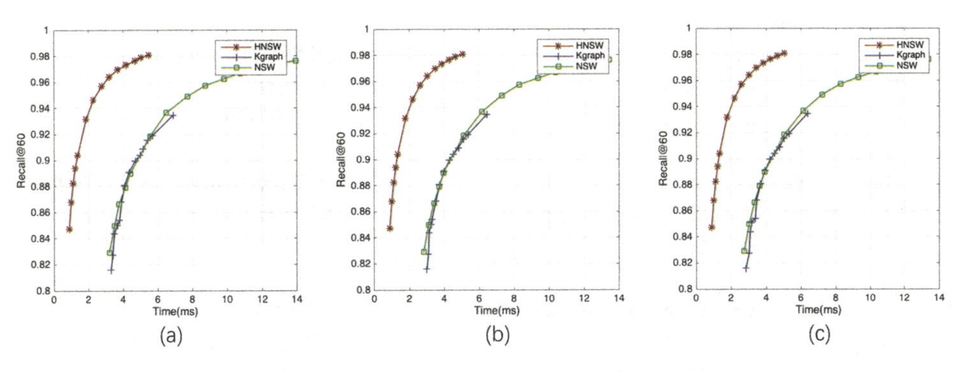


图 7.11 图搜索算法的对比实验

不难看出，HNSW 的召回率和查询效率远胜于 Kgraph 和 NSW，这和它的层次结构有着密切的关系：层次结构大大加快了前期的检索。Kgraph 和 NSW 则是不分伯仲，各有优劣。

### 7.4.5 小结

本节介绍了三种图搜索算法：NSW、Kgraph 和 HNSW。它们都需要提前构建好图，然后在图上进行搜索操作。因为提前构建的图可以很好地反映数据集中各个数据之间的近邻关系，所以图搜索算法的召回率相比 LSH 和 PQ 算法是最高的。同时，因为近邻关系的构建不容易受数据分布的影响，所以图搜索算法可以很好地缓解 PQ 算法在分布较难的数据集上召回率低的问题。

图搜索算法虽然召回率高，但是它有一个明显的缺点：离线构图非常耗时。如上文分析，三种算法在分布式构图提速上都无法令人满意，这也是图搜索算法难有大规模应用的一个核心原因。学术界最近也有相关文章研究离线构图加速的问题，有兴趣的读者可以参见参考资料[17]。

## 7.5 代码实践

下面是PQ算法中积聚类的一段示例代码，基于Python实现：

```
1.  import numpy as np
2.  from sklearn.cluster import KMeans   //K-means 利用第三方库
3.
4.  class PQ:
5.      def __init__(self, dim, M):
6.          self.dim = dim                              //设置数据维度
7.          self.M = M                                 //设置分段数
8.          self.sub_dim = int(self.dim/self.M)   //子空间维度
9.
10.     def fillData(self, data):                        //将数据进行切以用于分空间存储
11.         number = len(data)                         //数据个数
12.         result = []
13.
14.         for i in range(number):                    //遍历数据
15.             oneData = []                           //把数据按子空间分开存储
16.             for j in range(int(self.M)):      //遍历分段数
17.                 oneData.append(data[i][j*self.sub_dim:(j+1)*self.sub_dim]
)
18.
19.             result.append(oneData)
20.
21.         return result
22.
23.     def product_kmeans(self, data, K):   //分段聚类(积聚类)，中心数为K
24.         estimator = KMeans(n_clusters=K)   //设置聚类中心数
25.
26.         dataLabel = np.zeros([len(data), self.M])   //数据的积打标空间申请
27.         newData = np.reshape(data, [len(data), self.M, self.sub_dim]) /
/把data进行reshape: [n,M,sub_dim]
28.
29.         label = []      //所有子空间的打标信息
30.         centroids = []   //积中心存储list
31.         for i in range(self.M):   // 进行分段聚类
```

```
32.             subdata = newData[0][i]   //取数据 0 的第 i 个子空间
33.             for j in range(1, len(data)): //将所有数据的第 i 个子空间按行拼接
34.                 subdata = np.row_stack((subdata, newData[j][i]))
35.
36.             estimator.fit(subdata)
37.             label.append(estimator.labels_) //将第 i 个子空间打标信息存入
label
38.             centroids.append(estimator.cluster_centers_) //将第 i 个子空间
的中心存入 centroids
39.
40.         for j in range(self.M):
41.             for k in range(len(data)):
42.                 dataLabel[k][j] = label[j][k] //对 label 进行整理，按序转入
dataLabel 中
43.
44.         return label, centroids, dataLabel
45.
46. if __name__ == '__main__':
47.     data = np.random.randint(0, 10, size=(10, 128))
48.
49.     pq = PQ(128, 16)
50.     result = pq.fillData(data)
51.
52.     a, b, c = pq.product_kmeans(result, 2)
53.     print(a, b, c)
```

## 7.6　本章总结

本章详细介绍了目前常见的向量检索算法，从局部敏感哈希算法开始，首先介绍了 LSH 算法的原理与搜索方法，接着介绍了乘积量化系列算法：PQ、IVFPQ 和 OPQ，最后详细介绍了三种图搜索算法：NSW、Kgraph 和 HNSW。

每种系列算法都有自己的优劣，局部敏感哈希算法相对简单、容易实现，但是召回率不高；乘积量化系列算法召回率和检索效率都非常不错，但是受限于数据的分布；图搜索算法可以最大程度地降低数据分布的影响，但是离线构建索引耗时很长，计算烦琐。

在实际的应用场景中，根据具体的需求来选择合适的检索算法，这样才能最大程度地发挥各种算法的优势。

## 7.7 参考资料


[1] ARTEM BABENKO, VICTOR LEMPITSKY. The inverted multi-index. In IEEE Conference on Computer Vision and Pattern Recognition (CVPR), 2012:3069–3076.

[2] ARTEM BABENKO,VICTOR LEMPITSKY. Efficient indexing of billion-scale datasets of deep descriptors. In IEEE Conference on Computer Vision and Pattern Recognition (CVPR), 2016:2055–2063.

[3] ARTEM BABENKO, VICTOR LEMPITSKY. Product split trees. In IEEE Conference on Computer Vision and Pattern Recognition (CVPR), 2017.

[4] MAYUR DATAR, NICOLE IMMORLICA, PIOTR INDYK, et al. Locality sensitive hashing scheme based on p-stable distributions. In Proceedings of the 20th annual Symposium on Computational Geometry (SoCG), 2004:253–262.

[5] WEI DONG, CHARIKAR MOSES, KAI LI. Efficient k-nearest neighbor graph construction for generic similarity measures. In Proceedings of the 20th International Conference on World Wide Web (WWW), 2011:577–586.

[6] MATTHIJS DOUZE, HERVÉ JÉGOU, FLORENT PERRONNIN. Polysemous codes. In European Conference on Computer Vision (ECCV), 2016:785–801.

[7] MATTHIJS DOUZE, ALEXANDRE SABLAYROLLES, HERVÉ JÉGOU. Link and code: Fast indexing with graphs and compact regression codes. In IEEE Conference on Computer Vision and Pattern Recognition (CVPR), 2018:3646–3654.

[8] TIEZHENG GE, KAIMING HE, QIFA KE, et al. Optimized product quantization for approximate nearest neighbor search. In IEEE Conference on Computer Vision and Pattern Recognition (CVPR), 2013:2946–2953.

[9] YUNCHAO GONG AND SVETLANA LAZEBNIK. Iterative quantization: A procrustean approach to learning binary codes. In IEEE Conference on Computer Vision andPattern Recognition (CVPR), 2011: 817–824.

[10] JAE-PIL HEO, ZHE LIN, SUNG-EUI YOON. Distance encoded product quantization. In IEEE Conference on Computer Vision and Pattern Recognition (CVPR), 2014:2131–2138.

[11] HERVE JEGOU, MATTHIJS DOUZE, CORDELIA SCHMID. Product quantization for nearest neighbor search. IEEE Transactions on Pattern Analysis and Machine Intelligence (T-PAMI) 33, 2011 (1):117–128.

[12] YURY MALKOV, ALEXANDER PONOMARENKO, ANDREY LOGVINOV, et al. Approximate nearest neighbor algorithm based on navigable small world graphs. Information Systems (IS), 2014 (45): 61–68.

[13] YURY A MALKOV, DMITRY A YASHUNIN. Efficient and robust approximate nearest neighbor search using hierarchical navigable small world graphs. IEEE Transactions on Pattern Analysis and Machine Intelligence (T-PAMI), 2018.

[14] YANHAO ZHANG, PAN PAN, YUN ZHENG, et al. Visual search at alibaba. In Proceedings of the 24th International Conference on Knowledge Discovery and Data Mining (SIGKDD), 2018:993–1001.

[15] KANG ZHAO, HONGTAO LU, YANGCHENG HE, et al. Locality preserving discriminative hashing. In Proceedings of the 22nd International Conference on Multimedia (MM), 2014:1089–1092.

[16] KANG ZHAO, HONGTAO LU, AND JINCHENG MEI. Locality Preserving Hashing. In AAAI Conference on Artificial Intelligence (AAAI), 2014:2874–2881.

[17] KANG ZHAO, PAN PAN, YUN ZHENG, et al. Large-Scale Visual Search with Binary Distributed Graph at Alibaba. In Proceedings of the 28th ACM International Conference on Information and Knowledge Management (CIKM), 2019.

[18] GIONIS A, INDYK P, MOTWANI R. Similarity search in high dimensions via hashing. In VLDB, 1999:518-529.

[19] MUJA M, LOWE D G. Fast matching of binary features. Ninth conference on computer and robot vision, 2012: 404-410.

[20] NOROUZI M, PUNJANI A, FLEET D J. Fast search in hamming space with multi-index hashing. IEEE Conference on Computer Vision and Pattern Recognition (CVPR), 2012:3108-3115.

[21] MOSES S CHARIKA R. Similarity estimation techniques from rounding algorithms. In Proceedings of the thiry-fourth annual ACM symposium on Theory of computing, 2002:380–388.

[22] LOWE D G. Distinctive image features from scale-invariant keypoints[J]. International journal of computer vision, 2004:91-110.

[23] OLIVA A, TORRALBA A. Modeling the shape of the scene: A holistic representation of the spatial envelope[J]. International journal of computer vision, 2001:145-175.

# 8 图文理解

## 8.1 概述

充分利用多种类型（比如图像、文本、视频以及音频）的数字媒体信息完成特定机器学习任务的方法被称为多模态学习（Multimodal Learning）[1]。与单模态（比如纯图像或者纯文本）学习相比，多模态学习可以利用不同类型数据的互补信息，提升机器学习的表现力。本章主要关注跨模态学习中最常见的一个类型：基于图像和文本信息的机器学习，即图文理解。根据具体学习任务的不同，图文理解又可以分为多模态识别（Multi Modal Recognition）、多模态搜索（Cross Media Search）、图像描述生成（Image Caption）以及视觉问答（Visual Question Answering，VQA）等。

区别于前面几章的内容，图文理解是视觉技术和自然语言技术的交叉领域，它借鉴了很多视觉领域的先进方法，如 8.2.3 节提到的 CentralNet 网络结构，就是借鉴了多层次特征融合的思想，这个思想和第 5 章“图像分割”中提到的“自上而下的多层特征融合”思想类似，都是为了避免网络最终输出的特征图中丢失过多的局部信息。另外，8.3.4 节将会讲到，Bottom-Up Attention 本质上是结合图像检测技术进行跨模态特征提取的。而且，图文理解还会涉及一些自然语言领域的重要概念，比如使用门控单元（Gated Unit）实现图文特征融合（将在 8.2.3 节介绍）等。

本书主要介绍图像搜索和识别，因此本章的重点是图文识别和图文搜索。首先介绍图文识别和图文搜索的主要数据集和算法评测标准，然后介绍图文识别和图文搜索的研究背景、代表性技术，最后给出一段基于 PyTorch 的图文搜索代码，帮助读者理解问题并快速上手项目。

## 8.2 图文识别

### 8.2.1 概述

为什么要进行图文识别，我们先看个例子（如图 8.1 所示）。

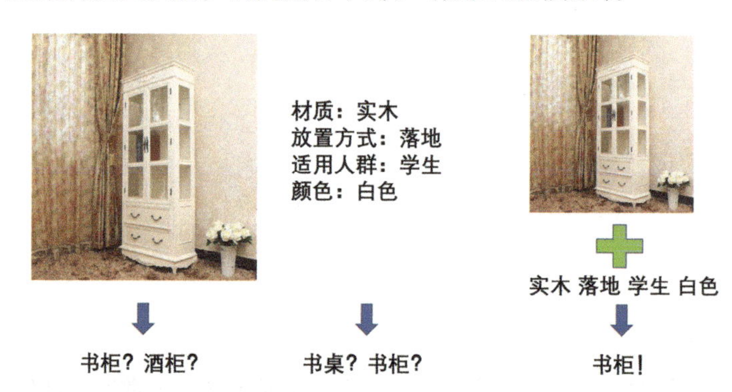


图 8.1 将机器学习类比于人的认知，通过融合多模态信息帮助计算机更好地识别

我们需要让计算机根据已知的信息知道该商品是什么，已知信息包括该商品的一张图片和描述该商品属性的文字（材质、放置方式、适用人群和颜色信息）。单独把图像信息拿出来看，只能大概知道图像是一个柜子，但无法明确判断是书柜还是酒柜。再根据文字描述信息来看，满足这些商品属性描述的可以是书柜，也可以是书桌，甚至是其他学习用品，依然具有很强的不确定性。这时，如果把商品图像和商品属性的描述文字结合起来，就能明确地知道该商品是一个书柜。

由这个例子可以看出，图文识别解决的问题是：通过学习图文信息之间的互补性，提高识别的准确度。在技术实现上，图文识别在训练阶段需要图像和文本作为两路输入，这与传统的图像识别或者文本识别有明显的不同。在预测阶段，一般的做法也是将图文两路信息作为输入，通过一个识别模型（SVM 或者神经网络）获得识别结果。图文识别技术还有一种协同训练的技术方案：训练阶段，在原来纯图像识别的模型结构基础上，引入文本作为辅助信息，监督图像特征的训练；而在预测阶段，还是只依赖纯图像进行前向预测。通常，协同训练在细粒度识别等图像二义性问题比较突出的识别场景中，是一个有效的解决方案[22]。

图文识别技术兴起于深度学习之前，当时的研究者尝试使用图模型（Graph）和核方法（比如 SVM）来解决分类问题，在特征方面用的大都是人工特征，比如在图像特征中经常使用的 HOG 特征或者 LBP 特征，通常是在各个模态中抽取局部特征向量后进行融合得到的。一般的处理方式只是连接表征，也就是直接拼接多个向量，并使用融合后的数据进行模型训练。还有一类后处理决策，在各个模态做出决策后才进行融合，得出最终的决策信息，常见的机制有取平均、投票或者频率统计（类似于 Bag of Words 思想）等。在这类方法中，各模态的学习和训练过程完全是解耦的。我们暂且把上述两类方法称为传统方法。相比后面兴起的深度学习方法，基于传统方法的模型属于浅层模型，准确度相对比较低。

近年来，随着深度学习的不断发展，越来越多的实现方式是直接利用深度模型进行端到端的学习。在深度学习框架下的图文识别，可以理解为先将图像和文本信息通过各自的神经网络进行特征提取，再统一经过一个隐含层（比如全连接层）映射到一个共同的特征空间。图 8.2 所示是在深度学习框架下的图文识别流程，利用 ResNet-50 对图像信息提取 1024 维的特征，利用 LSTM[17]对文本信息提取 1024 维的特征，之后，通过一个特征隐性映射模块将图像和文本特征投影到一起，形成图文融合特征（Embedding Vector），最后用 Softmax 层进行类别的判断。在这个例子中，有两个关键点：一个是如何对单路输入的信息特征进行更合理的表达；另一个是如何更好地融合图文特征，即如何设计特征隐性映射模块。如何对单路输入的信息特征进行更合理的表达，本质上是单模态的识别问题，读者可以参考第 3 ~ 6 章的相关内容及最新研究成果。本章主要阐述隐性映射模块。

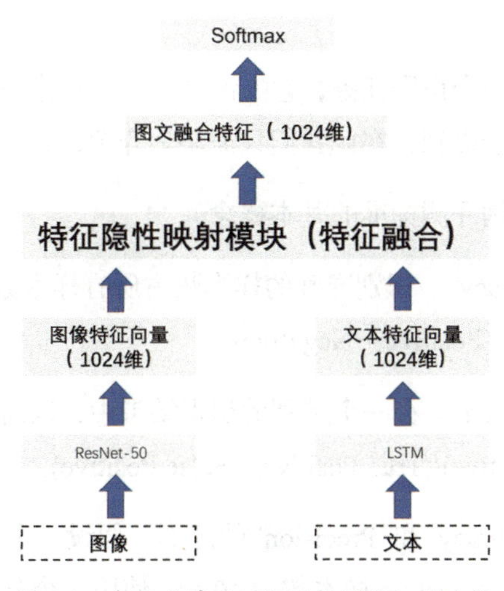


图 8.2　在深度学习框架下的图文识别流程

在介绍图文识别的方法之前，先来介绍与图文识别相关的数据集和评测标准。

### 8.2.2 数据集和评测标准

#### 1. 数据集

**PASCAL VOC** 的全称为 Pattern Analysis, Statical modeling and Computational Learning。这个数据集最早出现于 2005 年，提供了动物、人等 20 个小类的图文分类数据，最经典的 VOC 2012 版本提供了 1 万多组训练数据和 4 千多组测试数据。除了多模态分类，PASCAL 还提供了诸如检测、分割以及人体动作识别等分类任务。

**The How2 Challenge** 是 ICML2019 举办的多模态研讨会，在该数据集中提供了 2000 小时的视频文件（附带音频信息和字幕信息）以及文件的文本摘要。丰富的多模态信息使该数据集能够支持更多维度上的多模态任务（不仅限于图文理解），比如跨模态语音识别、机器翻译以及视频理解。

**MM-IMDB** 数据集中包括了电影剧情梗概和电影海报，其目的是对电影进行分类。该数据集中的每部电影被标注为多种电影类型，因此关于该数据集的分类任务为多标签预测任务（Multi-label Prediction）。

**Food101** 数据集旨在利用多模态数据对常见的 101 种菜品进行分类。其中多模态数据包括基于文本的菜品制作方法和基于 Google 搜索的菜品图像。该数据集的多模态数据是 html2text 工具通过解析原始网页获得的。

#### 2. 评测标准

图文识别本质上是一个识别任务，它的评测方法与图像识别类似。图像识别的评测标准在前面章节中已经提到，在此我们只简略地介绍，作为对前面内容的补充。

下面先介绍几个识别评测标准的基本概念。

（1）准确度（Accuracy）。识别准确的样本数占所有样本数的比率。准确度=(True Positive + True Negative)/(Positive + Negative)。

（2）精确度（Precision）。在一个类别的识别结果中，识别准确的样本数所占的比率。Precision=(True Positive)/(True Positive + False Positive)。

读者需要留意 Accuracy 和 Precision 的区别。假设一个二分类任务，数据集中 Positive 样本数为 20 个，Negative 样本数为 10 个。使用一个分类器得到的识别结果为

True Positive 有 15 个，则 False Negative 有 5 个；True Negative 有 8 个，则 False Positive 有 2 个。那么这个分类器的 Accuracy=(15+8)/(20+10)=76.7%，而 Precision=15/(15+2)=88.2%。

（3）召回率（Recall）。在所有正样本样例中，被正确识别为正样本的比率。召回率=(True Positive)/(True Positive + False Negative)。以召回率为横坐标，以精确度为纵坐标，可以绘制出 PR 曲线，如图 8.3 所示。

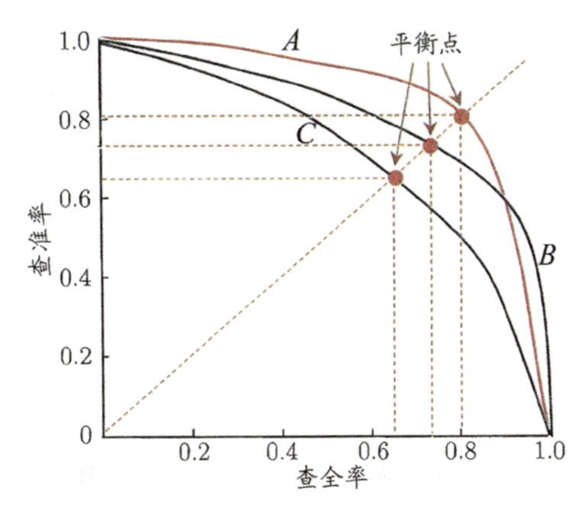


注：查全率代表召回率，查准率代表精确度。

图 8.3　PR 曲线，图片摘自参考资料[3]

（4）PR 曲线。PR 曲线可以直观地反映两个图文识别算法的性能，比如一个算法的 PR 曲线被另一个算法的 PR 曲线完全包住，如在图 8.3 中，*A* 曲线把 *C* 曲线包住，则证明 A 算法优于 C 算法。如果两条 PR 曲线有交叉，则这时常用的算法评估方法是比较两条曲线下的面积大小，面积越大，算法综合性能越好。我们通常把 PR 曲线与坐标轴围成的面积称为 AP（Average Precision）。对于多个分类任务，可以将所有类别的 AP 取平均值，作为分类器的综合评价标准，称为 mAP（mean Average Precision）。也可以比较两种算法在 PR 曲线上的平衡点（BEP），BEP 离原点越远表示算法性能越好。

（5）ROC（Receiver Operating Characteristic）曲线。ROC 曲线的横坐标代表 False Positive Rate（FPR=False Positive/(False Positive + True Negative)），即代表所有负样本中被错误识别成正样本的概率（假报警率）；纵坐标代表 True Precision Rate（或者称为 Recall）（TPR=True Positive/(True Positive + False Negative)），即代表所有正样本中预测准确的概率（召回率）。一个理想的图文识别模型，我们希望假报警率为 0，而召

回率为 1，即坐标(0,1)代表最理想的图文识别模型。然而，实际中，怎么对算法模型进行比较呢？我们引入 AUC（Area Under Curve），即 ROC 曲线与 $X$ 轴围成的面积，AUC 越接近 1，图文分类器性能越好。ROC 曲线如图 8.4 所示。

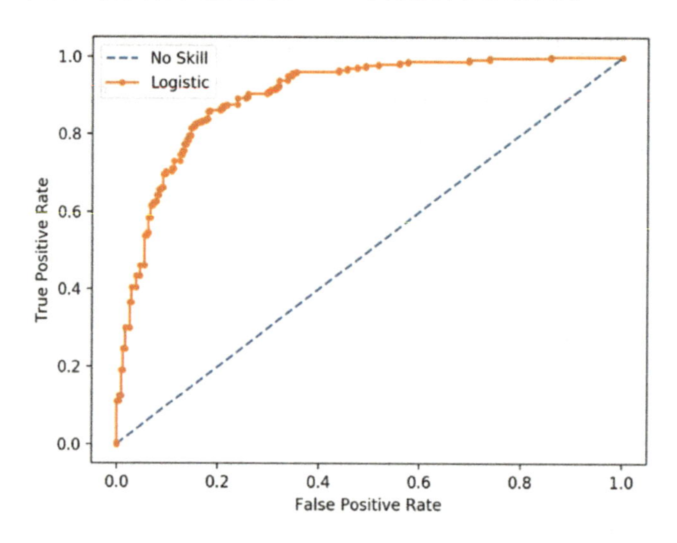


图 8.4　ROC 曲线，图片摘自参考资料[4]

了解了图文识别的相关数据集和评测标准后，我们介绍图文识别的核心问题：如何进行图文特征融合？按照融合方法的不同，可分为按元素位融合（Element-wise Fusion）、门控多模态融合（Gated Multimodal Fusion）、多层次特征融合、张量融合（Tensor Fusion）以及离散特征融合，下面我们分别介绍。

### 8.2.3　特征融合方法

#### 1. 按元素位融合

按元素位对齐（Element-wise）进行特征融合是相对朴素的特征融合方法，比如将图像特征和文本特征按元素位进行相加、相乘或者取最大值。这种方法的优点是实现方便，物理含义易于理解。以取最大值为例，其物理含义可以理解为：在不同模态数据特征中，保留响应最大的元素作为当前元素位的融合结果；而相加则是在不同模态数据特征中，将对应元素位的数值相加所得的结果作为融合特征的结果，可以理解为在融合结果中同时保留多种模态的响应。直接按照元素位进行相加、相乘或者取最大值运算的缺点是显而易见的：一方面，很难假设多个模态特征在相同元素位上其物理含义是相同的；另一方面，很难保证融合后的特征具备多模态特征的互补能力。

另外一类特征融合方法是基于非元素位对齐（Element-wise），这类方法的思想是：在图像和文本信息的融合过程中自动学习一种融合方式，使最后融合的特征能够对最后的识别准确度提升最有帮助。相比于按元素位融合的方法，非元素位融合可以在多模态的特征向量之间找到最应该进行对齐的元素位，不再假设多模态特征已经是按位对齐的，甚至可以一对多、多对一。非元素级别对齐的方法请参考 8.3.2 节和 8.3.3 节。

图文特征融合的两种方法如图 8.5 所示。

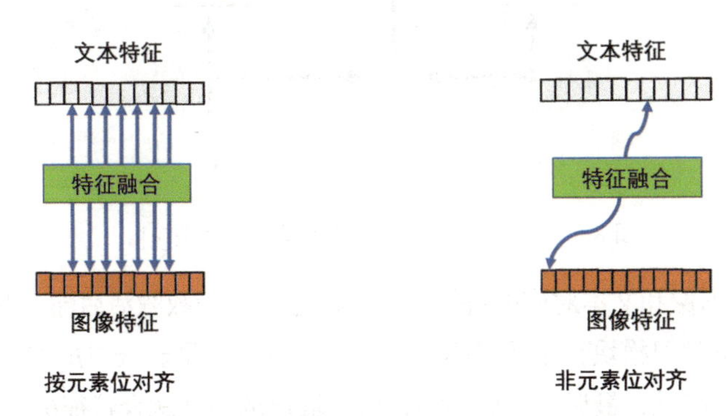


图 8.5　图文特征融合的两种方法。按元素位对齐是最朴素的特征对齐方法，而非元素位对齐通过学习机制获得最佳的元素融合方式，元素位之间的对应甚至不是一对一的，可以是多对多的

## 2. 门控多模态融合

研究如何让融合结果更加合理，其中一个思路是通过深度神经网络学习一个自适应权重，将图文按位进行加权融合，这种方法被称为门控多模态融合。

参考资料[4]就是这类门控思想的代表。其思想类似于循环神经网络（Recurrent Neural Network）中流控制（Flow Control）的概念，如 GRU 或 LSTM。在这些工作中提出的门限单元是将不同模态的数据投影到同一特征空间后，得到隐含特征，再利用有监督学习的方式学习隐含特征中不同模态特征的融合权重，并利用融合权重对原始不同模态的特征进行过滤，从而使得特征融合模型学习到对识别最重要的特征表达。简而言之，这类方法通过动态可学参数，帮助量化某个模态中哪些元素对最终的输出特征有帮助，其贡献程度是多大。

在图文识别中如何使用门控思想，可以参照图 8.6。

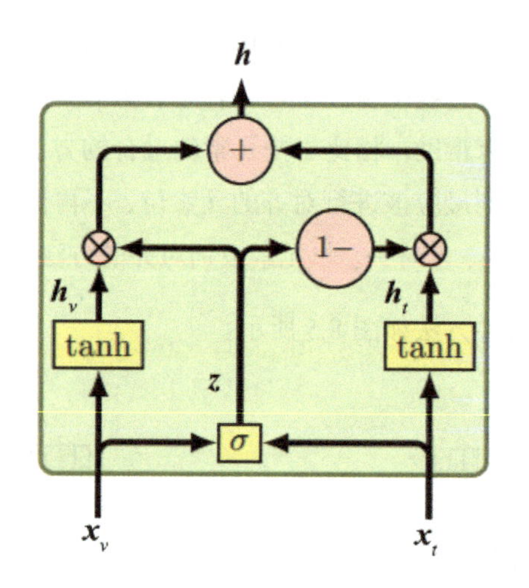


图 8.6 图文门控模块，图片摘自参考资料[4]

其中$\boldsymbol{x}_v$和$\boldsymbol{x}_t$代表图像和文本对应的特征向量，通过 tanh 函数激活后输出为$\boldsymbol{h}_v$和$\boldsymbol{h}_t$。图中$\sigma$代表融合权重学习模块，主要目标是学习一个权重向量$\boldsymbol{z}$，$\boldsymbol{z}$与$\boldsymbol{h}_v$按位点乘，同时1−$\boldsymbol{z}$与图右侧的$\boldsymbol{h}_t$相乘，最后将它们相加，得到输出的图文融合特征$\boldsymbol{h}$：

$$\boldsymbol{h} = \boldsymbol{z} \cdot \boldsymbol{h}_v + (1 - \boldsymbol{z}) \cdot \boldsymbol{h}_t \tag{1}$$

公式(1)表达了图文特征$\boldsymbol{h}_t$和$\boldsymbol{h}_v$的融合方式，即按元素位进行加权融合，但融合的权重是通过$\sigma$学习获得的。可以这样理解：当图像和文本特征的对应位在融合时，如果图像信息更重要，则$z$值会相对比较大，更接近 1；当文本信息更重要时，$z$值会比较小。相对于按元素位直接做加乘运算的融合方法，这种方法根据学习获得融合权重，更加灵活。

那么，$\sigma$代表的融合权重学习模块具体怎么实现呢？见公式(2)，它将图文特征直接进行拼串（Concat），然后通过全连接学习一组参数$\boldsymbol{W}_{\boldsymbol{z}}$，最后经过 Sigmoid 函数生成向量$\boldsymbol{z}$（使用 Sigmoid 函数的目的是将输出$\boldsymbol{z}$归一化为 0 ~ 1）。

$$\boldsymbol{z} = \text{Sigmoid}\left(\boldsymbol{W}_{\boldsymbol{z}}[\boldsymbol{x}_v, \boldsymbol{x}_t]\right) \tag{2}$$

图 8.6 通过门控多模态单元（Gated Multimodal Unit）实现的多模态融合是一种非常经典的多模态融合方式，这种融合方式在介绍图文检索时还会用到。

### 3. 多层次特征融合

另一种非元素级别对齐的方法就是多层次特征融合，在之前的特征融合工作中，基本上都是在各自模态中独立提取深层特征之后做融合，这种方式在训练时很可能会忽略不同模态之间的浅层特征表达（Low-level Feature Representation）相关性信息。为了解决这个问题，多层次特征融合方法既融合图文的深层特征，也融合图文的浅层特征，联合多任务训练，在抽取特征过程中进行特征的监督。

那么，具体怎么实现呢？我们先看下 CentralNet[5]，如图 8.7 所示。

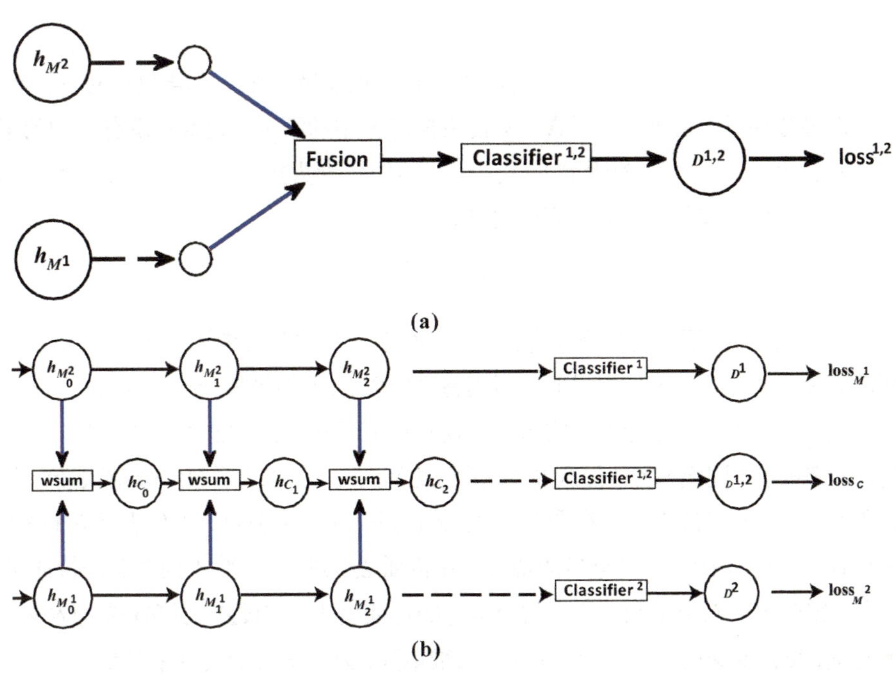


图 8.7　多层次特征融合(b)与之前方法(a)在网络结构上的对比，图片摘自参考资料[5]

图 8.7 中，(a)表示之前的图文特征融合方法，$M^1$和$M^2$代表了不同的模态数据，$\boldsymbol{h}_{M^1}$和$\boldsymbol{h}_{M^2}$分别代表图文网络最终输出的特征向量，通过Fusion模块融合后经过Classifer$^{1,2}$进行分类。$D^{1,2}$在原参考资料中代表图文融合后得到的 Decision 分数，loss$^{1,2}$代表图文融合后的损失函数，比如，可以选择识别任务常用的交叉熵函数。关于交叉熵的原理，可以参照 3.2.2 节。可以看出(a)只在最终层进行特征融合（即深层的特征融合）。

在图 8.7(b)中，$\boldsymbol{h}_{M_0^1}$,$\boldsymbol{h}_{M_1^1}$,…和$\boldsymbol{h}_{M_0^2}$,$\boldsymbol{h}_{M_1^2}$，…代表了图像网络分支和文本网络分支中间层的特征向量，wsum 代表加权求和（Weighted Sum）操作。可以看出，图 8.7(b)与图 8.7(a)最大的区别有以下两点。第一，由最终层特征融合变为多层次特征融合。网络中间层的特征开始参与融合过程，以期融合后的特征能够获取更好的泛化能力，比如$\boldsymbol{h}_{M_0^1}$和$\boldsymbol{h}_{M_0^2}$通过 wsum 操作输出$\boldsymbol{h}_{c_0}$，作为后面特征层的输入。而在(a)中，只有最终层的特征才参与融合过程。第二，由单任务变为多任务：中间层特征的融合增加了网络训练的复杂度，为了保证网络能够更好地收敛，除了设置如图 8.7(a)所示的 $\text{Classifer}^{1,2}$分支，图 8.7(b)还利用分类器和损失函数对图像和文本独立的特征进行监督，即图 8.7(b)中有$\text{Classifer}^1$和$\text{loss}^1$以及$\text{Classifer}^2$和$\text{loss}^2$模块。

### 4. 张量融合

上面介绍的方法在进行特征融合时都是将多模态特征中的元素位一对一进行融合的，即融合特征中的第 $i$ 个元素，只能由模态 $x$ 中的第 $j$ 个元素和模态 $y$ 中的第 $k$ 个元素联合表示（如公式(3)所示）。当$i=j=k$时，即为按元素融合方法，反之，则为类似门控多模态和张量的非元素位对齐方法。

$$\text{out}_i = f(x_j, y_k) \tag{3}$$

张量（Tensor）层面的特征融合方法，其代表工作参见参考资料[6]。这类方法与特征层面融合的方法类似，先提取不同模态原始数据中的特征，然后对特征进行笛卡儿积（Cartesian Product）运算，将多个单模态特征展开成 $n$-fold 张量的形式，该张量中的元素表示了不同模态特征任意多个元素位之间的关系。参考资料[6]求解张量融合的示意图参见图 8.8 和公式(4)。在图 8.8 和公式(4)中，$\mathbf{z}^{\text{v}}$、$\mathbf{z}^{\text{l}}$和$\mathbf{z}^{\text{a}}$分别代表独立的图像、文本和音频特征，$\mathbf{z}^{\text{m}}$表示融合后的特征。在特征融合过程中，将不同模态的特征向量做外积，得到包含双模态和三模态融合信息的特征表达。假设$\mathbf{z}^{\text{v}}$、$\mathbf{z}^{\text{l}}$和$\mathbf{z}^{\text{a}}$都是$N\times1$的特征向量，则$\mathbf{z}^{\text{v}}\times\mathbf{z}^{\text{l}}$就得到一个$N\times N$的二维矩阵，$\mathbf{z}^{\text{v}}\times\mathbf{z}^{\text{l}}\times\mathbf{z}^{\text{a}}$的结果是$N\times N\times N$的三维矩阵，即图 8.8 中深蓝色的立方体。$\mathbf{z}^{\text{m}}$是直接进行向量外积相乘得到的，在模型训练时可以直接反向求导，因此该参考资料提到的方法是可以端到端训练的。另外，公式(4)还存在一个问题：在实际做向量外积的过程中，给每个单模态的向量末尾加了一个元素 1，这样做的好处是得到的最终融合特征中既包括了单模态向量的任意位相乘后的融合结果，也保留了$\mathbf{z}^{\text{v}}$、$\mathbf{z}^{\text{l}}$和$\mathbf{z}^{\text{a}}$的原始信息，这也是张量融合常用的一种技巧。在得到融合特征$\mathbf{z}^{\text{m}}$之后，由于$\mathbf{z}^{\text{m}}$维度比较高，一般的处理方法是在后面利用卷积层或者全连接层进行降维，参考资料[6]中的方法在得到$\mathbf{z}^{\text{m}}$之后又经过了一个全连接层和一个 ReLU 层得到最终的 1024 维融合向量。

$$\mathbf{z}^{\text{m}} = \begin{bmatrix}\mathbf{z}^{\text{v}}\\1\end{bmatrix}\times\begin{bmatrix}\mathbf{z}^{\text{l}}\\1\end{bmatrix}\times\begin{bmatrix}\mathbf{z}^{\text{a}}\\1\end{bmatrix} \tag{4}$$

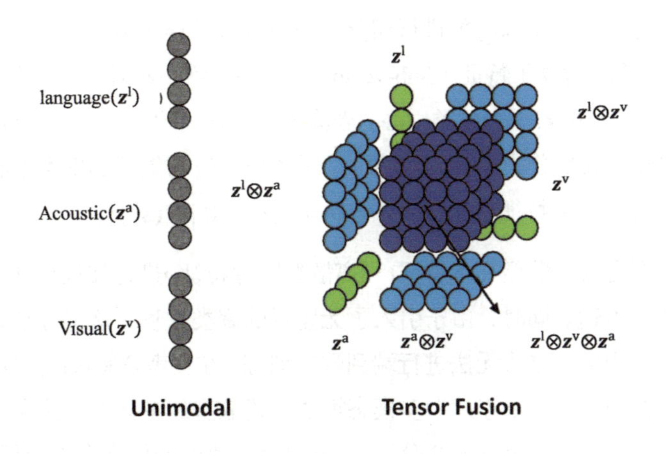


图 8.8　张量融合示意图，图片摘自参考资料[6]

虽然张量融合的方法理论上可以通过向量外积的形式得到不同模态特征任意特征元素位的融合结果，但计算量是巨大的。假设图文识别的分类 ID 数目是 $K$（假设 $K$=10 万类），待融合的模态数是 $M$（图文识别中 $M$=2），单模态抽取的特征向量为 $\boldsymbol{N}$（一般为 512 维），每个特征向量用 float16 表示，则张量融合的参数矩阵规模是 $K\times \boldsymbol{N}^m \times 16 \div 8 = 100{,}000 \times 512^2 \times 16 \div 8 \approx 60\text{GB}$，这种参数规模在反向求导时导致 GPU 的开销非常大，甚至难以实现。为了解决张量融合矩阵反向求导计算量大的问题，参考资料[7]利用低秩（Low-rank）的方法将由多模态特征形成的张量分解为多个低秩向量（Low-rank Factor）与张量基（Bases）的乘积，并使得分解后的张量特征与原有张量的重建误差最小。而参考资料[8]则通过快速傅里叶变换和反快速傅里叶变换，避免了直接计算张量，有兴趣的读者可以阅读资料原文。另外一种优化计算资源的方案是离散特征融合。

### 5. 离散特征融合

上面介绍的各种方法都是基于连续值的多模态学习模型，该类模型涉及大量的矩阵和向量的运算，需要耗费大量的资源来计算并存储浮点数矩阵或向量。因此，在特征融合阶段，将连续型特征进行离散化并对离散化的多模态特征进行融合就显得很有必要了。其代表工作参见参考资料[9]。这个方法主要分为以下三步。

（1）对于原始的文本输入信息，利用词袋（Bags of Features）类的方法将词向量（Word Embedding）后的特征进行聚类，得到若干个文本聚类中心$\boldsymbol{c}_i^t$。当输入文本查询的特征时，连续型的词向量特征$\boldsymbol{x}^t$就转化为离散型的聚类中心$\boldsymbol{c}_i^t$的权重集合，即 $t = [w_1, \cdots, w_k]$，其中$\boldsymbol{x}^t = \sum_{i=1}^{k} w_i\, \boldsymbol{c}_i^t$。

（2）对连续型的训练图像特征进行切分。假设输入的连续型的图像特征$\boldsymbol{x}^v$为 512 维，将其切分为 8 份，第 $i$ 子特征（Sub-vector）$\boldsymbol{s}_i^v$为 64 维。然后，对每个子特征进行聚类，得到针对子特征的若干个聚类中心。当输入图像查询的主干网络（Backbone）的 FC 层特征时，同样将其切分为 8 份，假设第 $i$ 个子特征对应的最近邻聚类中心为$N(\boldsymbol{s}_i^v)$，那么，基于图像的离散型特征表达即为$v = \{i = 1,2,\cdots,8 \mid N(\boldsymbol{s}_i^v)\}$。

（3）将相同维度的离散型文本特征$t$和离散型图像特征$v$进行加权求和，最终得到离散的多模态特征表达。同时，由于引入了无监督的聚类过程，这部分是无法直接求导的，所以参考资料[9]的方法无法进行端到端的训练。在参考资料[9]所展示的实验结果中，我们可以看到，相比于连续型多模态算法，离散型的多模态算法会使得整体训练时间大幅度缩短（从 1 小时减至 2 分钟），但也会导致模型精度有不同程度的下降。

### 8.2.4 小结

本节对图文识别的数据集、评估方法以及如何进行图文特征融合进行了阐述。总的来说，以张量融合为指导思想的一系列方法可以更好地挖掘图文模态之间的关系。近年来，该方法在很多基准数据集上达到了最佳结果，然而其训练成本较高，难以应用于大规模的图文识别中。而离散化的多模态方法目前还很难做到无损。以“门控多模态”为代表的算法借鉴了 NLP 的门控思想，实现比较简单且在很多任务上达到了最优结果。在实践过程中，需要从自己的具体任务特点出发，选择合适的图文融合策略。

## 8.3 图文搜索

### 8.3.1 概述

什么是图文搜索

搜索是互联网时代人们查找信息的基本方式，图文搜索不同于传统的文字搜索，其在功能上可以实现跨模态信息的互相检索，如用图像搜索文字，或者用文字搜索图像。图文搜索的核心是如何将图像和文字映射到同一个特征空间，再进行相似度的判断。图 8.9 给出两个例子：左边的例子以“小狗的照片”作为文本查询条件在一个图片库中搜索，得到与“小狗”有关的图片信息；右边的例子通过一张东北虎图片，在一个文本库中进行相关资讯的检索。

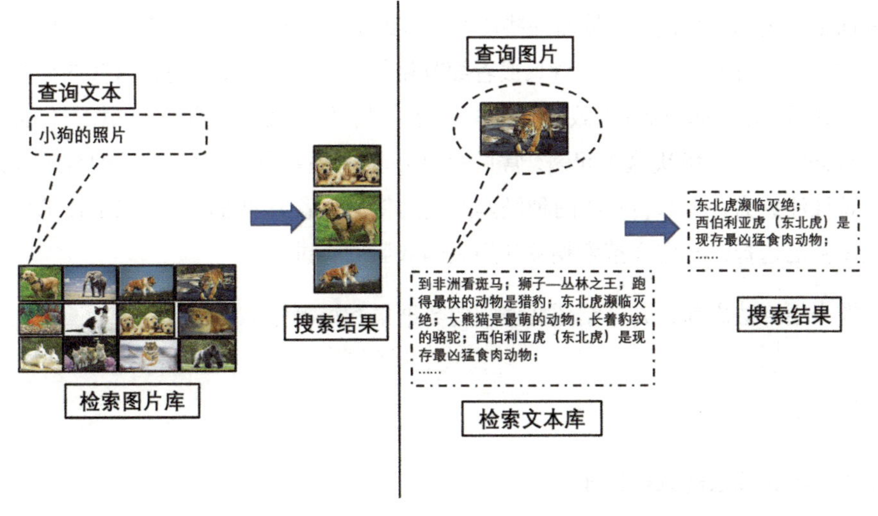


图 8.9　图文搜索的例子。左侧是文搜图，右侧是图搜文

与图文搜索紧密联系的一个概念是图文匹配（Image-Text Matching）。图文搜索属于图文匹配的一种方法，在这种方法中，图文之间的匹配得分通过计算图文特征向量之间的距离（欧氏距离、余弦距离等）得到。计算图文之间相似度分数只是其中一种图文匹配的方法，典型的方法还有如参考资料[10]中的 Sum-Max Text-Image、参考资料[11]中的二分类方法。较复杂的相似度计算方法在大规模的图文搜索场景下并不实用，因此本书会侧重介绍图文搜索，即分别将图像和文本向量化，然后使用欧氏距离或者余弦距离进行相似度计算。此方案结合第 7 章所讲的向量检索技术，可以在实际场景中实现大规模搜索的工程部署。

图文搜索和图文识别有什么不同呢？可以从两个方面来区分。第一，在模型预测时，输入信号条件不同。虽然在训练阶段，图文识别和图文搜索都需要图像和文本两路信息作为输入，但在模型预测时，图文识别通常是图文一起作为输入（如前文所述，也会有一些特殊情况如图文协同训练），而图文搜索的输入则是图像或者文本二者之一。第二，训练目标不同。图文识别主要是挖掘不同模态特征之间的互补性，从而降低识别结果的不确定性，因此其核心在于怎么做图像和文本特征的融合，而图文搜索的重点在于如何将图像和文本这种异构的模态特征进行对齐。训练目标不同，使得图文搜索和图文识别在网络结构设计和损失函数的选择上存在比较大的差异。

图文搜索面临的技术难点主要有两个。第一个技术难点是如何设计图文搜索的特征。在设计图文特征时，最简单的方法是直接提取一个全局的特征向量，比如用 ResNet-50 在图像上提取一个全局的特征图。这样做的好处是图像的主体会在最终的特征向量中占据主导地位，然而一些局部细节或者背景却非常容易在最终的特征向量中被忽略。这样在使用和这些背景或者细节相关的文本检索图片时，这些图片样本比较难以召回[文本和图像局部或者背景相关的情景我们一般称为图文局部相关(Partially Associated)]。为了解决这个问题，常见的做法是进行特征的增强，主流的技术方案是使用特征注意力，本章会介绍两种经典的使用特征注意力的方法。第二个技术难点是损失函数的选择，与图文搜索相关的损失函数后面会讲到。

在介绍算法之前，先介绍图文搜索的数据集和评测标准。

### 8.3.2 数据集和评测标准

用于图文搜索的数据集如下。

**Flickr30K**。包含 31 783 张图像，每张图像有 5 个描述其内容的句子，每个句子相互独立。

**MS COCO** 即 Microsoft COCO（Common Objects in Context），它是微软在 2014 年开放的自然场景图片数据集。与 Flickr30K 一样，COCO 数据集中的每个样本也是由一张图片和对应的 5 个相关文本信息组成。COCO 中的图片包含了自然图片以及生活中常见的物体图片，类别有 91 种，33 万组训练样本，同时背景比较复杂，物体数量比较多，物体尺寸比较小，因此使用 COCO 数据集的任务比使用 Flickr30K 数据集的任务更复杂。

**Fashion IQ Challenge**。它是近年来 ICCV 特别为图文理解举办的竞赛，该数据集通过互联网收集了数万张服装图片（包括裙装、上衣等）以及对应的文本描述信息。竞赛的目标是为图文搜索提供一个比较通用的指导思想。

**XMedia**。包含 20 个类别，每个类别都有 5 种模态的数据，即每个类别都有 250 个文本、250 张图像、25 个视频、50 首音频和 25 个 3D 模型。

这些数据集在进行图文搜索评测时，既可以在图搜文任务中使用，也可以在文搜图任务中使用。这两种任务一般采用 Precision@Top-*K* 和 Recall@Top-*K* 评测标准。如第 6 章所述，Precision@Top*K* 表示检索出来的条目有多少是准确的，Recall@Top-*K* 表示所有准确的条目有多少被检索出来了。

**Precision@Top-*K***。简写为 $P@K$，中文称为查准率，表示在 Top-*K* 个搜索结果中，正确样本的占比。比如以 Flickr30K 数据集为例，在图像搜索文本排序前 5 的结果中，正确的文本数据为 3 个，在排序前 3 的结果中，正确的文本数据为 2 个，则 $P@5=3/5=0.6$，$P@3=2/3=67\%$。

**Recall@Top-*K***。简写为 $R@K$，中文称为查全率，表示在 Top-*K* 个搜索结果中，正确样本的个数在库中所有正确结果数中的占比。以 COCO 图搜文为例，COCO 每张图像有 5 条相关文本信息，通过一张图像搜索文本模型，在排序 Top-3 的结果中，正确文本个数为 2，在排序 Top-5 的结果中，正确文本个数为 3，则 $R@5=3/5=0.6$，$R@3=2/5=0.4$。

下面介绍图文搜索的一些经典算法案例。

### 8.3.3 Dual Attention Networks

传统的图文搜索网络如图 8.10 所示，对于图像和文本两种模态，都是直接生成对应的全局向量，Modal A 和 Modal B 分别代表图文两路输入信号，A-NN 和 B-NN 分别代表图像和文本网络的骨干模型，$d_1$和$d_2$代表图像和文本的特征图，它们各自经过隐含层被映射到统一的特征空间$d$，最后在 Matching模块进行损失函数计算。典型代表有 VSE++[12]，感兴趣的读者可以阅读该论文。

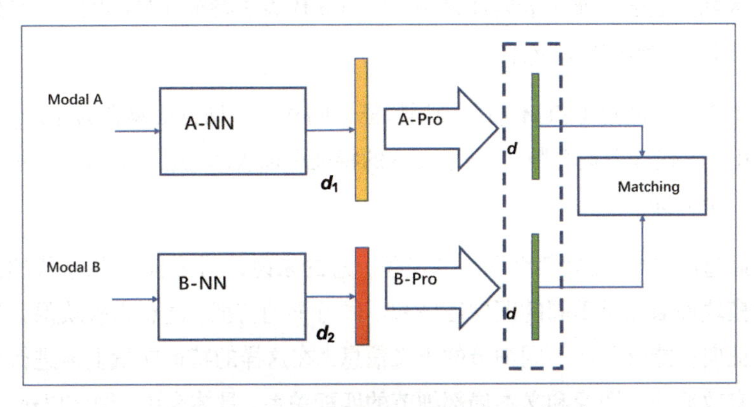


图 8.10 传统的图文搜索示意图（全局向量）

如前文所述，如何在基础的图文搜索框架上进行特征增强，一个思路是利用注意力机制增强文本和图像的特征表达能力，这类方法称为 Dual Attention Networks（DANs）。如参考资料[13]通过多步迭代和注意力机制，将传统的全局图文向量改为多段特征向量的融合，增强了图文之间的细粒度匹配能力，如图 8.11 所示。

我们先来了解网络的输入图像特征$\boldsymbol{v}^{(0)}$和输入文本特征$\boldsymbol{u}^{(0)}$。

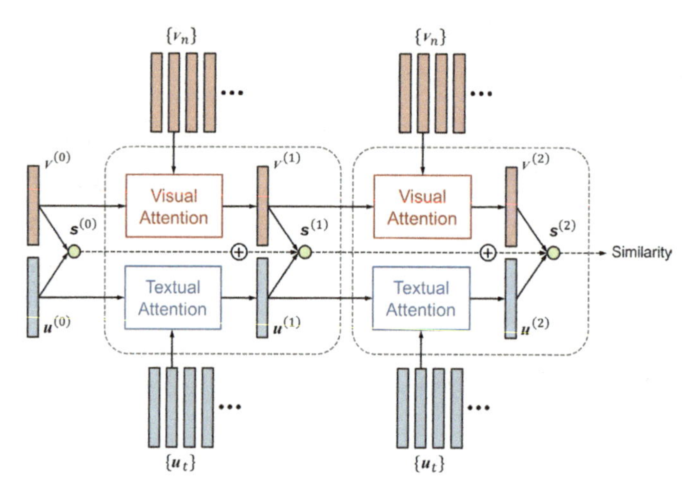


图 8.11　用于多模态匹配的 DANs，图片摘自参考资料[13]

在图像方面，我们先将原始图像缩放到 448 像素×448 像素，采用 ResNet-152 作为图像特征抽取的神经网络模型，得到的特征图的大小为 2048×14×14。可以将特征图看成 14×14=196 个子特征向量，每个子特征向量$\boldsymbol{v}_n$是2048 维。由于输入图像的大小是 448 像素×448 像素，因此每个子特征向量$\boldsymbol{v}_n$可以被看成对应于原图 32 像素×32 像素的图像区域。记子特征向量集合为$\{\boldsymbol{v}_n\}_{n=1}^{N}$（$n$ 代表子特征向量的索引，$N$ 代表子特征向量的总数），则$\boldsymbol{v}^{(0)} = \{\boldsymbol{v}_n\}$。

在文本方面，通过 LSTM 抽取分词特征，同样记分词特征集合为$\{\boldsymbol{u}_t\}_{t=1}^{T}$（t 代表分词的索引，T 代表分词总数），整个文本的特征可以表示为$\boldsymbol{u}^{(0)} = \{\boldsymbol{u}_t\}$，其中每个特征$\boldsymbol{u}_t$对应一个分词。

再来通过图 8.11 梳理整个网络的流程。总的来说，图 8.11 采用迭代的方式，通过注意力模块抽取侧重不同的图像区域和不同分词的特征，注意力模块保证每次迭代抽取的特征向量能够关注不同细节的语义信息，在这样的特征向量上再进行相似度判断可以更有效地获得图像和文本局部细节的匹配关系。具体来讲，网络以$\boldsymbol{v}^{(0)}$和$\boldsymbol{u}^{(0)}$作为输入，先进行图像和文本特征的按位点乘操作（可以理解为一种相似度计算）得到相似度向量$\boldsymbol{s}^0$。之后，图像和文本分别经过 Visual Attention 模块和 Textual Attention 模块处理，得到关注不同图像区域和文本分词的注意力特征$\boldsymbol{v}^{(1)}$和$\boldsymbol{u}^{(1)}$，然后进行按位点乘得到$\boldsymbol{s}^1$。该注意力操作迭代 $k$ 次，最终得到所有注意力模块总的相似度向量 Similarity $= \sum_{i=0}^{k} \boldsymbol{s}^i$。在这里要说明：$\boldsymbol{s}^i$只是通过按位点乘获得注意力模块的输出特征$\boldsymbol{v}^{(i)}$和$\boldsymbol{u}^{(i)}$之间的关系，$\boldsymbol{s}^i$和$\boldsymbol{s}^{i-1}$是独立计算的，只有最后的Similarity包括了 $k$ 次注意力相似度的所有信息。最后，通过损失函数进行反向操作，训练整个匹配网络采用了三元组损失函数（Triplet Loss）（见 2.4 节）。

那么，Visual Attention 和 Textual Attention 机制具体怎么实现呢？由于参考资料[13]中并没有给出注意力模块的细节图，我们用公式(5)~(8)进行讲解。

以 Visual Attention 模块为例，第$k$步的特征$\boldsymbol{v}^{(k)}$用公式(5)~(7)表示：

$$\boldsymbol{h}_{v,n}^{(k)} = \tanh(W_{v}^{(k)} v_n) \odot \tanh(W_{v,k}^{(k)} \boldsymbol{m}_{v}^{(k-1)}) \tag{5}$$

$$\alpha_{v,n}^{(k)} = \text{softmax}(W_{v,h}^{(k)} \boldsymbol{h}_{v,n}^{(k)}) \tag{6}$$

$$\boldsymbol{v}^{(k)} = \tanh(\boldsymbol{P}^{(k)} \sum_{n=1}^{N} \alpha_{v,n}^{(k)} \boldsymbol{v}_n) \tag{7}$$

其中，$\boldsymbol{m}_{v}^{(k-1)}$为第$k-1$步的记忆向量，在初始情况下，$\boldsymbol{m}_{v}^{(0)} = \boldsymbol{v}^{(0)}$，在后续迭代中的更新策略为

$$\boldsymbol{m}_{v}^{(k)} = \boldsymbol{m}_{v}^{(k-1)} + \boldsymbol{v}^{(k)} \tag{8}$$

在公式(5)中，先让两个卷积层$W_{v}^{(k)}$和$W_{v,k}^{(k)}$分别作用于图像子特征向量$\boldsymbol{v}_n$和记忆向量$\boldsymbol{m}_{v}^{(k-1)}$，并分别通过 tanh 函数激活，再通过对应位点乘得到一个隐性向量$\boldsymbol{h}_{v,n}^{(k)}$。

在公式(6)中，将隐性向量$\boldsymbol{h}_{v,n}^{(k)}$经过一个卷积层$W_{v,h}^{(k)}$映射，再经过 Softmax 操作得到归一化的注意力权重系数$\alpha_{v,n}^{(k)}$。

在公式(7)中，按照学习的权重$\alpha_{v,n}^{(k)}$对$\{\boldsymbol{v}_n\}$进行按位加权求和，$\boldsymbol{P}^{(k)}$是用于将$\sum_{n=1}^{N} \alpha_{v,n}^{(k)} \boldsymbol{v}_n$变换到和文本同维度的向量，方便后面进行按位点乘得到$\boldsymbol{s}^{(k)}$。

Textual Attention 模块同样采用多步的形式，这里不再展开讲了。

在参考资料[14]中也有类似将特征图与注意力机制结合的思路，相比 DANs 采用的注意力机制，该方法进一步引入 Multi-Head Self Attention 模块，感兴趣的读者可以进一步了解。

### 8.3.4 Bottom-Up Attention

DANs 将图像特征的特征图划分成多段子特征向量，每个子特征向量隐性代表图像的一个区域块。融合多段特征向量并且每段侧重不同的语义表示，增强了图文之间细粒度匹配的能力。下面介绍一种显式对图像子区域进行特征编码并进行特征融合来增强特征表达能力的方法：Bottom-Up Attention。

具体而言，Bottom-Up Attention 的思想是，在提取图像特征时进行多主体图像检测，然后通过 GCN（Graph Convolutional Network，图卷积网络）或者 NLP 中的 BERT 模型对多主体之间的关系进行建模，从而得到表达能力更强的图像特征。本书以参考资料[15]中的 VSRN（Visual Semantic Reasoning Network）模型为例，简单介绍 Bottom-Up Attention 的原理和它在图文搜索中的应用。

图 8.12 所示为 VSRN 的结构示意图，其中重点在于图像部分的表示学习。虽然 DANs 也用到了注意力机制，但 DANs 图像端还是整图输入，注意力机制是在特征图层执行的。而 VSRN 的不同之处在于，首先利用检测模型 Faster R-CNN 检测图像中的视觉物体或者显著性区域，然后利用 GCN 对检测区域进行视觉关系（Visual Relationship）建模。相比 DANs，VSRN 显式地使用了检测模型，定位更加准确。GCN 相比普通的注意力机制在建模视觉关系上也更有优势。

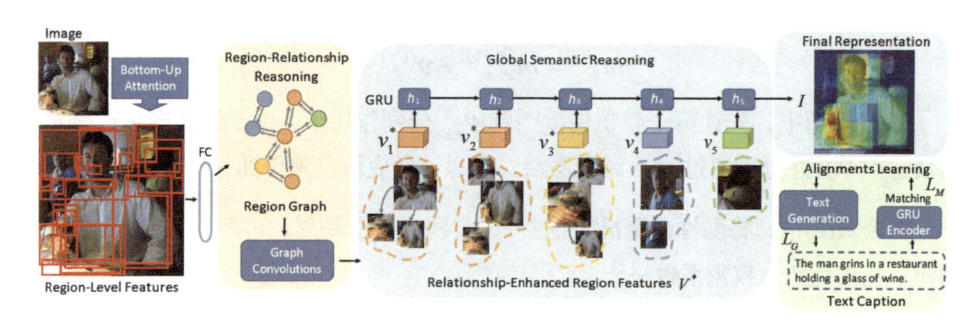


图 8.12　VSRN 的结构示意图，图片摘自参考资料[15]

用$\{\boldsymbol{V}_k\}_{k=1}^{K}$表示 Faster R-CNN 检测出的$K$个物体对应的 ROI 平均池化（Average Pooling）特征，并且按照置信度得分进行排序。利用 GCN 进行视觉关系建模，需要先建立$K$个物体之间的关系矩阵$\boldsymbol{R}$，具体定义如下：

$$R(\boldsymbol{v}_i,\boldsymbol{v}_j)=(\boldsymbol{W}_\varphi\boldsymbol{v}_i)^{\mathrm{T}}(\boldsymbol{W}_\phi\boldsymbol{v}_j) \tag{9}$$

其中，$\boldsymbol{W}_\varphi$、$\boldsymbol{W}_\phi$均为参数，该参数可以通过梯度回传训练得到。在公式(9)中，关系矩阵 $\boldsymbol{R}$ 可以被认为是注意力机制学习到的权重。根据关系矩阵$\boldsymbol{R}$，可以构建一个全连接图$G=(V,E)$。$V=\{\boldsymbol{v}_\mathrm{i}\}_{i=1}^{K}$为图节点集合，即每个检测框对应的图像特征集合（检测框的个数为 $K$），$E$为图连接边。GCN[28]建模的过程见公式(10)。如果想进一步了解 GCN 前向和反向传递的过程，可以参考 VSRN 中 GCN 模块代码。

$$\boldsymbol{V}^*=\boldsymbol{W}_\mathrm{r}(\boldsymbol{R}\boldsymbol{V}\boldsymbol{W}_\mathrm{g})+\boldsymbol{V} \tag{10}$$

如公式(10)所示，GCN 通过关系矩阵 $\boldsymbol{R}$ 和 GCN 参数$W_\mathrm{g}$、$W_\mathrm{r}$更新每个检测框的图

像特征。在实现上，GCN 的更新过程采用了残差结构，这样做的好处是避免 GCN 层在反向回传的时候出现梯度消失。由于$\boldsymbol{W}_{\mathrm{g}}$、$\boldsymbol{W}_{\mathrm{r}}$均为可学参数，整个网络可以端到端地学习。值得注意的是，在实现过程中，可以通过叠加 GCN 的网络层数来提高 GCN 的表达能力。采用两层 GCN，在 MS COCO 上的 $R$@1 达到了 76.1%。

通过 GCN 视觉关系建模过程得到的还只是检测物体对应的局部特征表达，我们需要得到一个全局图像特征表示来进行后面的图文匹配。VSRN 中采用了 GRU[16]模型对$\{\boldsymbol{V}_k^*\}_{k=1}^K$进行编码，得到全局的图像特征 $\boldsymbol{I}$。

在得到图像特征 $\boldsymbol{I}$ 后，参考资料[15]通过下面的方式设计网络的损失函数。实现过程见图 8.12 右下角部分。它设计了两个损失函数：$L_{\mathbf{M}}$和$L_{\mathbf{G}}$。

（1）匹配损失函数$L_M$代表图像特征和文本特征的匹配损失函数。如图 8.12 所示，原始文本信息 Text Caption 先利用 GRU 抽取特征，然后利用$L_M$和图像特征 $\boldsymbol{I}$ 进行相似度比较。还是选择三元组损失函数作为匹配损失函数，并使用小批量下最难负样本策略进行难样本挖掘。

（2）生成损失函数$L_G$。它使用了一个 Text Generation 模块生成图像特征 $\boldsymbol{I}$ 的文本信息，然后引入句子到句子模型[23]进行生成文本和原始文本信息的相似度计算。最后，整个网络的损失函数为$L = L_{\mathbf{M}} + L_{\mathbf{G}}$。

### 8.3.5 图文搜索的损失函数

下面介绍几个在图文搜索中常用的损失函数。

#### 1. 对比损失函数（Contrastive Loss）

这个损失函数的表达式如公式(11)。

$$L_{\mathrm{con}} = \frac{1}{2N}\sum_{n=1}^{N} yd^2 + (1-y)\max(\mathrm{margin}-d,0)^2 \tag{11}$$

其中，$d$代表一对图文信号在特征空间的欧氏距离，$y$ 表示两个标签是否匹配，匹配时 $y$=1，反之 $y$=0。观察该表达式可以发现，对比损失函数可以很好地表达成对样本的匹配程度。当 $y$=1（即图文属于一个正样本对）时，损失函数只剩下$\sum d^2$，此时图文的欧氏距离之和越小越好；而当 $y$=0 时（图文属于一个负样本对），此时损失函数等价于$\sum \max(\mathrm{margin}-d,0)^2$，即当样本不相似时，其特征空间的欧氏距离反而小的话，损失值会变大。

#### 2. 三元组损失函数（Triplet Loss）

三元组损失函数在第 2 章已经介绍过，此处不再详细讲。三元组损失函数在图文搜索中最大的技术难点在于如何挖掘难样本。下面介绍两种在图文搜索中常用的难样本挖掘方法。

**Semi-hard Sampling**。假设训练过程中一个批量包括 $N$ 个样本，对一个锚点样本循环所有剩下的正样本就构建了正样本集，然后对每个正样本采样一个负样本形成三元组。采样规则如下：在与正样本的距离比 Margin 大的负样本里随机采样一个。

**Distance Weighted Sampling**。按离锚点样本的远近给负样本赋以不同概率权重，越近权重越大。还可以和 Semi-hard Sampling 结合，只考虑相对距离小的负样本，然后加权。

#### 3. NCE 损失函数（NCE Loss）

NCE 全称为 Noise Contrastive Estimation，在图文搜索中，其目标函数可以用公式(12)表示：

$$L_{\text{nce}} = -\log\left(\frac{\mathrm{e}^{v_i \cdot u_i}}{\mathrm{e}^{\sum_{j=1}^{k} v_i \cdot u_j}}\right) - \log\left(\frac{\mathrm{e}^{v_i \cdot u_i}}{\mathrm{e}^{\sum_{j=1}^{k} v_j \cdot u_i}}\right) \tag{12}$$

在公式(12)中，（$\boldsymbol{v}_i, \boldsymbol{u}_i$）组成一个正样本对（$\boldsymbol{v}_i$表示图像，$\boldsymbol{u}_i$表示文本）。可以这样理解公式(12)：通过交叉熵最大化正样本对的最大似然概率。和三元组损失函数中的难样本挖掘类似，公式(12)中并没有选择整个批量中的负样本，而是使用了 Top-$K$ 的难样本。$\{\boldsymbol{v}_j\}_{j=1}^{k}$代表挖掘到的与$\boldsymbol{u}_i$对应的 Top-$K$ 个难图像样本。同理，$\{\boldsymbol{u}_j\}_{j=1}^{k}$代表挖掘到的与$\boldsymbol{v}_i$对应的 Top-$K$ 个难文本样本。这样公式(12)中的第一项和第二项分别代表了图搜文、文搜图的正样本对的似然概率。

#### 4. 辅助损失函数

除了上述损失函数，还有很多论文利用生成技术对图像或者文本特征进行监督来优化最后的特征。比如参考资料[18]利用 Caption 生成对文本特征进行监督，再如参考资料[19]利用 GAN 中的判别器对图像特征进行自监督学习。

### 8.3.6 小结

随着互联网的不断发展，特别是 5G 技术的到来，多模态检索问题的研究热度越来越高，而图文搜索是其中最具代表性的一个研究方向，它所使用的特征增强方法、损失函数设计可以被其他场景下的多模态搜索借鉴。比如，Text-video Clip Search 使用文本来检索视频库中和文本相关的视频片段[20]。此外，这里所讲的图文搜索主要是单模态搜索单模态（图搜文或者文搜图），其实图文搜索还有一些更有趣的应用场景，如簇检索（Set Retrieval），其关注如何将查询信息进行特征聚合，再进行搜索，此时可以将多张图片组合，也可以组合图文甚至视频信息[21]来查询。在这些场景下，还会遇到很多本章没有谈到的技术挑战，感兴趣的读者可以阅读相关论文了解。

## 8.4 代码实践

下面给出了一段代码来加深读者对本章内容的理解。代码使用 VSE++[12]实现图文搜索的功能，因篇幅所限，这里选取了代码提取图像特征和文本特征以及使用 NCE 损失函数进行训练的过程代码。一些简单的函数，如$L_2$ Norm 等仅给出了符号。代码是在 PyTorch 1.0 上完成的。

```
1.  #Part1：图像特征提取过程
2.  class EncoderImagePrecompAttn(nn.Module):
3.      #初始化网络参数
4.      def __init__(self, img_dim, embed_size, use_abs=False, no_imgnorm=False):
5.          super(EncoderImagePrecompAttn, self).__init__()
6.          self.embed_size = embed_size
7.          self.no_imgnorm = no_imgnorm
8.          self.use_abs = use_abs
9.          self.fc = nn.Linear(img_dim, embed_size)
10.         self.init_weights()
11.         self.img_rnn = nn.GRU(embed_size, embed_size, 1, batch_first=True)
12.     #利用平均分布对全连接层的参数进行初始化
13.     def init_weights(self):
14.         r = np.sqrt(6.) / np.sqrt(self.fc.in_features +
15.                                   self.fc.out_features)
16.         self.fc.weight.data.uniform_(-r, r)
17.         self.fc.bias.data.fill_(0)
18.     #定义网络前向：图像特征提取过程
19.     def forward(self, images):
20.         fc_img_emd = self.fc(images)
21.         fc_img_emd = l2norm(fc_img_emd)
22.         # features = torch.mean(rnn_img,dim=1)
23.         features = hidden_state[0]
24.         if not self.no_imgnorm:
25.             features = l2norm(features)
26.         # 取特征向量的绝对值
```

```
27.         if self.use_abs:
28.             features = torch.abs(features)
29.         return features
30.
31. # Part2：利用 RNN 构建文本模型
32. class EncoderText(nn.Module):
33.     #初始化网络参数
34.     def __init__(self, vocab_size, word_dim, embed_size, num_layers,
35.                  use_abs=False):
36.         super(EncoderText, self).__init__()
37.         self.use_abs = use_abs
38.         self.embed_size = embed_size
39.         # 构建词向量
40.         self.embed = nn.Embedding(vocab_size, word_dim)
41.         self.rnn = nn.GRU(word_dim, embed_size, num_layers, batch_first=True)
42.         #初始化网络权重
43.         self.init_weights()
44.
45.     def init_weights(self):
46.         self.embed.weight.data.uniform_(-0.1, 0.1)
47.     #定义网络前向：文本特征提取过程
48.     def forward(self, x, lengths):
49.         # 通过查询 word ids，获得每个 word 的 feature，并进行 embedding
50.         x = self.embed(x)
51.         packed = pack_padded_sequence(x, lengths, batch_first=True)
52.         # 将 embedding 的 word feature 灌入 RNN
53.         out, _ = self.rnn(packed)
54.         # Reshape 输出向量的大小
55.         padded = pad_packed_sequence(out, batch_first=True)
56.         I = torch.LongTensor(lengths).view(-1, 1, 1)
57.         I = (I.expand(x.size(0), 1, self.embed_size)-1).cuda()
58.         out = torch.gather(padded[0], 1, I).squeeze(1)
59.         # 将模型输出的 vector 归一化，并取绝对值作为函数返回的最终特征
60.         out = l2norm(out)
61.         if self.use_abs:
62.             out = torch.abs(out)
63.         return out
64.
65. # Part3：定义 ConTrastiveLoss.[1]
66. class ContrastiveLoss(nn.Module):
67.     #初始化 margin 等参数
68.     def __init__(self, margin=0, measure=False, max_violation=False):
69.         super(ContrastiveLoss, self).__init__()
```

1 $L_{\text{con}} = \frac{1}{2N}\sum_{n=1}^{N} yd^2 + (1-y)\max(\text{margin} - d, 0)^2$

```
70.         self.margin = margin
71.         self.sim = cosine_sim
72.         self.max_violation = max_violation
73.     #定义前向过程
74.     def forward(self, im, s):
75.         # 计算图像-文本的分数矩阵
76.         scores = self.sim(im, s)
77.         diagonal = scores.diag().view(im.size(0), 1)
78.         d1 = diagonal.expand_as(scores)
79.         d2 = diagonal.t().expand_as(scores)
80.         # 正样本和负样本查询
81.         # 比较输出矩阵中对角线上的分数与每列元素（文本）的分数
82.         cost_s = (self.margin + scores - d1).clamp(min=0)
83.         # 比较输出矩阵中对角线上的分数与每行元素（图像）的分数
84.         cost_im = (self.margin + scores - d2).clamp(min=0)
85.         # GPU资源清理
86.         mask = torch.eye(scores.size(0)) > .5
87.         if torch.cuda.is_available():
88.             mask = mask.cuda()
89.         cost_s = cost_s.masked_fill_(mask, 0)
90.         cost_im = cost_im.masked_fill_(mask, 0)
91.         # 记录最大负样本，并计算norm
92.         if self.max_violation:
93.             cost_s = cost_s.max(1)[0]
94.             cost_im = cost_im.max(0)[0]
95.         return cost_s.sum() + cost_im.sum()
# Part4：定义NCE LOSS
96. class TopK_MulCLSLoss(nn.Module):
97.     #初始化batch size以及top k hard sample参数
98.     def __init__(self, batch_size, top_k = 2, scale = 100.0):
99.         super(TopK_MulCLSLoss, self).__init__()
100.        self.batch_size = batch_size
101.        self.top_k = top_k
102.        self.scale = scale
103.        #使用cosine norm
104.        self.sim = cosine_sim
105.        self.targets = torch.LongTensor(np.zeros(batch_size)).cuda()
106.        self.mulcls = nn.CrossEntropyLoss()
107.
108.    def forward(self, im, s):
109.        # 计算图像-文本的分数矩阵
110.        scores = self.sim(im, s)
111.        diag = scores.diag()
112.        mask = torch.eye(scores.size(0)) > .5
113.        if torch.cuda.is_available():
114.            mask = mask.cuda()
```

```
115.        scores = scores.masked_fill_(mask, 3.0)
116.        #分数由高到低排序，并取topK结果
117.        s_i2t, _ = torch.sort(scores, dim=1, descending=True)
118.        s_i2t = s_i2t[:, :self.top_k]
119.        s_i2t[:, 0] = diag
120.        s_t2i, _ = torch.sort(scores.t(), dim=1, descending=True)
121.        s_t2i = s_t2i[:, :self.top_k]
122.        s_t2i[:, 0] = diag
123.        s_i2t = self.scale * s_i2t
124.        s_t2i = self.scale * s_t2i
125.        return  self.mulcls(s_i2t,  self.targets)  +  self.mulcls(s_t2i,
    self.targets)
```

## 8.5 本章总结

本章从图文识别和图文搜索入手，介绍了图文理解相关的关键技术。比如，如何进行图文特征的融合，如何利用注意力机制使图文特征能够更好地对齐。除了图文识别和图文搜索，图文理解还有更加丰富的应用场景，比如图像描述生成（Image Caption）和视觉问答（Visual Question Answering）等。此外，图文理解也仅仅是多模态学习的技术方向之一，还有大量的研究关注包含语音和视频的多模态学习等方向，对多模态学习领域感兴趣的读者可以扩展阅读相关资料。

## 8.6 参考资料


[1] NGIAM J, KHOSLA A, KIM M, et al. Multimodal deep learning [J], 2011.

[2] ZHANG Y, JIN R, ZHOU Z H. Understanding bag-of-words model: a statistical framework[J]. International Journal of Machine Learning and Cybernetics, 2010, 1(1-4): 43-52.

[3] 周志华. 机器学习[M]. 北京：清华大学出版社, 2016.

[4] AREVALO J, SOLORIO T, MONTES-Y-GÓMEZ M, et al. Gated multimodal units for information fusion[J]. arXiv preprint arXiv:1702.01992, 2017.

[5] VIELZEUF V, LECHERVY A, PATEUX S, et al. Centralnet: a multilayer approach for multimodal fusion[C]//Proceedings of the European Conference on Computer Vision (ECCV), 2018: 0-0.

[6] ZADEH A, CHEN M, PORIA S, et al. Tensor fusion network for multimodal sentiment analysis[J]. arXiv preprint arXiv:1707.07250, 2017.

[7] LIU Z, SHEN Y, LAKSHMINARASIMHAN V B, et al. Efficient low-rank multimodal fusion with modality-specific factors[J]. arXiv preprint arXiv:1806.00064, 2018.

[8] FUKUI A, PARK D H, YANG D, et al. Multimodal compact bilinear pooling for visual question answering and visual grounding[J]. arXiv preprint arXiv:1606.01847, 2016.

[9] KIELA D, GRAVE E, JOULIN A, et al. Efficient large-scale multi-modal classification[C]//Thirty-Second AAAI Conference on Artificial Intelligence, 2018.

[10] KARPATHY, ANDREJ, LI FEI-FEI. Deep visual-semantic alignments for generating image descriptions. Proceedings of the IEEE conference on computer vision and pattern recognition, 2015.

[11] WANG, TAN, et al. Matching Images and Text with Multi-modal Tensor Fusion and Re-ranking. Proceedings of the 27th ACM International Conference on Multimedia, 2019.

[12] FAGHRI F, FLEET D J, KIROS J R, et al. Vse++: Improving visual-semantic embeddings with hard negatives[J]. arXiv preprint arXiv:1707.05612, 2017.

[13] NAM, HYEONSEOB, JUNG-WOO HA, JEONGHEE KIM. Dual attention networks for multimodal reasoning and matching. Proceedings of the IEEE Conference on Computer Vision and Pattern Recognition, 2017.

[14] SONG Y, SOLEYMANI M. Polysemous visual-semantic embedding for cross-modal retrieval[C]//Proceedings of the IEEE Conference on Computer Vision and Pattern Recognition, 2019: 1979-1988.

[15] LI K, ZHANG Y, LI K, et al. Visual semantic reasoning for image-text matching[C]//Proceedings of the IEEE International Conference on Computer Vision, 2019: 4654-4662.

[16] JUNYOUNG CHUNG, CAGLAR GULCEHRE, KYUNGHYUN CHO, et al. Empirical evaluation of gated recurrent neural networks on sequence modeling. arXiv, 2014.

[17] GREFF K, SRIVASTAVA R K, KOUTNÍK J, et al. LSTM: A search space odyssey[J]. IEEE transactions on neural networks and learning systems, 2016, 28(10): 2222-2232.

[18] GU J, CAI J, JOTY S R, et al. Look, imagine and match: Improving textual-visual cross-modal retrieval with generative models[C]//Proceedings of the IEEE Conference on Computer Vision and Pattern Recognition, 2018: 7181-7189.

[19] WANG H, SAHOO D, LIU C, et al. Learning cross-modal embeddings with adversarial networks for cooking recipes and food images[C]//Proceedings of the IEEE Conference on Computer Vision and Pattern Recognition, 2019: 11572-11581.

[20] MIECH A, ALAYRAC J B, SMAIRA L, et al. End-to-End Learning of Visual Representations from Uncurated Instructional Videos[J]. arXiv preprint arXiv:1912.06430, 2019.

[21] ZHONG Y, ARANDJELOVIC R, ZISSERMAN A. Compact deep aggregation for set retrieval[C]// Proceedings of the European Conference on Computer Vision (ECCV), 2018: 0-0.

[22] HE X, PENG Y. Fine-grained image classification via combining vision and language[C]//Proceedings of the IEEE Conference on Computer Vision and Pattern Recognition, 2017: 5994-6002.

[23] SUBHASHINI VENUGOPALAN, MARCUS ROHRBACH, JEFFREY DONAHUE, et al. Sequence to sequence-video to text. In ICCV, 2015.

# 9 阿里巴巴图像搜索识别系统

## 9.1 概述

在之前的章节中，我们详细介绍了图像搜索和识别的关键算法。本章我们将以阿里巴巴图像搜索和识别系统——拍立淘为例，介绍这些算法在实际产品中是如何实现、配合和部署的。首先，讨论阿里巴巴图像搜索系统在电商场景下面临的几个挑战，分别是：（1）实拍图像与在线商家图像的匹配；（2）如何区分海量细粒度的商品图像；（3）如何在没有大量人工标注的情况下训练检测和特征模型；（4）如何满足用户搜索意图以提高转化率。接下来，我们介绍阿里巴巴在大规模视觉搜索方面的 3 个算法上的创新：第一，提出了一个基于模型和搜索融合的方法，来提升商品类目预测精度；第二，提出了一个联合检测和特征学习的 CNN 框架，无须人工标注训练数据；第三，通过二值向量检索引擎，在查询精度无损的情况下，可以实现实时的百亿级的检索。最后，将各个模块集成到端到端的系统架构中，构建拍立淘应用。大量的实验结果显示出该系统中各个算法模块的有效性。希望阿里巴巴的图像搜索系统能更广泛地融入今天的商业应用中。

## 9.2 背景介绍

近年来，随着图像在搜索引擎和社交媒体中比重的日益增长，基于内容的图像检索（CBIR）成为一个热门的研究课题。和以文字搜索商品相比，以图像搜索商品具有如下的优势：（1）更便捷的交互；（2）优于文本搜索的更细粒度的描述；（3）离线和在线场景之间的良好连接。考虑到真实世界的视觉搜索系统的算法和工程复杂性，很少有文章详细介绍部署在商业应用中的系统。目前，只有 Ebay[1]、Pinterest[2]这样的图像搜索系统公开了其体系结构、使用的算法和部署情况。

阿里巴巴从 2014 年初启动基于移动端的以图搜商品的拍立淘系统的研发。在这个过程中，图像搜索技术在实际应用和落地中也遇到了许多问题。通过算法、工程和产品团队的通力合作，拍立淘在 2014 年 8 月首次上线。拍立淘的意思是通过摄像头一拍即可在淘宝网上搜到同款商品。它是一款以深度学习和大规模机器学习技术为核心的创新型图像智能产品，具体产品界面如图 9.1 所示。自 2014 年推出后，它引起了业界的高度关注和广泛认可，2017 年日均活跃用户（DAU）超过 1700 万人次。如今，DAU 早已超过 2000 万人次。

图 9.1　阿里巴巴图像搜索场景：只需拍照或从相册选择图像，拍立淘会自动返回淘宝网上的同款或相似的商品宝贝

图像搜索和识别技术在超大规模图像搜索系统中应用所面临的挑战，主要集中在以下 4 个方面。

（1）同一个商品在线下的实拍图像与在线商家图像的差异：与一般的图像搜索场

景不同，拍立淘的用户查询图像大多是从现实场景中拍摄的图像。对于同一个商品，线下的实拍图像和在线图像库中的图像差异很大，比如受光照等拍摄条件的影响，实拍图像的质量往往比线上商家图像质量差。线上图和线下图存在语义和视觉的巨大差异，这会极大地增加以图像搜索同款商品的难度。

（2）海量细粒度商品数据：阿里巴巴拥有一个庞大的、不断增长的商品图像库，包含几十亿份商品图像，大多数图像搜索解决方案都无法支持这个量级的图像数据。所以，需要部署可扩展又经济高效的分布式架构来处理这样的海量数据。此外，在这样海量的商品中，商品和商品之间的视觉差异很小，面临图像标签错误的情况。

（3）很难获取有标注的训练数据：如前几章所述，为了在电商场景中更好地训练检测和特征模型，需要对图像的主体边界框（bounding box）和商品类别等训练数据进行人工标注从而获得精确的训练数据。但是大规模的图像搜索系统所需要的训练数据，是无法完全通过人工标注的方法来获取的。

（4）提高点击率和转化率：让返回的搜索商品更能满足用户需要是电商场景中最关键的问题。我们需要通过拍立淘的图像搜索系统给用户返回其想要的同款和高质量商品图片，并鼓励他们购买进行有效的行为转化。

尽管面临以上诸多挑战，我们依然在电商场景中挖掘到了很多有用的数据：第一，每一件商品宝贝都关联了图像；第二，商品宝贝附带卖家或用户的标记数据；第三，用户在拍照购物后的行为反馈提供了算法优化空间。后面会详细介绍在电商场景中建立和部署视觉搜索系统的算法，它的系统架构、数据挖掘方法、模型框架等。让图像搜索和识别算法在真实系统中落地，处理数十亿的图像数据搜索库，并且对于每次查询都要快速返回与用户意图最相关的宝贝是一项颇具挑战的任务。总的来说，我们做了如下工作以完成该任务，更详细的内容请见参考资料[8]。

（1）提出了一种基于模型和搜索融合的类目预测方法。与传统的基于模型的类目预测方法相比，该方法具有更好的扩展性，大幅提高了类目预测的精度。

（2）提出了一种弱监督的联合检测和特征学习的 CNN 框架。与需要花费大量的时间人工标记数据并进行训练的全监督方法不同的是，该框架利用用户点击行为以弱监督的方式挖掘三元组来训练 CNN 模型。通过设计具有分支结构的 CNN 模型，可以联合学习到主体检测框和具有判别力的特征，不需要额外标注数据。

（3）对于部署到移动端的应用程序，为其搭建二值引擎，使其重排序以完成检索过程。用户拍照上传图像后，在精度无损的情况下实现实时的百亿级数量商品图像的查询。大量的实验结果证明了各个算法模块和端到端系统的有效性。

## 9.3 图像搜索架构

在第 1 章，我们介绍了图像搜索的定义，即通过图像特征搜索图像库中的图像，为用户提供视觉相关或相似的宝贝图像列表。作为电商场景的以图搜图 App，拍立淘于 2014 年首次上线，现已经成为拥有数千万日活用户的应用。随着业务的发展，我们也逐步建立了稳定的、可扩展的视觉搜索架构。

图 9.2 展示了拍立淘的整个图像搜索架构，分为离线和在线处理流程。离线处理主要是指每天生成图像引擎索引的整个过程。具体过程为，首先构建离线图像选品，通过目标检测在选品图像上提取感兴趣的商品，然后对商品进行特征提取，再通过图像特征构建大规模索引库，并放入图像搜索引擎等待查询。执行完成后，以一定频率更新索引库。在线处理主要是指用户上传查询图片后，对图像的实时处理到返回最终图像列表的在线步骤。与离线处理相似，给定查询图像后，首先预测其具体的商品类目，然后提取图像目标区域的特征，再基于相似性度量在索引引擎中搜索，最后通过重排序返回搜索结果。

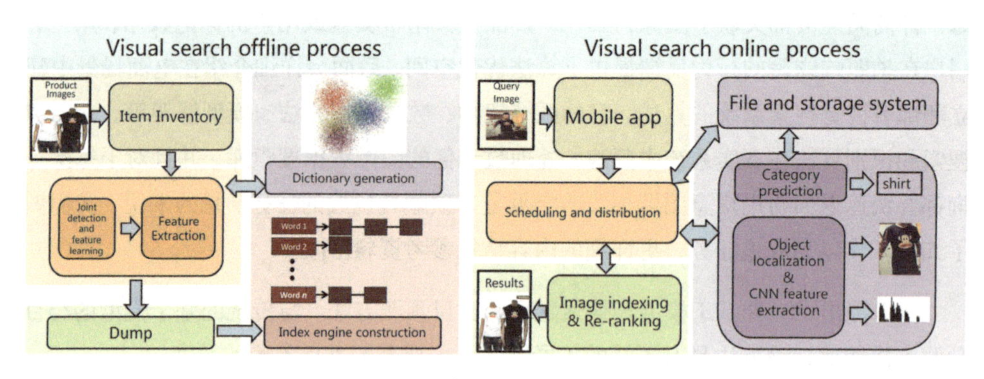


图 9.2 图像搜索架构，摘自参考资料[8]

### 9.3.1 类目预测模块

#### 1. 图像选品构建

淘宝上有大量不同来源的商品图像，包括商品主图、SKU 图、拆箱图等，涵盖了电子商务各个方面的图像。我们需要从这些海量图像中选择用户相对感兴趣的图像作为宝贝图像进行索引。也就是根据图像附带的类目等属性以及图像质量过滤整个图像库。由于淘宝上存在太多相同或高度相似的宝贝图像，不过滤会导致最终的搜索结果出现大量相同的商品宝贝，使得用户体验不佳。因此，我们添加了图像选品过滤模块，每天定时选择和删除重复或高度相似的商品图像，并优化索引文件。

#### 2. 基于模型和搜索融合的类目预测

考虑到一定的视觉和语义相似性，淘宝类目是基于叶子类目的层次化的类目体系。类目体系不仅涉及技术问题，也涉及关于消费者认知的商业问题。目前，我们在拍立淘中先预测图像的类目到 14 个大类目之一，如服饰、鞋、包等，以缩小图像库的搜索空间。如第 1 章所述，可以采用基于模型和基于搜索的方式来进行类目预测（识别）。对于基于模型的预测模块，我们采用 GoogLeNet V1 网络结构[3]来权衡高精度和低延迟，使用包含不同商品类目标签的图像集进行训练。在第 3 章，我们介绍过单标签分类问题的算法，在这里作为模型训练的输入图像，根据常用设置将每个图像的大小调整为256 像素 × 256 像素，随机裁剪为227 像素 × 227 像素，使用 Softmax 损失函数作为分类任务的损失函数。对于基于搜索的预测模块，我们不直接训练分类模型，而是利用一个特征模型（参考第 6 章）和一个待检索数据库完成基于搜索的加权 KNN 分类。每当用户输入一张待分类图片，基于搜索的分类方法会先对该图片进行特征提取，然后利用该特征在待检索的数据库中，找出与其最相似的 $K$ 个图片，根据这些图片的类目标签对输入图片进行预测。具体来说，我们收集了 2 亿张附带真实类别标签的图像对$(\boldsymbol{x}_i, y_i)$作为参考图像库，训练一个通用类目的特征模型对参考图像库离线提取通用特征并构建索引。预测时，对查询图像提取通用特征，并在图像参考集中检索 Top 30 的结果。通过查询图像的 Top 30 个邻居，再根据每个$\boldsymbol{x}_i$的类目标签$y_i$加权投票，以预测待查询图像$\boldsymbol{x}$的标签$y$。其中，加权函数 $w(\boldsymbol{x}, \boldsymbol{x}_i) = \exp(-\lambda\|\boldsymbol{x} - \boldsymbol{x}_i\|_2^2)$为查询图像$\boldsymbol{x}$与$\boldsymbol{x}_i$的距离函数。为了提高类目预测的准确性，我们将基于模型和基于搜索的结果再一次加权融合。其中，基于搜索的方法利用了特征的判别能力，纠正了部分混淆的类目，结合分类模型的优势提高了类目预测的精度。总的来说，我们的方法使类目预测的精度提高了 2%以上。

### 9.3.2 目标检测和特征联合学习

本节主要介绍基于用户点击行为的检测和特征联合学习方法。在拍立淘图像搜索场景下，主要挑战来自用户和商家图像之间的巨大差异。商家的图片通常是高质量的，是在受控环境下用高端相机拍摄的。然而，用户的查询图像通常是用手机摄像头拍摄的，并且可能存在光照、模糊和复杂的背景等问题。为了减少复杂的背景影响，系统需要具备在图像中定位主体目标并提取主体特征的能力。

图 9.3 说明了用户在查询图像过程中主体检测对检索结果的重要性。为了在没有背景干扰的情况下使用户实拍图像和商家的索引图像特征保持一致，我们提出了一个基于度量学习的分支网络 CNN 框架，来联合学习主体检测框和特征表示。我们最大程度地利用用户点击行为反馈，来挖掘难样本数据。通过用户点击图像构造有效的三元组，使得能够在不需要进一步对边界框进行标注的情况下，联合学习到对象的检测框和特征表示。

图 9.3　第一行是没有进行主体检测的检索结果，明显受到了背景干扰。第二行显示了采用主体检测的检索结果，有非常显著的改进效果

### 1. 三元组挖掘

在第 6 章中，我们介绍过用三元组损失函数来学习特征的相似度度量。在我们的场景中，给定一个输入图像$q$，首要问题是利用 CNN 图像特征$f(q)$可靠地匹配来自用户和卖家的不同源图像。这意味着需要拉近查询图像$q$与其同款宝贝图像$q^+$之间的距离，并拉远查询图像$q$与不同款宝贝图像$q^-$之间的距离。因此，这里采用三元组排序损失函数：

$$\text{loss}(q,q^+,q^-) = [L2(f(q),f(q^+)) - L2(f(q),f(q^-)) + \delta]_+$$

其中，$L2$ 表示两个向量之间的 $L2$ 标准化距离，$\delta$是 Margin 参数($\delta = 0.1$)。$f(.)$是需要学习的 CNN 参数，可以通过端到端的训练学习到。这里的主要问题是如何挖掘较难的三元组样本[4]。一种简单的选择是从与查询图像相同的类目中选择正样本图像，从其他类目中选择负样本图像。但是，负样本图像与查询图像相比，存在较大的视觉差异，导致训练过程中三元组排序损失函数很容易为零，没有贡献任何损失。

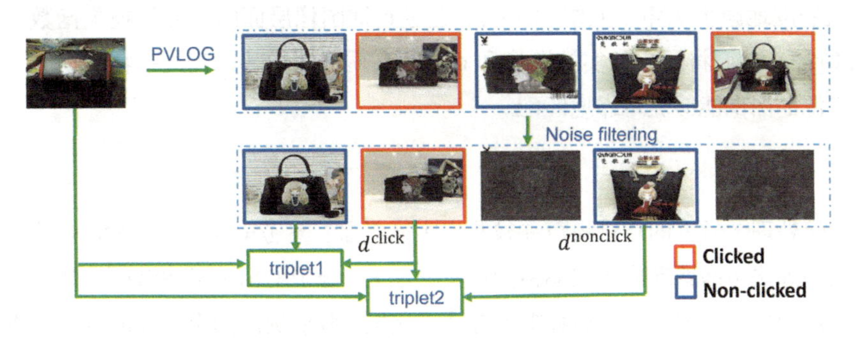


图 9.4 使用用户点击数据来挖掘三元组样本示意图

因此，我们采用用户点击数据来挖掘较难的三元组样本，如图 9.4 所示。在图像检索场景下，很大一部分用户会在返回列表中点击同款的商品图像，这意味着点击的图像$d^{\text{click}}$可以被视为查询图像的正样本图像，未点击图像$d^{\text{nonclick}}$可以作为难负样本图像，它们类似于查询图像但属于非同款宝贝图像。然而，未点击的图像仍然可能是与查询图像具有同款宝贝的图像，因为当许多同款的宝贝图像被返回时，用户只会点击结果中的一个或两个。所以要过滤未点击且与查询图像具有同款宝贝的图像，查询图像$q$的负样本图像$q^{-}$计算如下：

$$q^{-} \in \{d^{\text{nonclick}} | \min[\text{dist}(d^{\text{nonclick}}, q), \text{dist}(d^{\text{nonclick}}, d^{\text{click}})] \geqslant \gamma\}$$

其中，dist为特征的距离函数，$\gamma$为距离阈值。为了计算该距离，我们采用了多特征融合方法，结合了局部特征、不同版本特征和 ImageNet 预训练的通用特征[5]等，从而更准确地发现噪声负样本。同样，为了得到更精确的正样本，我们采用了类似的方法来过滤正样本图像。

$$q^{+} \in \{d^{\text{click}} | \text{dist}(d^{\text{click}}, q) \leqslant \varepsilon\}$$

为了扩展小批量中的所有可用三元组数据来增加更多训练数据，我们在小批量中获取的三元组之间共享所有负样本图像。通过共享负样本，可以在进入损失层之前生成$m^2$个三元组，如果不采用共享机制，则生成$m$个三元组。为了进一步减少训练图像中的噪声，我们对原来的三元组排序损失函数$\text{loss}(q, q^{+}, q^{-})$进行了改进：

$$\text{loss} = \frac{1}{|Q|}\sum_{q\in Q}\frac{1}{|N_q|}\sum_{q^-\in N_q}[L2(f(q),f(q^+)) - L2(f(q),f(q^-)) + \delta]_+,$$

$$Q = \{q|\exists q^-, L2(f(q),f(q^+)) - L2(f(q),f(q^-)) + \delta > 0\},$$

$$N_q = \{q^-|L2(f(q),f(q^+)) - L2(f(q),f(q^-)) + \delta > 0\}.$$

其中，改进的损失函数是针对同一查询图像的所有三元组样本计算平均损失，这样可以最大程度地减少噪声三元组的影响。通过查询图像层面的三元组损失函数，学习 CNN 特征，从而将用户的实拍图像和商家的高质量图像映射到同一特征空间，使得不同来源的图像能够更可靠地匹配。

### 2. Deep ranking 框架

如何处理图像中的背景噪声并检测出主体对象？参考第 4 章关于检测的介绍，一种直接的方法是部署现成的主体检测算法，如 Faster R-CNN[6]或 SSD[7]。然而，这种方法时延较长而且需要大量边界框的标注。这里，我们提出两个分支的联合网络模型来同时学习检测和特征表示，图 9.5 所示是分支网络模型结构。

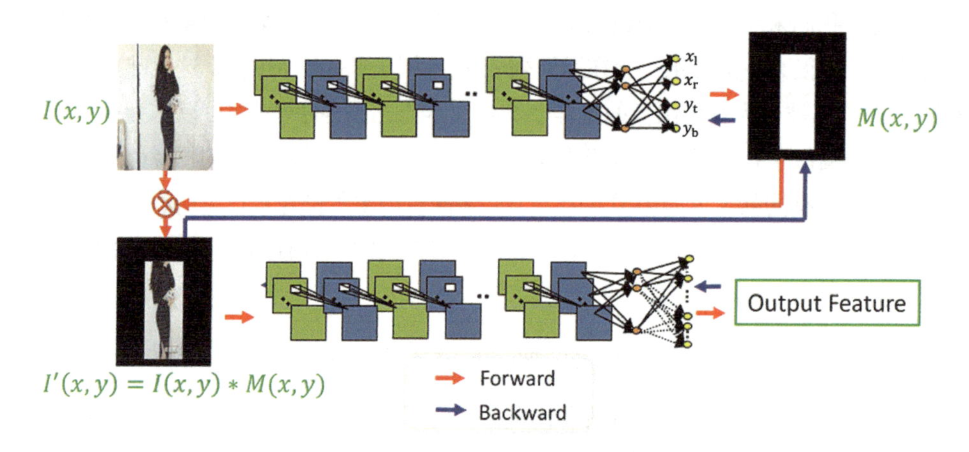


图 9.5　两个分支的深度联合网络模型，用于主体检测和特征学习。上面是主体检测分支，下面是特征学习分支

如何学习这个联合模型的参数呢？我们以之前挖掘的$(q,q^+,q^-)$三元组为监督信息，在 Deep ranking 框架下学习该联合模型，这样一来，可以通过三元组正负样本度量关系来学习出判别特征，同时，根据分支结构回归出对特征判别起到重要作用的对象主体掩膜。在不需要边界框标注的情况下，主体掩膜通过分支结构以类似注意力的机制被学习出来（参考第 3 章中的细粒度识别内容）。总体来说，Deep ranking 框架如图 9.6 所示。

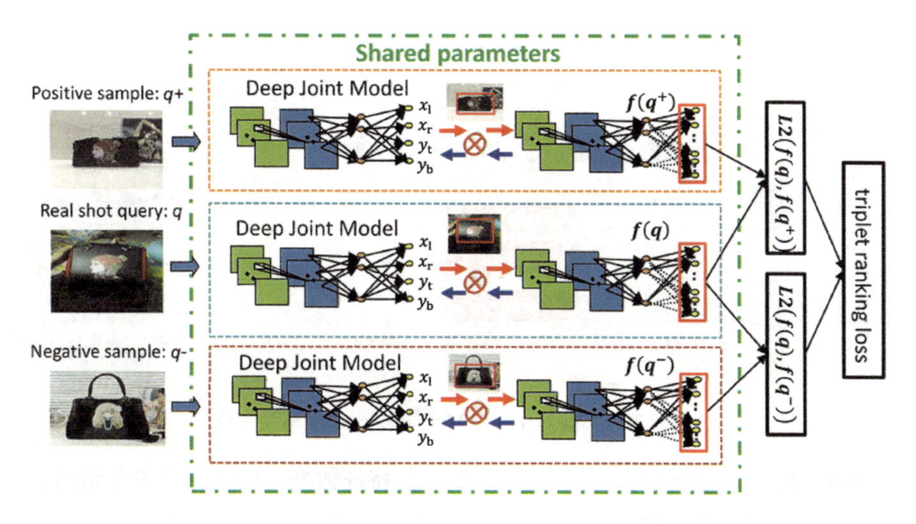


图 9.6　Deep ranking 框架为以$(q,q^+,q^-)$为输入的 3 个深度联合模型组成，使用三元组进行网络训练，联合学习出主体检测区域和判别特征

具体做法是，Deep ranking 框架下的每个深度联合模型（图 9.5）都共享参数，检测的掩膜函数$M(x,y)$先利用检测分支回归出矩形坐标$(x_l,x_r,y_t,y_b)$，再使用阶跃函数$h(.)$表示，如下面公式所示：

$$M(x,y)=[h(x-x_l)-h(x-x_r)]\times[h(y-y_t)-h(y-y_b)]$$

$$h(x-x_0)=\begin{cases}0, & x<x_0\\ 1, & x\geqslant x_0\end{cases}$$

主体边界框区域是输入图像$I(x,y)$与$M(x,y)$按位点乘得到的。然而，阶跃函数$M(x,y)$是不可微的。为了端到端地训练，我们可以用 Sigmoid 函数$f(x)=\frac{1}{1+e^{-kx}}$来逼近阶跃函数，当 $K$ 足够大时使其可微化。需要注意的是，这里只需要弱监督的用户点击数据，不需要依赖边界框的标注进行训练，这大大降低了人力资源成本，提高了训练效率。

## 9.3.3　图像索引和检索

### 1. 10 亿级的大规模图像检索引擎

为提高响应速度，我们使用大规模二值引擎进行查询和排序。一个实时稳定的搜索引擎是非常重要的，因为每天都有数以千万计的用户在使用拍立淘的视觉搜索服务。因此，我们采用 Multi-shards 和 Multi-replications 引擎架构，如图 9.7 所示，它不仅可以快速响应大量用户查询，而且具有很好的可扩展性。

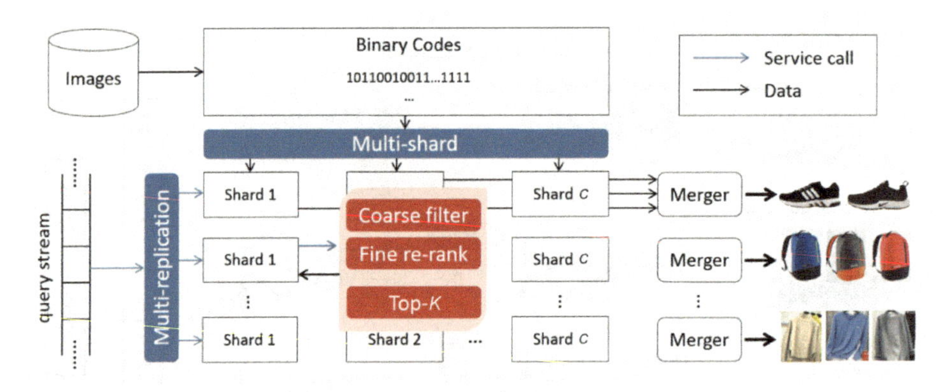


图 9.7 Multi-shards 和 Multi-replications 引擎架构

**Multi-shards**：单机内存无法存储这么多的特征数据，因此特征被存储到多个节点上。对于单次查询，将从每个节点检索出的 Top-*K* 结果合并起来，得到最终的结果。

**Multi-replications**：单个特征数据库无法应对大量的查询流量，特征数据库被复制多份，从而将查询流量分流至不同的服务器集群上，以降低用户的平均查询时间。

在每个节点，使用两种类型的索引：粗筛选和精排序。粗筛选采用的是一种改进的基于二值特征（CNN 特征二值化）的二值倒排索引（二值引擎的内容可以参考第 7 章）。以图像 ID 为关键字、二值特征为值，通过汉明距离计算，可以快速滤除大量不匹配数据。然后，根据返回的图像数据的二进制编码，对最近邻进行精排序。精排序用于更精确的排序，根据附加元数据（如视觉属性和特征）对粗筛选出的候选项重新排序。这一过程相对较慢，部分原因是元数据以非二进制形式存储，另一个原因是元数据的存储开销太大，无法将其全部载入内存中，所以缓存命中率是影响性能的关键因素。通过粗筛选和精排序，可以达到无损精度的召回结果，并大幅提升检索效率。

### 2. 质量感知的结果重排序

对于返回的商品列表，研究发现，即使是精准的同款结果，也不能保证它们是最能激发用户点击和购买的商品，所以最后会根据商品列表里每个商品的价格、好评度、用户画像等其他信息重排序。考虑到最初的结果是通过表观相似度获得的同款结果，我们会进一步利用语义信息对 Top-60 的结果进行重新排序，包括使用销量、转化率、点击率、用户画像等。我们利用 GBDT+LR 对不同维度的相关描述特征进行集成，将最终得分归一化到[0,1]，这既保证了表观相似度，也保证了各维度的语义重要性。重排序依据质量信息在保持整体表观相似性的同时，对相对质量差的图像进行精炼改善，获得更符合用户意图的商品图像。

## 9.4 实验和结果分析

在这一节中，我们进行了大量的实验来评估系统中每个模块的性能。我们采用 GoogLeNet V1 模型[3]作为类目预测和特征学习的基础模型。为了对视觉搜索中的每个模块进行评估，我们收集了 15 万个召回率最高的图像以及检索结果的同款标签。所构建的高召回集涵盖了 14 个类目实拍图像，如表 9.1 所示。这里，我们使用分类、检测、向量检索等指标来评估所有模块及端到端的效果。

- 类别预测模块评估。如表 9.1 模块结果（A）所示，单纯基于分类模型的方法 Top-1 精度为 88.86%，单纯基于搜索的方法 Top-1 精度为 85.51%。但在一些类目上，基于搜索的方法精度更高，比如 shirt、pants、bags。最终通过将基于模型和搜索的方法融合，得到的精度为 91.01%。
- 搜索相关性评估。为了验证特征搜索的相关性，我们实验了联合模型中只采用特征分支训练的 GoogLeNet V1 特征的结果，同时，对比了在 ImageNet 上训练的不同主流特征的结果。具体的同款召回率如表 9.2 所示。

表 9.1　端到端的各模块结果，表格摘自参考资料[8]

| Module | Component | Metric | shirt | dress | pants | bags | shoes | accessories | snacks | cosmetics | beverages | furniture | toys | underdress | digital | others | Average |
|---|---|---|---|---|---|---|---|---|---|---|---|---|---|---|---|---|---|
| (A)Category prediction | model-based | Accuracy@1 | 0.8163 | 0.8695 | 0.726 | 0.9384 | 0.9523 | 0.9432 | 0.9041 | 0.9224 | 0.9469 | 0.9247 | 0.8272 | 0.83 | 0.9202 | 0.5952 | 0.8886 |
| | search-based | Accuracy@1 | 0.8651 | 0.7443 | 0.7644 | 0.9547 | 0.9666 | 0.9451 | 0.8365 | 0.9415 | 0.9249 | 0.8606 | 0.8225 | 0.6969 | 0.8282 | 0.5476 | 0.8551 |
| | fusion | Accuracy@1 | 0.8042 | 0.8977 | 0.7781 | 0.9548 | 0.9809 | 0.9734 | 0.9104 | 0.9573 | 0.9615 | 0.9284 | 0.8781 | 0.8399 | 0.9387 | 0.5476 | 0.9101 |
| (B)Joint detection and feature learning | | Identical Recall@1 | 0.464 | 0.498 | 0.393 | 0.66 | 0.434 | 0.224 | 0.541 | 0.621 | 0.452 | 0.267 | 0.511 | 0.17 | 0.349 | 0.439 | 0.465 |
| | | Identical Recall@4 | 0.56 | 0.616 | 0.526 | 0.743 | 0.583 | 0.35 | 0.6 | 0.716 | 0.546 | 0.37 | 0.603 | 0.2 | 0.446 | 0.517 | 0.564 |
| | | Identical Recall@20 | 0.617 | 0.687 | 0.609 | 0.781 | 0.688 | 0.489 | 0.628 | 0.75 | 0.6 | 0.437 | 0.669 | 0.31 | 0.532 | 0.566 | 0.629 |
| (C)Indexing and retrieval | indexing engine | Linear Recall@1 | 99.5% | 99.87% | 99.88% | 99.88% | 100% | 100% | 100% | 100% | 100% | 99.83% | 100% | 100% | 100% | 97.99% | — |
| | | Linear Recall@10 | 99.27% | 99.92% | 99.92% | 99.71% | 99.99% | 99.91% | 100% | 99.97% | 100% | 99.98% | 99.99% | 100% | 100% | 97.6% | — |
| | | Linear Recall@60 | 98.68% | 99.79% | 99.83% | 99.52% | 99.98% | 99.86% | 100% | 99.96% | 100% | 99.98% | 99.99% | 100% | 100% | 96.47% | — |
| | re-ranking | CVR | +8.45% | +7.35% | +4.25% | +8.55% | +10.15% | +7.54% | +6.49% | +8.34% | +9.45% | +10.21% | +7.19% | +6.23% | +9.17% | +6.63% | +7.85% |

表 9.2　不同视觉特征的比较结果，表格摘自参考资料[8]

| Model | Recall@1 | Recall@4 | Recall@ 20 |
| --- | --- | --- | --- |
| Generic AlexNet | 0.023 | 0.061 | 0.122 |
| Generic GoogLeNet VI | 0.067 | 0.103 | 0.201 |
| Generic ResNet50 | 0.108 | 0.134 | 0.253 |
| Generic ResNet101 | 0.128 | 0.142 | 0.281 |
| GoogLeNet VI feature branch(Ours) | 0.415 | 0.505 | 0.589 |

可以看到，通过我们的方法训练的兼具模型小、速度快特点的 GoogLeNet V1 网络取得了最好的同款召回率。为验证学习到的特征，既保留了语义信息又保持了视觉相似性，我们展示部分检索示例，如图 9.8 所示。

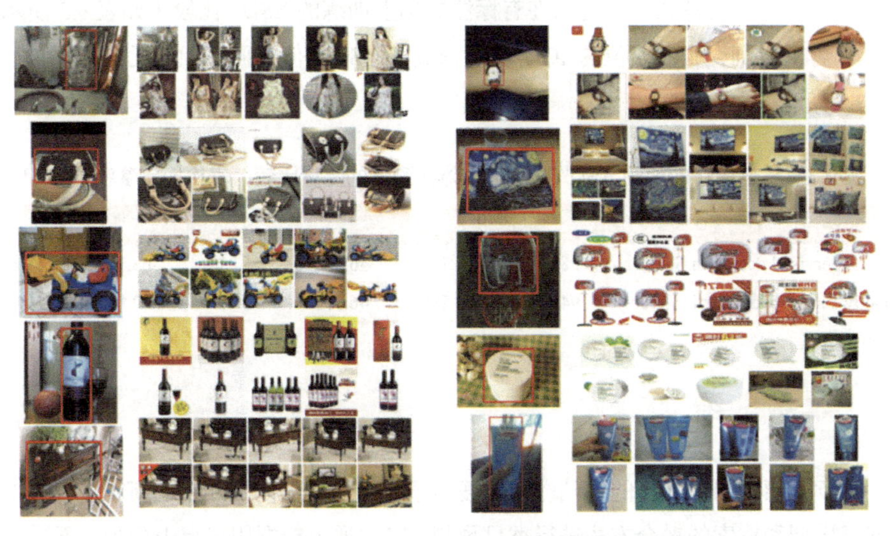

图 9.8　图像搜索的可视化结果。大图为实拍查询图片，之后是返回检索列表中 Top 10 的图片，图片摘自参考资料[8]

- 检测和特征联合学习模型的评估。如表 9.1 模块结果（B）所示，根据返回的 $K$(1,4,20)个检索结果，计算同款召回率（Identical Recall@$K$）。发现随着 $K$ 的增加，召回率逐步提高，且都超过了单独的特征分支结果（表 9.2）。说明这种联合训练方法有效抑制了背景噪声的影响并且学习到较好的主体特征。同时，我们比较了使用类别标签训练特征与使用用户点击数据训练特征的结果，如图 9.9 所示。可以发现，使用用户点击数据的弱监督信息，获得了更好的同款召回率和 mAP 结果。

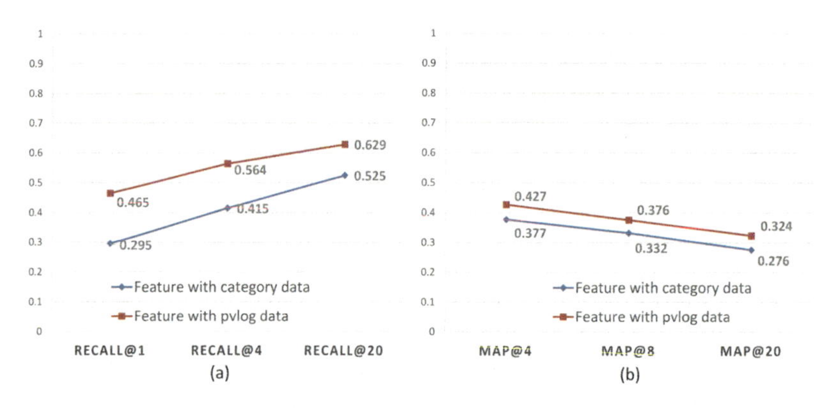


图 9.9　使用用户点击数据和类别标签训练特征的效果对比，图片摘自参考资料[8]

- 目标定位的评估。通过与在有标注数据上训练的 SSD[7]比较（如表 9.3 所示），可以看到，我们定位的 IOU 精度稍逊于 SSD，但召回率相差无几。同时，计算延迟大幅下降。

表 9.3　与全监督的检测 SSD[7]方法在物体检测上的定量比较，表格摘自参考资料[8]

| Methods | IoU@0.5 | IoU@0.7 | Recall@1 | Recall@4 | Recall@20 | latency |
|---|---|---|---|---|---|---|
| Fully supervised detection SSD | 98.1% | 95.1% | 46.7% | 56.2% | 63.1% | 59 ms |
| Weakly supervised detection(Ours) | 94.9% | 70.2% | 46.5% | 56.4% | 62.9% | 20 ms |

## 9.5　本章总结

本章介绍了阿里巴巴的端到端视觉搜索系统，分享了以下几个创新工作：（1）采用基于模型和搜索的融合方法进行类目预测；（2）通过挖掘用户点击行为，不需要进一步的标注，实现了采用用户点击行为的联合学习检测和特征模型；（3）对于移动终端的应用，搭建了二值引擎，以便在精度无损的情况下召回同款商品。同时，本章还分享了既降低开发和部署成本，又增加用户点击率和转化率的方法。大量实验表明，该系统的算法模块具有良好的性能。希望读者通过部署到拍立淘的视觉搜索和识别解决方案，更好地理解图像搜索和识别算法，并将这些算法有效地应用到其他图像理解的任务和场景中。

## 9.6 参考资料

[1] FAN YANG, AJINKYA KALE, YURY BUBNOV, et al. Visual Search at eBay. In Proceedings of the 23rd International Conference on Knowledge Discovery and Data Mining (SIGKDD), 2017:2101–2110.

[2] YUSHI JING, DAVID C LIU, DMITRY KISLYUK, et al. Visual Search at Pinterest. In Proceedings of the 21th International Conference on Knowledge Discovery and Data Mining (SIGKDD), 2015:1889–1898

[3] CHRISTIAN SZEGEDY, WEI LIU, YANGQING JIA, et al. Going deeper with convolutions. In IEEE Conference on Computer Vision and Pattern Recognition(CVPR), 2015:1–9.

[4] JIANG WANG, YANG SONG, THOMAS LEUNG, et al. Learning Fine-Grained Image Similarity with Deep Ranking. In IEEE Conference on Computer Vision and Pattern Recognition(CVPR), 2014:1386–1393.

[5] OLGA RUSSAKOVSKY, JIA DENG, HAO SU, et al. ImageNet Large Scale Visual Recognition Challenge. (2014). arXiv:arXiv:1409.0575, 2014.

[6] SHAOQING REN, KAIMING HE, ROSS B GIRSHICK, et al. Faster R-CNN: Towards Real-Time Object Detection with Region Proposal Networks. IEEE Transactions on Pattern Analysis and Machine Intelligence(T-PAMI), 2017:1137–1149.

[7] WEI LIU, DRAGOMIR ANGUELOV, DUMITRU ERHAN, et al. SSD: Single Shot MultiBox Detector. In European Conference on Computer Vision (ECCV), 2016:21–37.

[8] YANHAO ZHANG, PAN PAN, YUN ZHENG, et al. Visual Search at Alibaba. In Proceedings of the 24th International Conference on Knowledge Discovery and Data Mining (SIGKDD), 2018:993-1001.